高等院校 EDA 系列教材

EDA 技术与创新实践

主　编　高有堂　徐　源
副主编　张宏伟　李定珍　张定群
参　编　张　丹　陈华敏　张　燕　李壮辉
　　　　李向江　万战争　丁　欢

机械工业出版社

全书分为 3 部分。第 1 部分是 EDA 技术的硬件资源篇，介绍了常用可编程逻辑器件的结构、性能指标。第 2 部分是 EDA 技术的软件操作篇，主要内容包括 Quartus II 9.0 软件工具的基本结构、主要功能以及工具的使用， VHDL 程序设计。第 3 部分是 EDA 技术的创新设计应用篇，通过工程领域的应用实例使读者学习并掌握使用 PLD 器件解决实际问题的方法。

作者根据多年的教学实践、对全国电子大赛征题与指导以及科研实践的体会，从实际应用的角度出发，以培养能力为目标，通过大量覆盖面广的实例，突出本书的实用性。

本书可作为大专院校的计算机类、电子类专业的教材，也可以作为广大电子设计工程师、ASIC 设计人员和系统设计者的参考用书。

图书在版编目（CIP）数据

EDA 技术与创新实践/ 高有堂，徐源主编. —北京：机械工业出版社，2011.8
高等院校 EDA 系列教材
ISBN 978-7-111-34371-4

Ⅰ. ①E… Ⅱ. ①高… ②徐… Ⅲ. ①电子电路—电路设计:计算机辅助设计—高等学校—教材 Ⅳ. ①TN702

中国版本图书馆 CIP 数据核字（2011）第 165020 号

机械工业出版社（北京市百万庄大街22号 邮政编码 100037）
责任编辑：郝建伟 黄 伟
责任印制：杨 曦
北京四季青印刷厂印刷（三河市杨庄镇环伟装订厂装订）
2012 年 1 月第 1 版·第 1 次印刷
184mm×260mm·22.75 印张·562 千字
0001—3500 册
标准书号：ISBN 978-7-111-34371-4
定价：45.00 元

凡购本书，如有缺页、倒页、脱页，由本社发行部调换
电话服务　　　　　　　　　　网络服务
社服务中心：(010) 88361066
销 售 一 部：(010) 68326294　　门户网：http://www.cmpbook.com
销 售 二 部：(010) 88379649　　教材网：http://www.cmpedu.com
读者购书热线：(010) 88379203　　**封面无防伪标均为盗版**

序

电子系统的设计，可以采用人工设计和电子设计自动化（Electronic Design Automation，EDA）两种方法。传统的人工设计从方案的提出到验证、修改均采用人工手段来完成，都要经过搭试电路来进行，因此，这种方法费用高、效率低、制造周期长。随着计算机技术的飞速发展和专用集成电路（ASIC）的规模不断扩大，EDA 技术日趋完善，信息电子类高新技术项目的开发更加依赖于 EDA 技术的应用，使产品的开发周期大为缩短、性能价格比大幅提高。

由于数字技术的发展，各类可编程逻辑器件应运而生，发展到目前被广泛采用的 CPLD/FPGA 器件为电子系统的设计带来了极大的灵活性；将复杂的硬件设计过程转化为在特定的软件平台上通过软件设计来完成；在软件平台上不仅完成了逻辑综合，还能进行优化、仿真和测试。这一切极大地改变了传统的数字电子系统的设计方法与设计过程，乃至设计观念。即使在 ASIC 器件设计过程中，利用 EDA 技术完成软件仿真后，在投片之前，也经常利用 FPGA 进行"硬件仿真"。

从 20 世纪 90 年代初开始，高校信息电子类专业相继开设了 EDA 课程，在实验课程中采用 EDA 技术设计并完成一个小型系统。从 1994 年开始的全国大学生电子设计竞赛，每一届竞赛都有很多同学采用各类可编程芯片完成其作品。EDA 技术大大提高了学生的综合设计能力和实践能力。

广义地说，现代的 EDA 技术包括：系统设计、芯片设计和电路设计 3 部分，自上而下进行设计。系统设计是建立数学模型、确定算法和算法仿真；芯片设计是在软件平台上完成芯片设计、仿真与软件测试；电路设计包括电气原理图设计和印制电路板设计两部分。系统设计大都包含在各门专业课程内进行，目前开设的 EDA 课程大都是芯片级设计内容。

本书由硬件、软件和应用 3 部分组成。硬件篇结合 Altera 公司的 PLD 产品，介绍了可编程逻辑器件的基本概念、基本原理和结构；同时，对新近推出可编程逻辑器件进行了阐述。软件篇按 Altera 公司 Quartus II 9.0 的主要功能，由浅入深地对编程方法及其软件使用进行了讲解。本书的特点是，应用篇运用前面介绍的软硬件基本知识来阐述各类数字系统的设计与实现方法、技巧，对提高学生的工程实践能力有很大帮助。

本书内容利于学生自学，并可以由浅入深地帮助学生自主地进行实验。本书编写对高校 EDA 课程的更新有一定的参考价值。

说明：EDA 包含数字系统 EDA 和模拟系统 EDA，本书主要讲解的内容是数字系统 EDA。

全国大学生电子设计竞赛组委会专家

2010 年 11 月 16 日
北京理工大学

前　言

电子设计自动化（Electronics Design Automation，EDA）技术是以计算机科学和微电子技术发展为先导，汇集了计算机图形学、拓扑逻辑学、微电子工艺与结构学、计算数学等多种计算机应用学科最新成果的先进技术，它是在计算机工作平台上开发出各种整套电子系统设计的软件工具。

本书是根据 EDA 技术包含的主要内容编写的，全书由 EDA 技术的硬件篇、软件篇和应用篇组成。

EDA 技术的硬件篇包括第 1 章和第 2 章。第 1 章介绍 EDA 技术的发展，基本工具，设计思路和设计流程。第 2 章介绍可编程逻辑器件的基本概念、基本原理、结构组成、工作原理，希望读者在了解 PLD 基本原理的基础上，进一步学习实际 PLD 器件的结构组成、特点及其性能指标，介绍了世界上主流公司的产品，如 Altera 公司、Xilinx 公司、Lattice 公司的 PLD 产品，同时，对新近推出逻辑器件进行阐述。

EDA 技术的软件篇包括第 3 章和第 4 章。重点介绍 FPGA/CPLD 的开发流程，介绍工具中的各功能模块，力求使读者更容易学习工具的使用。开发操作环境主要介绍 Altera 公司 Quartus II 9.0 的主要功能，由浅入深地讲解操作编程方法及其使用。由于硬件描述语言越来越受到从事硬件设计，特别是从事数字系统设计人员的关注，因此，本书详细介绍了国际标准化硬件描述语言 VHDL 及其应用实例，对每个应用实例都做了仿真和综合，确保程序的准确无误。

EDA 技术的应用篇包括第 5~9 章。第 5 章列举了基本的数字系统领域的设计实例与实现，通过这些应用实例使读者学习使用 PLD 器件解决实际问题的方法。第 6 章和第 7 章从实际设计实例出发，介绍了应用 VHDL 设计大型复杂电路的流程和在设计过程中用到的技巧，如提高电路的设计效率；器件配置的原理及其电路连接；综合设计与功能实现等。第 8 章介绍 EDA 技术和实际工程设计，即对程控交换实验系统设计与开发过程展开了详细的讲述。第 9 章为编者近几年全国大学生电子设计竞赛征题及指导经验，如果想要了解电子设计竞赛的征题内容，可浏览全国大学生电子设计竞赛网站 http://www.nuedc.com.cn。

本书由南京理工大学博士后、南阳理工学院教授高有堂和南京理工大学博士、南阳理工学院徐源老师主编，南阳理工学院张宏伟、李定珍和张定群老师为副主编。具体负责编写分工如下：南阳理工学院张丹老师负责第 1 章和第 2 章的编写，陈华敏老师编写第 3 章中的 3.1~3.5 节，张燕老师编写第 3 章中的 3.6~3.8 节，李壮辉老师编写第 4 章的 4.1 节和 4.2 节，李向江老师编写第 4 章的 4.3 节、4.4 节，万战争老师编写第 5 章的 5.1~5.5 节，张定群老师编写第 5 章的 5.6~5.9 节，李定珍老师编写第 6 章和第 9 章，丁欢老师编写第 7 章，张宏伟老师编写第 8 章。全书由高有堂统稿，徐源审阅。同时，感谢南京理工大学张俊举老师和北京航空航天大学杨懿博士后对本书的编写提出的宝贵意见与建议。

本书的编写与出版得到了"十一五"国家课题"我国高校应用型人才培养模式研究"教学研究项目（编号：FIB070335-A7-26）的资助。

在本书的编写过程中，全国大学生电子设计竞赛组委会责任专家、北京理工大学罗伟雄教授对书稿提出许多宝贵的建议，在此特别感谢！

由于编者水平有限，书中难免存在疏漏或错误之处，恳请广大读者和同行专家提出宝贵意见。

E-mail：gaoyoutang@163.com

编　者

目　录

第1部分　硬件资源篇

第1章　电子设计自动化综述

1.1　EDA 技术的发展

电子设计自动化（Electronic Design Automation，EDA）技术是以计算机科学和微电子技术发展为先导，汇集了计算机图形学、拓扑逻辑学、微电子工艺与结构学、计算数学等多种计算机应用学科的先进技术，它是在先进计算机工作平台上开发出的电子系统设计工具。从 20 世纪 60 年代中期开始，人们不断开发出各种计算机辅助设计工具来帮助设计人员进行集成电路和电子系统的设计，同时，集成电路技术的不断发展对 EDA 技术提出了新的要求，并促进了 EDA 技术的发展。

1.1.1　EDA 技术的发展阶段

近 30 年来，EDA 技术大致经历了 3 个发展阶段。

1. CAD 阶段

20 世纪 60 年代中期至 20 世纪 80 年代初期为 CAD 发展的初期。这个阶段人们分别开发了一些单独的软件工具，主要有印制电路板（Printed Circuit Board，PCB）布线设计、电路模拟、逻辑模拟及版图绘制等，从而可以利用计算机将设计人员从大量烦琐、重复的计算和绘图工作中解脱出来。例如，目前常用的 PCB 布线软件 TANGO、用于电路模拟的 SPICE 软件和后来产品化的集成电路版图编辑与设计规则检查系统等软件，都是这个时期的产品。

20 世纪 80 年代初，由于集成电路规模越来越大，制作也越来越复杂，EDA 技术有了较快的发展，许多软件公司，如 Mentor Graphics、Daisy System 及 Logic System 等进入市场，软件工具的产品开始增多。这个时期的软件主要还是针对产品开发，分为设计、分析、生产、测试等多个独立的软件包。每个软件只能完成其中的一项工作，但如果通过顺序循环使用这些软件，完成设计的全过程，还存在两个方面的问题：首先，由于各个软件工具是由不同的公司和专家开发的，只解决一个领域的问题，若将一个软件工具的输出作为另一个软件工具的输入，就需要人工处理，这个环节往往很烦琐，影响了设计速度；其次，对于复杂电子系统的设计，当时的 EDA 工具还不能提供系统级的仿真与综合。由于缺乏系统级的设计，常常在产品开发后期才发现产品的设计有错误，此时，进行修改是十分困难的。

2. CAE 阶段

20 世纪 80 年代初期至 20 世纪 90 年代初期为 CAE（Computer Aided Engineering）阶段，在集成电路、电子系统设计方法学以及设计工具集成化方面取得了许多成果。各种设计工具，如原理图输入、编译与连接、逻辑模拟、测试码生成、版图自动布局以及各种单元库均已配备齐全。由于采用了统一的数据管理技术，因而能够将各个工具集成为一个 CAE 系统。运用这种系统，按照设计方法学制定的设计流程，可以实现由 RT 级开始，从设计输入到版图输出的全程设计自动化。这个阶段主要采用基于单元库的半定制设计方法。采用门阵列和标准单元法设计的各种 ASIC（Application Specific Integrated Circuit）得到了极大的发展。多数 CAE 系统中还集成了 PCB 自动布局布线软件以及热特性、噪声、可靠性等分析软件，进而可以实现电子系统设计自动化，这个阶段典型的 CAE 系统有 Mentor Graphics、Valid Daisy 等公司的产品。

3. EDA 阶段

20 世纪 90 年代以来，微电子技术以惊人的速度发展，其工艺水平已达到深亚微米（Deep Submicron，DS）级，在一个芯片上可集成数百万乃至上千万个晶体管，工作速度可达到 Gb/s 级，这为制造出规模更大、速度更快、信息容量更高的芯片系统提供了基础条件，同时也对 EDA 系统提出了更高的要求，并大大促进了 EDA 技术的发展。20 世纪 90 年代以后，出现了以高级语言描述、系统仿真和综合技术为特征的第三代 EDA 技术，它不仅极大地提高了系统的设计效率，而且使设计者摆脱了大量的辅助性工作，将精力集中于创造性的方案与概念的构思上。这个阶段的 EDA 技术主要有如下特征。

1）高层综合（High Level Synthesis，HLS）的理论与方法取得进展，从而将 EDA 设计层次由 RT 级提高到了系统级（又称行为级），并且推出了相应的行为级综合优化工具，大大缩短了复杂 ASIC 的设计周期，同时改进了设计质量。典型工具有 Synopsys 公司的 Behavioral Compiler、Mentor Graphics 公司的 Monet 和 Renoir。

2）采用硬件描述语言（Hardware Description Language, HDL）来描述 10 万门以上的设计，并形成了 VHDL 和 Verilog HDL 两种标准硬件描述语言。它们均支持不同层次的描述，使得复杂集成电路的描述规范化，便于传递、交流、保存与修改，并可建立独立工艺的设计文档，便于设计及重用。

3）采用平面规划（Floorplanning）技术对逻辑综合和物理版图设计进行联合管理，做到在逻辑综合早期设计阶段就考虑到物理设计信息的影响。通过这些信息，设计者能进行更进一步的综合与优化，并保证所做的修改只会提高性能而不会给版图设计带来负面影响。这对于深亚微米级布线延时已成为主要延时的情况下，加速设计过程的收敛与成功是有所帮助的。在 Synopsys 和 Cadence 等公司的 EDA 系统中均采用了这项技术。

4）可测性综合设计。随着 ASIC 的规模与复杂性的增加，测试的难度与费用急剧上升，由此产生了将可测性电路结构做在 ASIC 芯片上的设想，于是开发了扫描插入、BLST（内建自测试）、边界扫描等可测性设计（DFT）工具，并集成到 EDA 系统中。典型产品有 Compass 公司的 Test Assistant，Mentor Graphics 公司的 LBLST Architect、BSDArchitect、DFT Advisor 等。

5）为带有嵌入μP 核的 ASIC 设计提供软、硬件协同设计工具。典型产品有 Mentor Graphics 公司的 Seamless CVE（Co-Verification Environment）等。

6）建立并行设计工程（Concurrent Engineering，CE）框架结构的集成化设计环境，以适应现今 ASIC 的特点：规模大而复杂，数字与模拟电路并存，硬件与软件设计并存，产品上市速度快。该框架可以将不同公司的优秀工具集成为一个完整的 EDA 系统，并能在 UNIX 与 Windows NT 两种平台之间实现平滑过渡。各种 EDA 工具在该框架中可以并行使用。通过统一的集成化设计环境，能够保证各个设计工具之间的相互联系与管理。在这种集成化设计环境中，使用统一的数据管理系统与完善的通信管理系统，由若干个相关的设计小组共享数据库和知识库，同时并行地进行设计。当系统设计完成时，相应的电路设计、版图设计、可测性设计与嵌入式软件的设计等也都基本上完成了。

在 Internet 迅速发展的今天，ASIC 设计所要用到的 EDA 工具和元件（IP 模块）均可在 Internet 上找到。销售方式可利用 Internet 销售其 EDA 工具与 IP 模块，ASIC 设计人员可以在 Internet 上通过电子付款的方式选购设计工具与元件，从而使 ASIC 的设计变得迅速、经济、高效。此外，基于 Internet 的虚拟设计级也已出现，因而可将世界范围内最优秀的设计人才资源组合起来，解决日益复杂的电子系统设计问题。

1.1.2 EDA 技术的发展趋势

随着市场需求的增长，集成工艺水平的可行性以及计算机自动设计技术的不断提高，促使单片系统（或称系统集成芯片）成为集成电路设计的发展方向，这一发展趋势表现在如下几个方面：

1）超大规模集成电路的集成度和工艺水平的不断提高，深亚微米工艺如 0.18μm、0.13μm、90nm（2003 年）已经走向成熟，在一个芯片上完成系统级集成已成为可能。

2）市场对电子产品提出了更高的要求，如必须降低电子系统的成本，减小系统的体积等，从而对系统的集成度不断提出更高的要求。

3）高性能的 EDA 工具得到迅速的发展，其自动化和智能化程度不断提高，为嵌入式系统设计提供了功能强大的开发环境。

4）计算机硬件平台性能大幅度提高，为复杂的 SOC（System on a Chip）设计提供了物理基础。

但现有的 HDL 只是提供行为级或功能级的描述，尚无法完成对复杂的系统级的抽象描述。人们正尝试开发一种新的系统级的设计语言来完成这一工作，现在已开发出更趋于电路行为级的硬件描述语言，如 SystemC、Superlog 及系统级混合仿真工具；可以在同一个开发平台上完成高级语言，如 C/C++等，与标准 HDL（Verilog HDL，VHDL）或其他更低层次描述模块的混合仿真。虽然用户用高级语言编写的模块尚不能自动转化成 HDL 描述，但作为一种针对特定应用领域的开发工具，软件供应商已经为常用的功能模块提供了丰富的宏单元库支持，可以方便地构建应用系统，并通过仿真加以优化，最后自动产生 HDL 代码，进入下一阶段的 ASIC 实现。

此外，随着系统开发对 EDA 技术目标器件各种性能要求的提高，ASIC 和 FPGA（Field Programmable Gate Array）将进一步相互融合。这是因为虽然标准逻辑 ASIC 芯片尺寸小、功能强大、耗电省，但设计复杂，并且有批量生产要求；可编程逻辑器件（Program mable Logic Device，PLD）开发费用低廉，能现场进行编程，但体积大，功能有限，而且功耗较大。因此，FPGA 和 ASIC "走到" 一起，互相融合，取长补短。由于一些 ASIC 制造商提供具有可编程逻辑的标准单元，PLD 制造商重新对标准逻辑单元产生兴趣，而有些公司采取两头并进的方法，从而使市场开始发生变化，在 FPGA 和 ASIC 之间正在诞生一种"杂交"产品，以满足成本和上市速度的要求。例如，将 PLD 嵌入标准逻辑单元。

尽管将标准逻辑单元与 PLD 集成在一起并不意味着 ASIC 更加便宜，或者使 FPGA 更加省电。但是，可使设计人员将两者的优点结合在一起，通过支持 FPGA 的一些功能，可减少成本和开发时间，并增加灵活性。

当然，现今人们也在进行将 ASIC 嵌入可编程逻辑单元的工作。目前，许多 PLD 公司开始为 ASIC 提供 FPGA 内核。PLD 厂商广泛与 ASIC 制造商结盟，为 SOC 设计提供嵌入式 FPGA 模块，使未来的 ASIC 供应商有机会更快地进入市场，利用嵌入式内核获得更长的市场生命期。

例如，在实际应用中使用可编程系统级集成电路（FPSLIC），即将嵌入式 FPGA 内核与 RISC 微控制器组合在一起形成新的集成电路，广泛用于电信、网络、仪器仪表和汽车的低功耗应用系统中。

在新一代产品的 PCB 上，尽管空间有限（几乎不能再增加器件），在 ASIC 器件中仍留下了 FPGA 的空间。如果希望改变设计，或者由于开始的工作中没有条件完成足够的验证测试，稍后也可以根据要求对它编程，进行修改。ASIC 设计人员采用这种小的可编程逻辑内核用于修改设计问题，很好地降低了设计风险。

ASIC 制造商增加可编程逻辑的另一个原因是，考虑到设计产品的许多性能指标变化太快（特别是通信协议），为已经完成设计并投入应用的集成电路留有多些可自由更改的功能是十分有价值的，这在通信领域中的芯片设计方面尤为重要。

现在，传统 ASIC 和 FPGA 之间的界限正变得模糊。系统级芯片不仅集成 RAM 和微处理器，也集成 FPGA。整个 EDA 和集成电路设计工业都朝这个方向发展，这并非只是 FPGA 与 ASIC 制造商竞争的产物，对于用户来说，也意味着有了更多的选择。

1.2　EDA 技术的基本工具

EDA 工具的发展经历了两个大的阶段：物理工具和逻辑工具。现在 EDA 和系统设计工具逐步被理解成一个整体的概念：电子系统设计自动化。物理工具用来完成设计中的实际物理问题，如芯片布局、印制电路板布线等；逻辑工具是基于网表、布尔逻辑、传输时序等概念，首先由原理图编辑器或 HDL 进行设计输入，然后利用 EDA 系统完成综合、仿真、优化等过程，最后生成物理工具可以接受的网表或 VHDL、Verilog HDL 的结构化描述。现在常见的 EDA 工具有编辑器、仿真器、检查/分析工具、优化/综合工具等。

1.2.1　EDA 常用工具

EDA 工具在 EDA 技术应用中占据极其重要的位置，EDA 的核心是利用计算机完成电子设计全程自动化。因此，基于计算机环境的 EDA 软件的支持是必不可少的。

由于 EDA 的整个流程涉及不同技术环节，每一环节中必须有对应的软件包或专用的 EDA 工具独立处理，包括对电路模型的功能模拟、对 VHDL 行为描述的逻辑综合等，因此，单个 EDA 工具往往只涉及 EDA 流程中的某一步骤。这里以 EDA 设计流程中涉及的主要软件包为 EDA 工具进行分类，并给以简要的介绍。EDA 工具大致可以分为如下 5 个模块。

模块一：设计输入编辑器。

模块二：HDL 综合器。

模块三：仿真器。

模块四：适配器（布局、布线器）。

模块五：下载器。

当然这种分类不是绝对的，现在也有集成的 EDA 开发环境，如 Quartus II。

1.2.2　设计输入编辑器

在 FPGA/CPLD 设计流程中已经对设计输入编辑器或设计输入环境做了部分介绍，它们可以接受不同的设计输入表达方式、状态图输入方式、波形输入方式以及 HDL 的文本输入方式。在各 PLD 厂商提供的 EDA 开发工具中，一般都含有这类输入编辑器，如 Xilinx 公司的 Foundation、Altera 公司的 Quartus II +PLUS II 等。

通常专业的 EDA 工具供应商也提供相应的设计输入工具，这些工具一般与该公司的其他电路设计软件整合，这一点尤其体现在原理图输入环境上。如 Innovada 公司的 eProduct Designer 中的原理图输入管理工具 DxDesigner（原为 ViewDraw），既可作为 PCB 设计的原理图输入，又可作为集成电器设计、模仿仿真和 FPGA 设计的原理图输入环境。比较常见的还有 Cadence 公司的 Orcad 中的 Capture 工具等。这类工具一般都设计成通用型的原理图输入工具。由于针对 FPGA/CPLD 设计的原理图要含有特殊原理图库（含原理图中的 symbol）的支持，因此，其输出并不与 EDA 流程的下、上步设计工具直接相连，而要通过网表文件，如电子设计数据交换格式（Electronic Design Inter-change Format，EDIF）文件来传递。

由于 HDL（VHDL/Verilog HDL 等）的输入方式是文本格式，所以它的输入实现要比原理图输入简单得多，用普通的文本编辑器即可完成。如果要求 HDL 输入时，有语法色彩提示，可以用带语法提示功能的通用文本编辑器，如 UltraEdit、Vim、Xemacs 等。当然 EDA 工具中提供的 HDL 文本编辑器会更好用一些，如 Aldec 公司的 Active HDL 的 HDL 文本编辑器。

另一方面，由于 PLD 规模的增大，设计的可选性增大，需要有完善的设计输入文档管理，Mentor Graphics 公司提供的 HDL designer series 就是此类工具中的一个典型代表。

有的 EDA 设计输入工具把图形设计与 HDL 文本设计相结合，如在提供 HDL 文本编辑器的同时提供状态机编辑器，用户可用图形（状态图）来描述状态机，最后生成 HDL 文本输出，如 Visual HDL、Mentor 用户的 FPGA advantage（含 HDL designer series）、Active HDL 中的 Active State 等。尤其是 HDL designer series 中的各种输入编辑器，可以接受诸如原理图、状态图、表格图等输入形式，并将它们转成 HDL（VHDL/Verilog HDL）文本表达方式，很好地解决了通用性（HDL 输入的优点）与易用性（图形法的优点）之间的矛盾。

输入编辑器在多样性、易用性和通用性方面的功能不断增强，标志着 EDA 技术中自动化设计程度不断提高。

1.2.3　HDL 综合器

由于目前通用的 HDL 语言有 VHDL 和 Verilog HDL，这里介绍的 HDL 综合器主要是针对这两种语言。

HDL 诞生的初衷是为了进行电路逻辑的建模和仿真，但直到 Synopsys 公司推出了 HDL 综合器后，才改变了人们的看法，人们将 HDL 直接用于电路的设计。

由于 HDL 综合器是目标器件硬件结构、数字电路设计技术、化简优化算法以及计算机软件的结合体，而且 HDL 可综合子集迟迟未能标准化，所以相比于形式多样的设计输入工具，成熟的 HDL 综合器并不多。比较常用的、性能良好的 FPGA/CPLD 设计的 HDL 综合器有如下 3 种：

1）Synopsys 公司的 FPGA compiler、FPGA express 综合器。

2）Synplicity 公司的 Synplify pro 综合器。

3）Mentor Graphics 子公司 Exemplar Logic 的 Leonardo spectrum 综合器。

较早推出综合器的是 Synopsys 公司，它为 FPGA/CPLD 开发推出的综合器是 FPGA express 及 FPGA compiler，两者的差别不是很大。为了便于处理，最初由 Synopsys 公司在综合器中增加了一些用户自定义类型，如 std_logic 等，后被纳入 IEEE 标准。对于其他综合器只能支持 VHDL 中的可综合子集。FPGA compiler 中带有一个原理图生成浏览器，可以把综合出的网表用原理图的方式画出来，便于验证设计，还附有强大的延时分析器，可以对关键路径进行单独分析。

Synplicity 公司的 Synplify pro 除了有原理图生成、延时分析器外，还带有一个 FSM compiler（有限状态机编译器），可以从提交的 VHDL/Verilog HDL 设计文本中提出有限状态设计模块，并用状态图的方式显示出来，用表格来说明状态的转移条件及输出。Synplify pro 的原理图浏览器可以定位原理图中元件在 VHDL/Verilog HDL 源文件中的对应语句，便于调试。

Exemplar Logic 公司的 Leonardo spectrum 也是一个很好的 HDL 综合器，它同时可用于 FPGA/CPLD 和 ASIC 设计两类工程目标。Leonardo spectrum 作为 Mentor Graphics 公司的 FPGA adantage 中的组成部分，与 FPGA adantage 的设计输入管理工具和仿真工具具有很好的结合。

当然也有应用于 ASIC 设计的 HDL 综合器，如 Synopsys 公司的 Design Compiler、Synplicity 公司的 Synplify ASIC、Cadence 公司的 synergy 等。

HDL 综合器把可综合的 VHDL/Verilog HDL 转化成硬件电路时，一般要经过两个步骤：

第一步是 HDL 综合器对 VHDL/Verilog HDL 进行分析处理，并将其转化成相应的电路结构或模块，这时是不考虑实际器件实现的，即完全与硬件无关，这个过程是一个通用电路原理图形成的过程。

第二步是对实际实现的目标器件的结构进行优化，并使之满足各种约束条件，优化关键路径等。

HDL 综合器的输出文件一般是网表文件，如 EDIF 格式，文件扩展名.edf 是一种用于设计数据交换和交流的工业标准格式文件，或是直接用 VHDL/Verilog HDL 表达的标准格式网表文件，或是对应于 FPGA 器件厂商的网表文件，如 Xilinx 公司的 XNF 网表文件。

由于 HDL 综合器只完成 EDA 设计流程中的一个独立设计步骤，所以它往往被其他 EDA 环境调用，以完成全部流程。它的调用方式一般有两种：一种是前台模式，在被调用时，显示的是最常见的窗口界面；一种称为后台模式或控制台模式，被调用时，不出现图形界面，仅在后台运行。

HDL 综合器的使用也有两种模式：图形模式和命令行模式（shell 模式）。

1.2.4　仿真器

仿真器有基于元件（逻辑门）的仿真器和 HDL 仿真器，基于元件的仿真器缺乏 HDL 仿真器的灵活性和通用性。在此主要介绍 HDL 仿真器。

在 EDA 设计技术中仿真的地位十分重要，行为模型的表达、电子系统的建模、逻辑电路的验证乃至门级系统的测试，每一步都离不开仿真器的模拟检测。在 EDA 发展的初期，快速地进行电路逻辑仿真是当时的核心问题，即使在现在，各设计环节的仿真仍然是整个 EDA 工作流程中最耗时间的一个步骤。因此，HDL 仿真器的仿真速度、仿真的准确性和易用性成为衡量仿真器的重要指标。HDL 仿真器按对设计语言的不同处理方式分类，可分为编译型和解释型仿真器。

编译型仿真器的仿真速度较快，但需要预处理，因此，不便即时修改；解释型仿真器的仿真速度一般，可随时修改仿真环境和条件。

按处理硬件描述语言的类型分类，HDL 仿真器可分为：VHDL 仿真器、Verilog 仿真器、Mixed HDL 仿真器（混合 HDL 仿真器，同时处理 Verilog HDL 与 VHDL）、其他 HDL 仿真器（针对其他 HDL 的仿真）。

Model Technology 的 ModelSim 是一个出色的 VHDL/Verilog HDL 仿真器，Verilog-XL 的前身与 Verilog 一起诞生。

按仿真电路描述级别的不同，HDL 仿真器可以单独或综合完成以下各仿真步骤：

1）系统级仿真。

2）行为级仿真。

3）RTL 级仿真。

4）门级时序仿真。

按仿真时是否考虑硬件延时分类，HDL 仿真器可分为功能仿真器和时序仿真器。根据输入和仿真文件的不同，可以由不同的仿真器完成，也可由同一个仿真器完成。

几乎各个 EDA 厂商都提供基于 VHDL/Verilog HDL 的仿真器。常用的 HDL 仿真器除上面提到的 ModelSimGN Verilog-XL 外，还有 Aldec 公司的 Active HDL、Synopsys 公司的 VCS、Cadence 公司的 NC-Sim 等。

1.2.5　适配器（布局、布线器）

适配器的任务是完成目标系统在器件上的布局布线。适配（即结构综合），通常由可编程逻辑器件生产厂商提供专门针对器件开发的软件来完成。这些软件可以单独运行或嵌入到厂商提供的适配器中，但同时提供性能良好、使用方便的专用适配器运行环境，如 IspEXPERTCompiler。而 Altera 公司的 EDA 集成开发环境 Quartus Ⅱ、Quartus 中都含有嵌入的适配器，适配器 Xilinx 公司的 Foundation 和 IsE 中也同样含有自己的适配器。

适配器最后输出的是各厂商自己定义的下载文件，用于下载到器件中以实现设计。适配器输出以下多种用途的文件。

文件一：时序仿真文件，如 Quartus Ⅱ的 SCF 文件。

文件二：适配技术报告文件。

文件三：面向第三方 EDA 工具的输出文件，如 EDIF、VHDL 或 Verilog HDL 格式的文件。

文件四：FPGA/CPLD 编程下载文件，如用于高密度可编程逻辑器件（Complex Programmable Logic Device，CPLD）编程的 JEDEC、POF、ISP 等格式的文件；用于 FPGA 配置的 SOF、JAM 等格式的文件。

1.2.6　下载器

下载是在功能仿真与时序仿真正确的前提下，将综合后形成的位流下载到具体的 FPGA 芯片中，也称为芯片配置。FPGA 设计有两种配置形式：直接由计算机经过专用下载电缆进行配置；由外围配置芯片进行上电时自动配置。因 FPGA 具有掉电信息丢失的性质，因此，可在验证初期使用电缆直接下载位流，如有必要再将位流烧录配置芯片中（如 Xilinx 公司的 XC18V 系列、Altera 公司的 EP2 系列）。使用电缆下载时，有多种下载方式，如对 Xilinx 公司的 FPGA 下载可以使用 JTAG Programmer、Hardware Programmer、PROM Programmer 3 种方式，而对 Altera 公司的 FPGA 可以选择 JTAG 方式或 Passive Serial 方式。因为 FPGA 大多支持 IEEE 的 JTAG 标准，所以使用芯片上的 JTAG 模式是常用下载方式。

将位流文件下载到 FPGA 器件内部后，进行实际器件的物理测试即为电路验证，得到正确的验证结果则证明了设计的正确性。电路验证对 FPGA 的投入生产具有较大意义。

1.3　EDA 的基本设计思路

1.3.1　EDA 电路级设计

设计人员首先确定设计方案，并选择能实现该方案的合适的元器件，然后根据元器件设计电路原理图，接着进行第一次仿真，其中包括数字电路的逻辑模拟、故障分析等。其作用是在元件模型库的支持下检验设计方案在功能方面的正确性。

仿真通过后，根据原理图产生电路连接网表，进行 PCB 的自动布局布线。在制作 PCB 之前，还可以进行 PCB 分析，并将分析结果反馈回电路图，进行第二次仿真，称为后仿真。其作用是检验 PCB 在实际工作环境中的可行性。

综上所述，EDA 技术的电路级设计可以使设计人员在实际的电子系统产生之前，就"已经"全面了解系统的功能特性和物理特性，从而将开发风险消除在设计阶段，缩短开发周期，降低开发成本。

1.3.2　EDA 系统级设计

随着技术的进步，以及电子产品更新换代频繁，产品的复杂程度大幅度提高，以前鉴于电路级设计的 EDA 技术已不能适应新形势，必须有一种高层次的设计，即"系统级设计"，其设计流程图如图 1-1 所示。

图 1-1　EDA 设计流程图

基于系统级的 EDA 设计方法其主要思路是采用自顶向下（Top-Down）的设计方法，使开发者从一开始就要考虑到产品生产周期等诸多方面，包括质量成本、开发周期等因素。第一步从系统方案设计入手，在顶层进行系统功能划分和结构设计；第二步用 VHDL、Verilog HDL 等硬件描述语言对高层次的系统行为进行描述；第三步通过编译器形成标准的 VHDL 文件，并在系统级验证系统功能的设计正确性；第四步用逻辑综合优化工具生成具体的门级电路的网表，这是将高层次描述转化为硬件电路的关键；第五步利用产品的网表进行适配前的时序仿真；最后是系统的物理实现级，它可以是 CPLD、FPGA 或 ASIC。

1.4 PLD 的设计流程

PLD 的设计是指利用开发软件和编程工具对器件进行开发的过程。

CPLD 的设计流程如图 1-2 所示，它包括设计准备、设计输入、设计处理和器件编程 4 个步骤以及相应的功能仿真（前仿真）、时序仿真（后仿真）和器件测试 3 个设计过程。

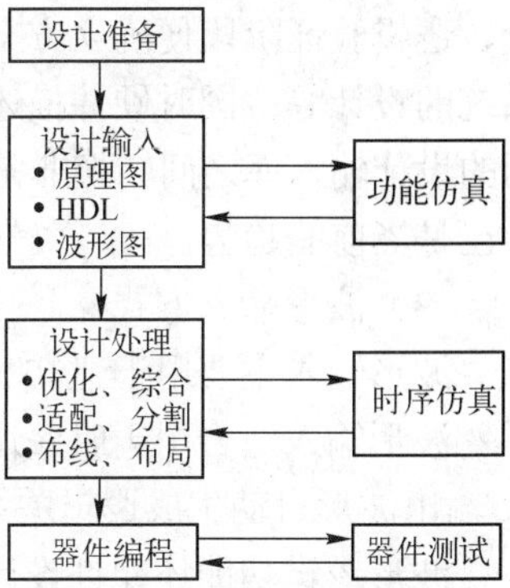

1.4.1 设计准备

在对可编程逻辑器件的芯片进行设计之前，首先要进行方案论证、系统设计和器件选择等设计准备工作。设计者首先要根据任务要求，如系统所完成的功能及复杂程序，对工作速度和器件本身的资源、成本及连线的可行性等方面进行权衡，选择合适的设计方案和合适的器件类型。

图 1-2　CPLD 的设计流程

数字系统设计有多种方法，如模块设计法、自顶向下设计法和自底向上设计法等。自顶向下设计法是目前最常用的设计方法，也是基于芯片的系统设计的主要方法。它首先从系统设计入手，在顶层进行功能划分和结构设计，采用 HDL 对高层次的系统进行描述，并在系统级采用仿真手段验证设计的正确性，然后再逐级设计低层次的结构。由于高层次的设计与器件及工艺无关，而且在芯片设计前就可以用软件仿真手段验证系统方案的可行性，因此，自顶向下的设计方法有利于在早期发现结构设计中的错误，避免不必要的重复设计，提高设计的一次成功率。

自顶向下的设计采用功能分割的方法从顶向下逐次进行划分。在设计过程中，采用层次化和模块化将使系统设计变得简洁和方便。层次化设计是分层次、分模块地进行设计描述。描述器件总功能的模块放在最上层，称为顶层设计；描述器件某一部分功能的模块放在下层，称为底层设计；底层模块还可以再向下分层，这种分层关系类似于软件设计中的主程序和子程序的关系。层次化设计的优点：一是支持模块化，底层模块可以反复被调用，多个底层模块也可以由多个设计者同时进行设计，因而提高了设计效率；二是模块化设计比较自由，它既适合于自顶向下的设计，也适合于自底向上的设计。

1.4.2 设计输入

设计者将所设计的系统或电路以开发软件所要求的某种形式表示出来，并送到计算机的过程称为设计输入。设计输入通常有以下几种方式。

（1）原理图输入方式

这是一种最直接的设计描述方式，它使用软件系统提供的元器件库及各种符号和连线画出原理图，形成原理图输入文件。这种方式运用于对系统及各部分电路都很熟悉的情况，或在系统对时间特性要求较高的场合。在系统功能较复杂时，原理图输入方式效率低，它的主要优点是容易实现仿真，便于信号的观察和电路的调整。

（2）硬件描述语言（HDL）输入方式

硬件描述语言是用文本方式描述设计，它分为普通硬件描述语言和行为描述语言。

普通硬件描述语言有 ABEL-HDL、CUPL 等，它们支持逻辑方程、真值表、状态机等逻辑表达方式。

行为描述语言是目前常用的高层硬件描述语言，有 VHDL 和 Verilog HDL 等，它们都已成为 IEEE 标准，并且有许多突出的优点：如语言与工艺的无关性，可以使设计者在系统设计、逻辑验证阶段便确立方案的可行性；又如语言的公开可利用性，使它们便于实现大规模系统的设计等；同时硬件描述语言具有很强的逻辑描述和仿真功能，而且输入效率高，在不同的设计输入库之间转换非常方便。因此，运用 VHDL、Verilog HDL 硬件描述语言描述设计已是当前的趋势。

（3）波形输入方式

波形输入主要用于建立和编辑波形设计文件以及输入仿真向量和功能测试向量。

波形输入适合用于时序逻辑和有重复性的逻辑函数。系统软件可以根据用户自定义的输入/输出波形自动生成逻辑关系。

波形逻辑功能还允许设计者对波形进行复制、剪切、粘贴、重复与伸展，从而可以用内部节点、触发器和状态机建立设计文件，并将波形进行组合，显示各种进制的状态值，还可以通过将一组波形重叠到另一组波形上，对两组仿真结果进行比较。

1.4.3　设计处理

设计处理是器件设计中的核心环节。在设计处理过程中，编译软件对设计输入文件进行逻辑化简、综合和优化，并适当地用一片或多片器件自动进行适配，最后生成编程用的编程文件。

（1）语法检查和设计规则检查

设计输入完成之后，在编译过程中首先进行语法检查，如检查原理图有无漏连信号线，信号有无双重来源，文本输入文件中关键字有无输错等各种语法错误，并及时列出错误信息报告供设计者修改；然后进行设计规则检查，检查总的设计有无超出器件资源或规定的限制，并将编译报告列出，指明违反规则情况以供设计者纠正。

（2）逻辑优化和综合

化简所有的逻辑方程或用户自建的宏，使设计所占用的资源最少。综合的目的是将多个模块化设计文件合并为一个网表文件，并使层次设计平面化（即展平）。

（3）适配和分割

确定优化以后的逻辑能否与器件中的宏单元和 I/O 单元（IOE）适配，然后将设计分割为多个便于适配的逻辑小块形式，映射到器件相应的宏单元中。如果整个设计不能装入一片器件，可以将整个设计自动划分（分割）成多块并装入同一系列的多片器件中。

划分工作可以全部自动实现，也可以部分由用户控制，还可以全部由用户控制。划分时应使所需器件数目尽可能少，同时应使用于器件之间通信的引脚数目最少。

（4）布局和布线

布局和布线工作是在设计检验通过以后由软件自动完成的，它能以最优的方式对逻辑元件布局，并准确地实现元件间的互连。

（5）生成编程数据文件

设计处理的最后一步是生成可供器件编程使用的数据文件。对 CPLD 来说，是生成熔线图文件，即 JEDEC 文件（电子器件工程联合会制定的标准格式，简称 JED 文件）；对于 FPGA 来说，是生成位流数据文件（Bitstream Generation），简称 BG 文件。

1.4.4　设计检验

设计检验过程包括功能仿真和时序仿真，这两项工作是在设计处理过程中同时进行的。功能仿真是在设计输入完成之后，选择具体器件进行编译之前进行的逻辑功能验证，因此，又称为前仿真。此时的仿真没有延时信息，对于初步的功能检测非常方便。仿真前，要先利用波形编辑器或 HDL 等建立波形文件或测试向量（即将所关心的输入信号组合成序列），仿真结果将会生成报告文件和输出信号波形，从中可以观察到各个节点的信号变化。若发现错误，则在返回设计输入中修改逻辑设计。

时序仿真是在选择了具体器件并完成布局、布线之后进行的时序关系仿真，因此，又称为后仿真或延时仿真。由于不同器件的内部延时不一样，不同的布局、布线方案也给延时造成不同的影响，因此，在设计处理以后，对系统和各模块进行时序仿真，分析其时序关系，估计设计的性能以及检查和消除竞争冒险等是非常有必要的。实际上这些也是与实际器件工作情况基本相同的信息。

1.4.5　器件编程与配置

编程是指将编程数据存放到具体的可编程逻辑器件中去。

对于 CPLD 来说，是将 JED 文件"下载（Down Load）"到 CPLD 中去，对于 FPGA 来说是将位流数据 BG 文件"配置"到 FPGA 中去。

器件编程需要满足一定的条件，如编程电压、编程时序和编程算法等。普通的 CPLD 和一次性编程的 FPGA 需要专用的编程器完成器件的编程工作。基于 SRAM 的 FPGA 可以由 EPROM 或其他存储体进行配置。在系统的可编程逻辑器件（ISP-PLD）则不需要专门的编程器，只需要一根下载编程电缆就可以了。

器件在编程完毕之后，可以用编译时产生的文件对器件进行检验、加密等工作。对于具有边界扫描测试功能和在系统编程功能的器件来说，测试起来更加方便。

习　　题

1. EDA 工具大致可以分为几个模块？
2. 简述 HDL 综合器把可综合的 VHDL 和 Verilog HDL 转化成硬件电路的步骤。
3. 简述 EDA 技术的系统级设计流程。

第2章 Altera 公司可编程逻辑器件

2.1 Altera 器件的命名

图 2-1 和图 2-2 给出了 Altera 公司各个系列的 PLD 以及器件命名方法。有关器件的具体封装形式、引脚数目、速度等级、工作温度、工作电压等性能参数，请浏览 Altera 公司的网站（http://www.altera.com），也可与器件销售商联系。

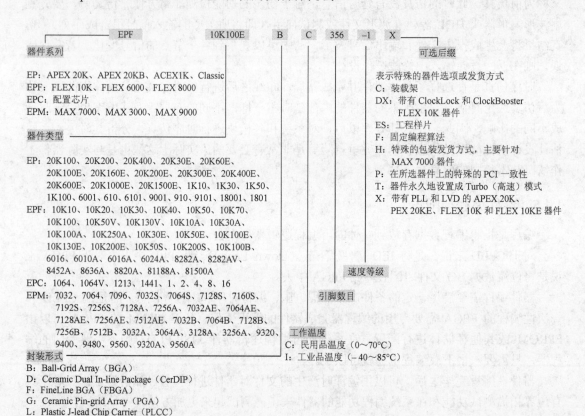

图 2-1　APEX 10K、APEX 20K、FLEX、ACEX 1K、MAX、Classic 器件的命名方法

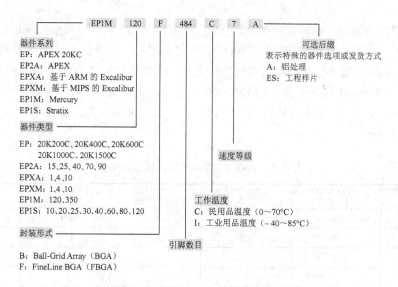

图 2-2　APEX 20KC、APEX Ⅱ、Mercury、Excalibur 和 Stratix 器件的命名方法

2.2　Altera 常用器件

2.2.1　MAX 7000 器件

1. MAX 7000 性能特点

MAX 7000 器件与 MAX 9000 及 MAX 5000 器件都是基于乘积项结构的 PLD，特别适用于实现高速、复杂的组合逻辑。

MAX 7000 器件是基于 Altera 公司第二代 MAX 结构，采用先进的 CMOS EEPROM 技术制造。MAX 7000 器件提供多达 5000 个可用门和在系统可编程（ISP）功能，其引脚到引脚延时快达 5ns，计数器频率高达 175.4MHz。各种速度等级的 MAX 7000S、MAX 7000A/AE/B 和 MAX 7000E 器件都遵从 PCI 总线标准。

MAX 7000 器件具有附加全局时钟、输出使能控制、连线资源和快速输入寄存器及可编程的输出电压摆率控制等特性。MAX 7000S 器件除了具备 MAX 7000E 的增强特性之外，还具有 JTAG BST 边界扫描测试，ISP 在系统可编程和漏极开路输出控制等特性。

MAX 7000 器件可 100%模仿 TTL，可高密度地集成 SSI（小规模集成）、MSI（中规模集成）和 LSI（大规模集成）等器件的逻辑。它也可以集成多种 PLD，其范围从 PAL、GAL、22V10 一直到 MACH 和 pLSI 器件。MAX 7000 器件在速度、密度和 I/O 资源方面可与通用的掩膜式门阵列相媲美，可以用做门阵列的样片设计。MAX 7000 器件有多种封装类型，包括 PLCC、PGA、PQFP、RQFP 和 TQFP 等。

MAX 7000 器件采用 CMOS EEPROM 单元实现逻辑功能。这种用户可编程结构可以容纳各种各样的、独立的组合逻辑和时序逻辑功能。在开发和调试阶段，可快速并有效地反复编程，并保证可编程，擦除 100 次以上。

MAX 7000 器件提供可编程的速度/功耗优化控制。在设计中，使影响速度的关键部分工作在高速、全功率状态，而其余部分工作在低速、小功耗状态。速度/功耗优化特性允许设计者把一个或多个宏单元配置在 50%或更低的功耗下而仅增加一个微小的延迟。MAX 7000 器件也提供了一个旨在减小输出缓冲器电压摆率的配置项，以降低在没有速度要求情况下信号状态切换时的瞬态噪声。除 44 引脚的器件之外，所有 MAX 7000 器件的输出驱动器均能配置在 3.3V 或 5.0V 电压下工作。MAX 7000 器件允许用于混合电压的系统中。

MAX 7000 器件由 QuartusⅡ和 MAX+PLUSⅡ 开发系统支持。表 2-1 是 MAX 7000 典型器件性能对照表。

表 2-1　MAX 7000 典型器件性能对照表

特　　　性	EPM 7032 EPM 7032S	EPM 7064 EPM 7064S	EPM 7128 EPM 7128E	EPM 7192S EPM 7192E	EPM 7256S EPM 7256E
器件门数	1200	2500	5000	75 000	10 000
典型可用门	600	1250	2500	3750	5000
宏单元	32	64	128	192	256
逻辑阵列块	2	4	8	12	16
I/O 引脚数	36	68	100	124	164

2．MAX 7000S/E 器件结构

MAX 7000S/E 器件包括逻辑阵列块、宏单元、扩展乘积项（共享和并联）、可编程连线阵列和 I/O 控制块 5 部分。MAX 7000S/E 还含有 4 个专用输入：时钟（Clock）、清除（Clear）及两个输出使能（Output Enable）信号，它们既可用做通用输入，也可作为每个宏单元和 I/O 引脚的高速、全局控制信号。MAX 7000S/E 器件的结构如图 2-3 所示。

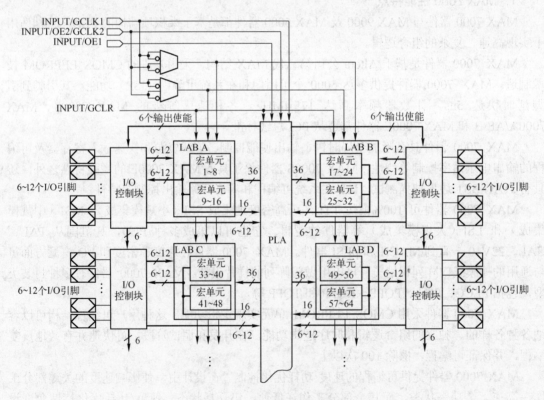

图 2-3　MAX 7000S/E 器件结构

（1）逻辑阵列块（LAB）

MAX 7000S/E 器件主要由高性能的 LAB 以及它们之间的连线通道组成。如图 2-4 所示，每 16 个宏单元阵列组成一个 LAB，多个 LAB 通过可编程连线阵列（PIA）连接在一起。PIA 即全局总线，由所有的专用输入、I/O 引脚以及宏单元反馈给信号。

每个 LAB 包括以下输入信号：

1）来自 PIA 的 36 个通用逻辑输入信号。

2）用于辅助寄存器功能的全局控制信号。

3）从 I/O 引脚到寄存器的直接输入信号。

（2）宏单元

器件的宏单元可以单独地配置成时序逻辑或组合逻辑工作方式。每个宏单元由逻辑阵列、乘积项选择矩阵和可编程寄存器等单个功能块组成。MAX 7000S/E 器件的宏单元结构如图 2-4 所示。

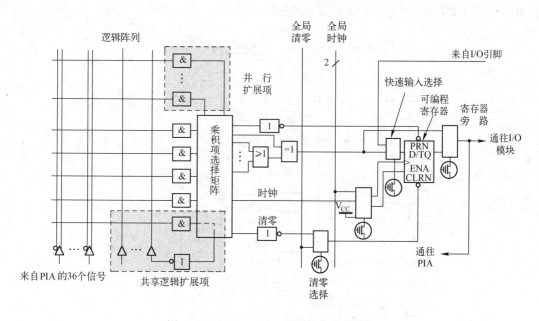

图 2-4　MAX 7000S/E 器件的宏单元结构

逻辑阵列用来实现组合逻辑，它为每个宏单元提供 5 个乘积项。乘积项选择矩阵把这些乘积项分配到"或"门和"异或"门作为基本逻辑输入，以实现组合逻辑功能；或者把这些乘积项作为宏单元的辅助输入，实现寄存器清除、预置、时钟和时钟使能等控制功能。以下两种扩展乘积项可用来补充宏单元的逻辑资源。

1）共享扩展项：反馈到逻辑阵列的反向乘积项。

2）并联扩展项：借自邻近的宏单元中的乘积项。

根据设计的逻辑需要，Quartus Ⅱ 和 MAX+PLUS Ⅱ 能自动地优化乘积项分配。

作为触发器功能，每个宏单元寄存器可以单独编程，使其具有可编程时钟控制的 D、T、JK 或 SR 触发器工作方式。每个宏单元寄存器也可以被旁路掉，以实现组合逻辑工作方式。在设计输入时，设计者指明所需的触发器类型，然后由 Quartus Ⅱ 和 MAX+PLUS Ⅱ 为每一个触发器功能选择最有效的寄存器工作方式，以使设计资源最少。

每一个可编程寄存器的时钟可配置成 3 种不同的方式。

1）全局时钟：这种方式能实现从时钟到输出最快的性能。

2）带有高电平有效的时钟使能的全局时钟：这种方式为每个寄存器提供使能信号，仍能达到全局时钟的快速时钟到输出的性能。

3）乘积项时钟：在这种方式下，寄存器由隐埋的宏单元或 I/O 引脚的信号进行时钟控制。

图 2-3 所示的 MAX 7000S/E 器件有两个全局时钟信号，它们可以是专用引脚 GCLK1、GCLK2，也可以是 GCLK1、GCLK2 反相信号。

每个寄存器还支持异步清除和异步置位功能，如图 2-5 所示，由乘积项选择矩阵分配乘积项来控制这些操作。虽然乘积项驱动寄存器的置位和复位信号是高电平有效，但在逻辑阵列中将这些信号反相可得到低电平有效的控制。另外，每个寄存器的复位功能可以由低电平有效、专用的全局复位引脚 GCLRn 信号来驱动。

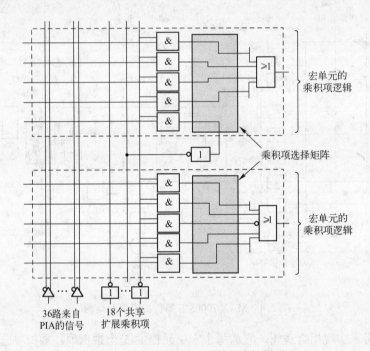

图 2-5　MAX 7000S/E 器件共享扩展项

所有 MAX 7000E 和 MAX 7000S 器件 I/O 引脚都有一个到宏单元寄存器的快速通道。这个专用通道可以旁路掉 PIA 和组合逻辑，直接驱动具有极快输入建立时间（2.5ns）的输入 D 触发器。

（3）扩展乘积项

尽管大多数逻辑功能可以用每个宏单元中的 5 个乘积项实现，但对于更复杂的逻辑功能，需要用附加乘积项来实现。为了提供所需的逻辑资源，可以利用另外一个宏单元，但是 MAX 7000 器件的结构也允许利用共享和并联扩展乘积项（扩展项），作为附加的乘积项直接输送到本 LAB 的任一宏单元中。利用共享和并联扩展乘积项可保证在逻辑综合时，用尽可能少的逻辑资源得到尽可能快的工作速度。

1）共享扩展项。每个 LAB 有 16 个共享扩展项。共享扩展项由每个宏单元提供一个未投入使用的乘积项，并将它们反相后反馈到逻辑阵列中，以便于集中使用。每个共享扩展项可被所在的 LAB 内任意或全部宏单元使用和共享，以实现复杂的逻辑功能。采用共享扩展项会产生一个较短的延时 t_{SEXP}。图 2-5 展示了共享扩展项是如何被馈送到多个宏单元的。

2）并联扩展项。并联扩展项是宏单元中没有使用的乘积项，这些乘积项可以分配给相邻的宏单元，以实现高速的、复杂的逻辑功能。并联扩展项允许多达 20 个乘积项直接馈送到宏单元的"或"逻辑中，其中 5 个乘积项由宏单元本身提供，另外 15 个并联扩展项由该 LAB 中邻近的宏单元提供。

Quartus Ⅱ 和 MAX+PLUS Ⅱ 编译器能够自动地分配并联扩展项，最多可分配 3 组，且每组最多有 5 个并联扩展项分配给需要附加乘积项的宏单元。每组并联扩展项增加一个较短的延时 t_{SEXP}。例如，若一个宏单元需要 14 个乘积项，编译器采用宏单元里的 5 个专用乘积项，并分配给其他两组并联扩展项（一组包括 5 个乘积项，另一组包括 4 个乘积项），所以，总的延时增加了 $2 \times t_{SEXP}$。

每个 LAB 由两组宏单元组成，每组含有 8 个宏单元（例如，一组为 1~8，另一组为 9~16），这两组宏单元形成两个借入或借出的并联扩展项链。一个宏单元可从较小编号的宏单元中借用并联扩展项。例如，宏单元 8 能从宏单元 7，或从宏单元 7 和 6，或从宏单元 7、6 和 5 中借用并联扩展项。在含有 8 个宏单元的每组内，最小编号的宏单元仅能借出并联扩展项，而最大编号的宏单元仅能借用并联扩展项，图 2-6 展示了并联扩展项是如何从邻近宏单元中借用，并借出给下一个宏单元的。

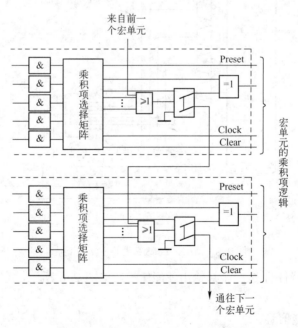

图 2-6 MAX 7000S/E 器件并联扩展项

（4）可编程连线阵列（PIA）

通过在 PIA 上布线，把各个 LAB 相互连接构成所需的逻辑。通过在 PIA 上布线，可把器件中任一信号源连接到其目的端。所有 MAX 7000S/E 器件的专用输入、I/O 接口和宏单元输出均馈送到 PIA，PIA 再将这些信号送到这些器件内的各个部位。只有确定每个 LAB 所需的信号，才真正实现从 PIA 到该 LAB 的连线。图 2-7 展示了 PIA 信号是如何布线到 LAB 的。图中 EEPROM 单元控制二输入"与"门的一个输入端，以选择驱动 LAB 的信号。

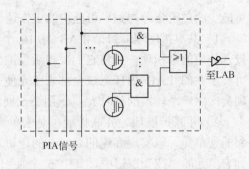

图 2-7　MAX 7000 器件的 PIA 结构

在掩膜或现场可编程门阵列（FPGA）中，基于通道布线方案的延时是累加的、可变的、与路径有关的；而 MAX 7000S/E 器件的 PIA 具有固定的延时。因此，PIA 消除了信号之间的延迟偏移，使得时间性能更容易预测。

（5）I/O 控制块

I/O 控制块允许每个 I/O 引脚单独地配置为输入、输出和双向工作方式。所有 I/O 引脚都有一个三态缓冲器，它由全局输出使能信号中的一个来控制，或者把使能端直接连接到地（GND）或电源（V_CC）上。当三态缓冲器的控制端接地（GND）时，输出为高阻态。此时，I/O 引脚可用做专用输入引脚。当三态缓冲器的控制端接高电平（V_CC）时，输出被使能（即有效），如图 2-8 所示。

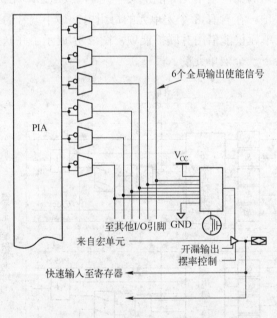

图 2-8　MAX 7000S/E 器件 I/O 控制块

MAX 7000S/E 器件有 6 个全局输出使能信号，如图 2-8 所示，它们可以由以下信号同相或反相驱动：

1）两个输出使能信号。

2）一组 I/O 引脚的子集或一组宏单元。

MAX 7000S/E 器件的结构提供双 I/O 反馈，且宏单元和引脚的反馈是相互独立的。当 I/O 引脚被配置成输入时，相关的宏单元可用于隐含逻辑。

3．MAX 7000 器件特性设定

（1）MAX 7000 器件速度/功耗配置

MAX 7000 器件提供省电工作模式，它可使用户定义的信号路径或整个器件工作在低功耗状态。这种特性可使总功耗下降到 50% 或更低。这是因为在许多逻辑应用中，所有门中只有小部分电路需要工作在最高频率。

设计者可以把 MAX 7000 器件中每个独立的宏单元编程为高速（打开 Turbo 位）或低速（关断 Turbo 位）工作模式。在设计中，通常使影响速度的关键路径工作在高速，而其他部分工作在低功耗状态。工作在低功耗状态的宏单元会附加一个微小的延时 t_{LPA}。

（2）MAX 7000 器件输出配置

MAX 7000 器件的输出可以根据系统的各种需求进行编程配置。

1）多电压（Multivolt）I/O 接口。MAX 7000 器件（除了 44 引脚的器件外）具有多电压 I/O 接口的特性，也就是说，MAX 7000 器件可以与不同电源电压的系统连接。所有封装中的 5 V 器件都可以将 I/O 接口设置在 3.3 V 或 5.0 V 下工作。这类器件设有两组 V_{CC} 引脚：V_{CCINT} 和 V_{CCIO}，它们分别用于内部电路的输入缓冲器及 I/O 输出缓冲器，如图 2-9 所示。

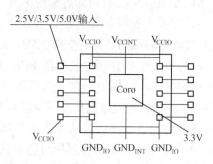

图 2-9　MAX 7000S/E 器件多电压 I/O 接口逻辑

非 MAX 7000A 器件的 MAX 7000 器件，其 V_{CCINT} 引脚必须始终接到 5.0 V 电源上。在这个 V_{CCINT} 电平下，输入电压是 TTL 电平，并同 3.3 V 和 5.0 V 输入兼容。

根据输出的要求，V_{CCIO} 引脚可连接到 3.3 V 或 5.0 V 电源上。当 V_{CCIO} 接 5.0 V 电源时，输出电平和 5.0 V 系统兼容；当 V_{CCIO} 接 3.3 V 电源时，输出电平和 3.3 V 系统兼容。当 V_{CCIO} 低于 4.75 V 时，将增加一个微小的短延时。

2）漏极开路（Open-Drain）。MAX 7000S 器件每个 I/O 引脚都有一个类似于集电极开路输出控制的漏极开路输出配置选项。MAX 7000S 器件可利用漏极开路输出提供诸如中断和写允许等系统级信号。这些信号能够由任意一个器件提供，也能同时由多个器件来提供，并提供一个附加"线或"。

3）电压摆率控制（Slew-Rate）选项

MAX 7000E/S 每一个 I/O 引脚的输出缓冲器输出的电压摆率都可以调整，即可配置成低噪声方式或高速性能方式。较快的电压摆率能为高速系统提供高速转换速率，但它同时也会给系统引入更大的噪声；低电压摆率可以减小系统噪声，但同时也会产生 5ns～4ms 的附加延时。摆率控制连接到 Turbo 位，当 Turbo 位接通时，电压摆率设置在快速状态，这种设置应当仅用在系统中影响速度的关键输出端，并有相应的抗噪声措施；当 Turbo 位断开时，电压摆率设置在低噪声状态，这将减少噪声的生成和地线上的毛刺。MAX 7000E/S 器件的每一个 I/O 引脚都有一个专用的 EEPROM（电可擦可编程只读存储器）位来控制电压摆率，使得设计员能够指定引脚到引脚的电压摆率。

4．MAX 7000 器件编程测试

（1）加密设计

所有 MAX 7000 器件都有一个可编程加密位，可以对被编程到器件内的数据进行加密。

在加密位被编程后，器件专利设计不能复制和读出。由于在 EEPROM 内的编程数据是看不见的，利用加密位可实现高级的设计加密。当对器件重新编程时，加密位和所有其他的编程数据均被擦除。

（2）在系统/在线编程

MAX 7000S 器件通过一个 4 引脚的工业标准 JTAG 接口（IEEE STD.1149.1－1990）进行在系统编程（ISP）。ISP 支持在设计、开发、调试过程中对器件快速、有效地反复编程。MAX 7000S 器件的结构内部能产生对 EEPROM 单元进行编程时所需的高电压，因此，在系统编程中仅需要单一的 5.0 V 电源电压供电。在系统编程过程中，I/O 引脚处于三态并被上拉，以消除 PCB 上的冲突。上拉阻值通常为 50kΩ。

ISP 简化了制作过程，它允许在编程前就把器件安装在带有标准 JTAG 编程接口的 PCB 上。MAX 7000S 器件可通过编程工具下载的信息进行编程。这些下载工具包括在电路测试器（ICT），嵌入式处理器及 Altera 公司的 BitBlaster、ByteBlaster、ByteBlasterMV 下载电缆等。其中，ByteBlasterMV 同时支持 2.5V、3.3V、5.0V 器件的编程或配置，可以取代 ByteBlaster。把 MAX 7000S 器件预先装配在 PCB 上再进行编程，可以避免在编程时由于操作不当造成的对多引脚封装（如 QFP 封装）的损伤。当系统已经在现场运行时，还可对 MAX 7000S 器件重新编程。例如，可通过软件或调制解调器对产品进行现场升级。

ISP 可以通过固定算法或自适应算法完成。自适应算法从被编程单元中读取信息，并依此调整后续编程步骤以达到尽可能短的编程时间。因为有些 ICT 不支持自适应算法，所以 Altera 公司也提供支持固定算法的器件，其编号的扩展名为 F。

可以利用在电路测试设备（例如，PC、嵌入式处理器等），通过 JAM^{TM} 编程测试语言对 MAX 7000S 器件进行编程。

（3）使用外部硬件对器件进行编程

MAX 7000 器件可在基于 Windows 的 PC 上用 Quartus Ⅱ 编程器、Altera 公司生产的逻辑编程卡、主编程部件（MPU）及配套的适配器来进行编程。MPU 执行连通性检验，以确保适配器和器件之间接触良好。

设计员可以通过 Quartus Ⅱ 软件，以文本或波形形式的测试向量去测试已编程的 MAX 7000 器件。为了加强对设计的验证，设计员还可以通过 Quartus Ⅱ 执行功能测试，将其与仿真结果进行比较。

（4）JTAG 边界扫描支持

MAX 7000 器件支持 JTAG 边界扫描测试。如果设计中不需要 JTAG 接口，则可将 JTAG 引脚作为用户 I/O 引脚使用。

（5）常规测试

MAX 7000 器件在出厂前都经过了严格的全功能测试，并保证合格。每一个可编程的 EEPROM 位均可测试，所有内部逻辑单元保证 100％ 可编程。在 MAX 7000 器件制造过程中，采用了标准测试数据，测试完成后再将标准测试数据擦掉。

2.2.2 FLEX 10K 器件

FLEX 10K 器件是第一种嵌入式 PLD 产品。FLEX（可更改逻辑单元阵列）采用可重构的 CMOS SRAM 单元，其结构集成了实现通用多功能门阵列所需的全部特性。FLEX 10K 系列容量可达 25 万门，能够高密度、高速度、高性能地将整个数字系统，包括 32 位多总线系统集成于单个器件中。

FLEX 10K 器件由 Altera 公司的 Quartus II 和 MAX+PLUS II 开发系统支持。

1. FLEX 10K 器件特性

1）嵌入式可编程逻辑器件提供了集成系统于单个可编程逻辑器件中的性能。

2）高密度：提供 1～25 万个可用门、6144～40960 位内部 RAM。

3）低功耗：多数器件在静态模式下电流小于 0.5mA，在 2.5V、3.3V 或 5.0V 下工作。

4）高速度：时钟锁定和时钟自举选项分别用于减少时钟延时/过冲和时钟倍频；器件内建立树形分布的低失真时钟；具有快速建立时间和时钟到输出延时的外部寄存器。

5）灵活的互连方式：具有快速、互连延时可预测的快速通道（Fast Track）连续式布线结构；实现快速加法、计数、比较等算术逻辑功能的专用进位链；实现高速、多输入（扇入）逻辑功能的专用级联链；实现内部三态总线的三态模拟；多达 6 个全局时钟信号和 4 个全局清除信号。

6）支持多电压 I/O 接口，遵从 PCI 2.2 总线标准。

7）强大的引脚功能：每个引脚都有一个独立的三态输出使能控制及漏极开路配置选项以及可编程输出电压摆率控制；FLEX 10KA、FLEX 10KE、FLEX 10KS 器件支持热插拔。

8）多种配置方式：内置 JTAG 边界扫描测试电路，可通过外部 EPROM、智能控制器或 JTAG 接口实现在电路重构（ICR）。

9）多种封装形式：引脚范围 84～600，封装形式有 TQFP、PQFP、BGA 和 PLC 等。同一封装的 FLEX 10K 器件的引脚兼容。

表 2-2 列出了 FLEX 10K 典型器件的性能对照。

表 2-2　FLEX 10K 典型器件的性能对照表

特　　性	EPF 10K10	EPF 10K20	EPF 10K50	EPF 10K100	EPF 10K250
器件门数	31 000	63 000	116 000	158 000	310 000
典型可用门	10 000	20 000	50 000	100 000	250 000
逻辑单元数	576	1152	2880	4992	12 160
逻辑阵列块	72	144	360	624	1520
嵌入阵列块	3	6	10	12	20
总 RAM 位数	6144	12 288	20 480	24 576	40 960
最多 I/O 引脚	150	189	310	406	470

2. FLEX 10K 器件结构

FLEX 10K 器件主要包括嵌入式阵列、逻辑阵列、Fast Track 互连和 I/O 单元 4 部分。另外，FLEX 10K 器件还包括 6 个用于驱动寄存器控制端的专用输入引脚，以确保高速低失真（小于 1.5ns）控制信号的有效分布。这些信号使用了专用的布线通道，这些专用通道提供了比 Fast Track 互连更短的延时和更小的失真。4 个全局信号可由 4 个专用输入引脚驱动，也可以由器件内部逻辑驱动。这为时钟分配或产生用以清除器件内部多个寄存器的异步清除信号提供了理想的方法。

1）嵌入式阵列。嵌入式阵列由一系列嵌入式阵列块（EAB）构成。在要实现存储器功能时，每个 EAB 可提供 2048 个存储位，用来构造 RAM、ROM、FIFO 和双口 RAM。在要实现乘法器、微控制器、状态机及复杂逻辑时，每个 EAB 可提供 100~600 个门。EAB 可单独使用，也可以组合起来使用。

2）逻辑阵列。逻辑阵列由一系列 LAB 构成。每个 LAB 由 8 个逻辑单元（LE）和一些局部互连组成。每个 LE 包含一个 4 输入的查找表（LUT）、一个可编程触发器、进位链和级联链等。每个 LAB 相当于 96 个可用逻辑门，可以构成一个中规模的逻辑块，如 8 位计数器、地址译码器或状态机等，也可以将多个 LAB 组合起来构成一个更大规模的逻辑块。

3）Fast Track 互连。FLEX 10K 器件内部信号的互连和器件引脚之间的信号互连是由纵横贯穿整个器件的快速通道（Fast Track）互连提供的。

4）I/O 单元。每个 I/O 引脚由位于行、列互连通道末端的 I/O 单元（IOE）馈接。每个 IOE 含有一个双向缓冲器和一个可作为输入/输出/双向寄存器的触发器。当 IOE 作为专用时钟引脚时，这些寄存器提供特殊性能。当 IOE 作为输入时，这些寄存器提供 1.6ns 的建立时间和 0ns 的保持时间。当 IOE 作为输出时，这些寄存器提供 5.3ns 的时钟到输出延时。IOE 还具有许多其他特性，如 JTAG 编程支持、电压摆率控制、三态缓冲和漏极开路输出等。

FLEX 10K 器件的结构如图 2-10 所示。一组 LE 构成一个 LAB，多个 LAB 成行成列排列组成逻辑阵列。逻辑阵列每行也包含一个 EAB。LAB 和 EAB 通过 Fast Track 连接。IOE 位于 Fast Track 行线和列线的两端。

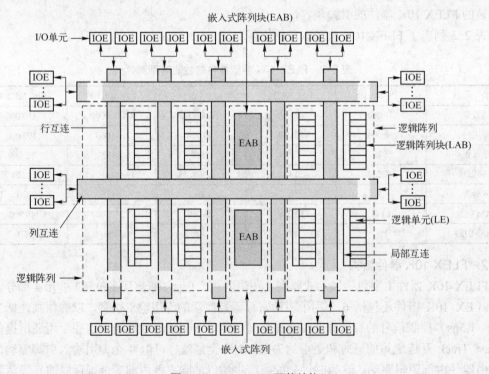

图 2-10　FLEX 10K 器件结构

（1）EAB

EAB 是在 I/O 接口上带有寄存器的柔性（可变更）RAM 块，它用于实现一般阵列宏功能（Mega Function）。因为其大而灵活，EAB 也适用于实现像乘法器、矢量定标器、校验等逻辑，EAB 还可用于数字滤波器和微控制器等逻辑中。

EAB 的逻辑功能通过在配置期间用只读模式对 EAB 编程产生一个大型 LUT 来实现。使用 LUT 实现组合逻辑要比一般算法快。EAB 的快速时间通道使这个特性得到进一步加强，EAB 的大容量允许设计者在一个逻辑级上实现复杂的功能，减少了增加 LE 或 FPGA RAM 块连接带来的路径延时。例如，单个 EAB 可以实现一个带有 8 输入和 8 输出的 4×4 乘法器，其中参数化功能模块如 LPM 功能块能自动选用 EAB 的优点。

EAB 较 FPGA 的优点在于：FPGA 用小阵列分布式 RAM 块实现板级 RAM 功能，这些 RAM 块尺寸增大时，其延时时间难以预测；此外，FPGA RAM 块易存在布线问题，因为小 RAM 块必须连接到一起形成一个大的 RAM 块，相比之下，EAB 可以用实现较大的专用 RAM 块，消除了相关的时序问题和布线问题。

EAB 用做同步 RAM，要比异步 RAM 更容易使用。因为使用异步 RAM 电路时，必须产生写使能（WE）信号，并确保数据和地址信号满足相对 WE 的建立和保持时间。相比之下，EAB 的同步 RAM 产生自己的 WE 信号和与全局时钟匹配的自定序信号。这种自定序 RAM 电路，只要求满足全局时钟的建立和保持时间。

EAB 用做 RAM 时，每个 EAB 能配置成 256×8、12×4、1024×2、2024×1 等不同的容量（以字节 "B" 选为单位）。更大的 RAM 可由多个 EAB 组合在一起组成。例如，两个 256×8 的 RAM 块可组成一个 256×16 的 RAM，两个 512×4 的 RAM 可以组合成一个 512×8 的 RAM，如图 2-11 所示。

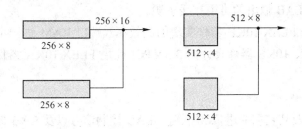

图 2-11　FLEX 10K 器件 EAB 组成 RAM 的方法

如果需要，一个器件中的所有 EAB 可级联成一个单一的 RAM。EAB 能级联形成多达 2048 字的 RAM 块而不影响时序。Altera 公司的 Quartus II 软件能自动组合 EAB，形成设计者指定的 RAM。

如图 2-12 所示，EAB 提供了一个灵活的时钟信号驱动的控制配置选项，EAB 的输入和输出可以使用不同的时钟。寄存器能被独立地加在数据输入、EAB 输出或地址实现高效双端口 RAM 以及 WE 输入中。WE 可以用全局信号或 EAB 局部信号驱动。EAB 时钟信号可使用全局信号、专用时钟引脚及 EAB 局部互连信号驱动。因为 LE 驱动 EAB 局部互连，所以 LE 能控制 EAB 的 WE 信号或时钟信号。

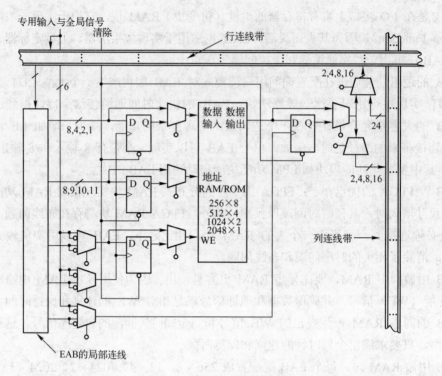

图 2-12　FLEX 10K 器件 EAB

EAB 含有一个行互连馈入端，EAB 的输出同时驱动行互连通道和列互连通道。每个 EAB 输出能驱动两个行互连通道和两个列互连通道。未使用的行互连通道可由其他 LE 驱动。这一特性增加了 EAB 输出的可用布线资源。

2.5V、0.25μm 的 FLEX 10KE 器件实现的高效率双端口 RAM 进一步增强了 FLEX 10K 系列的性能。用 FLEX 10KE 器件设计的 3.3 V PCI 比用 FLEX 10KA 器件设计的速度平均快 20%～30%。

（2）LAB

LAB 由 8 个 LE 及其它们的进位/级联链、LAB 控制信号以及 LAB 局部互连组成。LAB 为 FLEX 10K 器件提供的"粗颗粒"结构，容易实现高效布线，不但可提高器件利用率，还能够提高器件性能。FLEX 10K 器件的 LAB 结构如图 2-13 所示。

每个 LAB 为 8 个 LE 提供 4 个反相可编程的控制信号，其中的两个可以用做时钟，另外两个用做清除/置位控制。LAB 时钟可以由器件的专用时钟输入引脚、全局信号、I/O 信号或由 LAB 局部互连信号直接驱动。LAB 的清除/置位信号也可由器件的专用时钟输入引脚、全局信号、I/O 信号或由 LAB 局部互连信号直接驱动。全局控制信号通过器件时，失真很小，通常用做全局时钟、清除/置位等异步控制信号。全局控制信号能够由器件内任一 LAB 中的一个或多个 LE 形成，并直接驱动目标 LAB 的局部互连。全局控制信号也可以由 LE 输出直接产生。

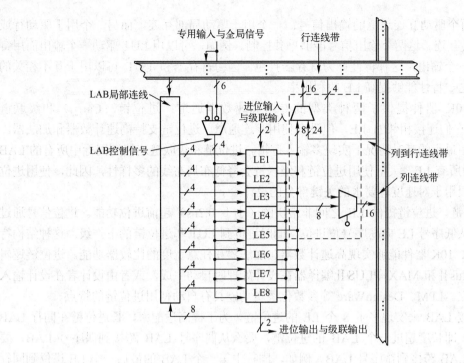

图 2-13　FLEX 10K 器件 LAB

（3）LE

LE 是 FLEX 10K 结构中的最小单元，它以紧凑的尺寸提供高效的逻辑功能。每个 LE 含有一个 4 输入 LUT、一个带有同步使能的可编程触发器、一个进位链和一个级联链。其中，LUT 是一个 4 输入变量的快速组合逻辑产生器。每个 LE 都能驱动局部互连和 Fast Track 互连，如图 2-14 所示。

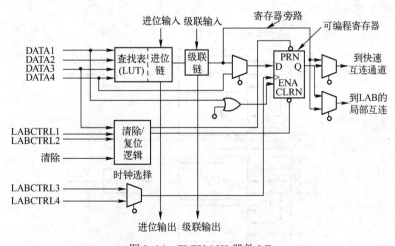

图 2-14　FLEX 10K 器件 LE

LE 中的可编程寄存器可以配置为 D、T、JK、RS 触发器。每个触发器的时钟（Clock）、清除（Clear）、预置（Preset）等控制信号可以由全局信号、I/O 接口或任何内部逻辑驱动。对于组合逻辑，寄存器被旁路掉，而由 LUT 输出直接驱动 LE 输出。

LE 有两个驱动互连通道的输出信号。一个用于驱动局部互连，而另一个用于驱动行或列 Fast Track 互连。这两个输出信号能够单独控制。例如，可以用 LUT 驱动一个输出而用寄存器驱动另一个输出，这种特性称为寄存器打包。因为寄存器和 LUT 可以用于互不相关的功能，所以这一特性能够提高 LE 的利用率。

FLEX 10K 器件提供了两种类型的专用高速数据通道：进位链（Carry）和级联链（Cascade）。它们连接相邻的 LE，但没有使用互连通道。进位链支持高速计数器和加法器。级联链可以在最小的延时情况下实现多输入逻辑。进位链和级联链连接到同行中所有的 LAB 及 LAB 中的所有 LE。大量使用进位链和级联链会降低布局布线的多样性，因此，使用进位链和级联链限用于对速度有要求的关键部分的设计。

1）进位链。进位链提供 LE 之间非常快的（小于 0.2ns）超前进位功能。进位信号通过超前进位链从低序号 LE 向高序号位进位，同时进位到 LUT 和进位链的下一级。这种结构特性使得 FLEX 10K 器件能够实现高速计数器、加法器和任意宽度的比较器功能。进位链逻辑可以由 QuartusⅡ和 MAX+PLUSⅡ编译器在设计处理时自动生成，或者由设计者在设计输入期间手工建立。LPM、DesignWare 等参数化逻辑功能具有自动使用进位链的特点。

通过链接 LAB 来实现多于 8 个 LE 的进位链。为了提高适配率，长进位链在同行 LAB 中交替跨接，即长度超过一个 LAB 的进位链，要么从偶序号 LAB 跨接到偶序号 LAB，要么从奇序号 LAB 跨接到奇序号 LAB。例如，同行中第一个 LAB 的最后一个 LE 进位到同行中第三个 LAB 的第一个 LE 上。进位链不能跨过位于行中部的 EAB。例如，在 EPF 10K50 器件中，进位链终止在第八个 LAB 上，而新的进位链起始于第九个 LAB。

图 2-15 展示了如何利用进位链实现加法器、比较器、计数器，其中 LUT 部分产生两位输入信号和进位信号的"和"，并将它接到 LE 输出。寄存器实现简单加法器时被旁路掉，或在实现累加器功能时起作用。进位链逻辑产生一个输出信号，直接接到高一位的进位输入，最后一个进位输出接到一个 LE 上，可以作为一个通用信号使用。

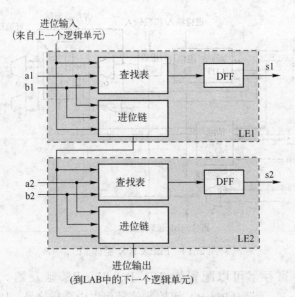

图 2-15 FLEX 10K 器件进位链的使用

2）级联链。利用级联链，FLEX 10K 结构可以实现扇入很多的逻辑功能。通过相邻的 LUT 并行计算逻辑功能的各个部分，再用级联链将这些中间值串接起来。级联链可使用"与"逻辑或"或"逻辑来连接相邻的 LE 的输出。每增加一个 LE，逻辑的有效输入宽度增加 4 个，而延时增加约 0.7ns。级联链可由 Quartus Ⅱ 编译器在编译时自动生成，也可以由设计人员在设计输入时手工创建。

多于 8 位的级联链可通过将多个 LAB 链接到一起来自动实现。为了易于布线，比一个 LAB 长的级联链既可以在同行中相邻两个偶数 LAB 之间跨越级联，也可以在同行中相邻两个奇数 LAB 之间跨越级联。例如，一行中第一个 LAB 的最后一个 LE 级联到该行中第三个 LAB 的第一个 LE。级联链不能越过行中心，因为每行的中心是 EAB 的位置。

图 2-16 展示了级联链是如何把相邻的 LE 链接起来形成多扇入逻辑功能的。这个例子说明用 n 个 LE 实现 $4n$ 个变量的逻辑功能。LE 的延时约为 0.7ns，使用级联链对一个 16 位地址进行译码，约需 3.7ns 延时。

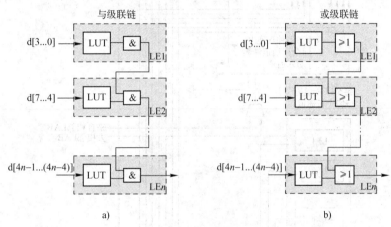

图 2-16　FLEX 10K 器件级联链的使用

a) 与级联链图　b) 或级联链图

（4）Fast Track 互连

在 FLEX 10K 器件中，Fast Track 互连提供 LE 与器件 I/O 引脚之间的互连。Fast Track 是遍布整个器件长宽的一系列水平和垂直的连续式布线通道。这种全局布线结构，即使是复杂的设计也可以预测其性能。相反，FPGA 中的分段式互连结构需要用一些开关矩阵把数目不同的若干条线段连接起来，这就增加了逻辑资源间的延时，从而使性能下降。

Fast Track 由贯穿整个器件的行互连和列互连组成。每个行互连承载进出这一行中 LAB 的信号。行互连可以驱动 I/O 引脚或馈送到器件中的其他 LAB。列互连分布于两行之间，也能驱动 I/O 引脚。

每个行互连通道可由 LE 的输出或 3 个列互连通道之一来馈送信号。这 4 个信号通过双 4 选 1 多路选择器与两个特定的行互连通道连接。每个 LE 与一个 4 选 1 多路选择器连接。

每个 LAB 列由一个专用列互连承载。列互连可驱动 I/O 引脚，或馈送到行互连来把信号送到其他 LAB。来自列互连的信号，可能是 LE 的输出，也可能是 I/O 引脚的输入。在将列互连信号送到另一 LAB 或 EAB 之前，必须先将其传送到行互连。由 IOE 或 EAB 驱动的每个行互连通道信号都可以驱动一个特定的列互连通道。

相邻的 LAB 中的一对 LE 可以通过行、列互连通道来连通。例如，在一个 LAB 中 LE 可以驱动通常由同一行相邻的 LAB 中一个特定的 LE 所驱动的行互连通道和列互连通道，反之亦然。这种灵活的布线方式使得布线资源得到更有效的利用。

图 2-17 表明了由行、列、局部互连，进位链及级联链实现的相邻的 LAB、EAB 之间的互连关系。每个 LAB 的标识由它们所在器件中的位置确定：字母表示行，数字表示列。例如，LAB B3 指第 B 行、第三列。

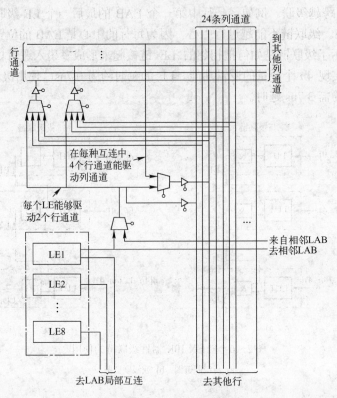

图 2-17　行、列互连结构图

（5）IOE

IOE 由一个双向缓冲器和一个寄存器组成。寄存器既可用做需要快速建立时间的外部数据的输入，也可作为要求快速"时钟-输出"性能的数据输出。每个 I/O 引脚都可配置为输入、输出或双向引脚。使用 Quartus Ⅱ或 MAX+PLUS Ⅱ编译器的可编程反相选项，在需要时可以自动地将来自行、列互连的信号反相。

每个 IOE 输出缓冲器的输出电压摆率均可调，可根据实际要求配置成低噪声或高速度。

IOE 的时钟、清除、时钟使能和输出使能控制由称作外部控制总线的 I/O 控制信号网络提供。外部控制总线使用高速驱动器，以使信号失真最小。外部控制总线包含 18 个外部控制信号，可以配置成：8 个输出使能、6 个时钟使能、两个时钟、两个清除信号。

如果需要 6 个以上的时钟使能信号或 8 个以上的输出使能信号，则可由一个特定的 IE 驱动时钟使能信号或输出使能信号来实现对器件中每个 IOE 的控制。另外，外部控制总线中还有两个时钟信号，每个 IOE 可以任选这两个专用时钟中的一个。每个外部控制信号可由任意一个专用输入引脚驱动，也可以由一个特定行中的每个 LAB 中的第一个 LE 驱动。此外，不同行中的 LE 可以驱动列互连，以使行互连直接驱动外部控制信号。器件级全局复位信号可以复位器件内所有 IOE 中的寄存器，它优先于其他控制信号。

外部控制总线信号还能驱动 4 个全局信号。内部产生的信号也能驱动全局信号，它同样具有低失真、短延时特性。这个特性对于内部产生多扇出的清除和时钟信号是最为理想的。当一个全局信号由内部逻辑驱动时，相应的专用输入引脚不能驱动该信号，它将被接为一个明确的逻辑状态（如 GND）而不能悬空。

器件的全局使能信号低电平有效，用于对引脚进行三态控制。类似地，IOE 中的寄存器可以由全局复位引脚信号复位。

1）行到 IOE 的连接。当 IOE 作为输入信号时，它可以驱动两个独立的行互连通道。当 IOE 作为输出时，其输出信号由一个对行信号进行选择的多路选择器驱动。多达 8 个的 IOE 连接到每个行互连通道的每条边上，如图 2-18a 所示。

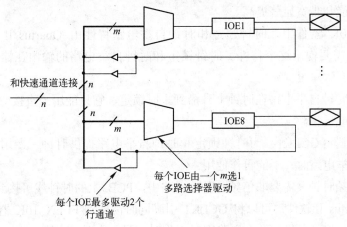

a)

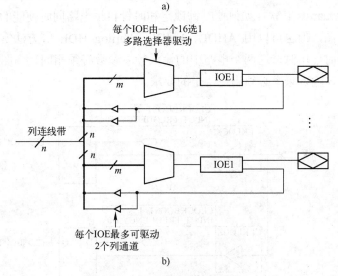

b)

图 2-18　行、列到 IOE 的连接

a) 行到 IOE 的连接　b) 列到 IOE 的连接

29

2）列到 IOE 的连接。当 IOE 作为输入信号时，它可以驱动两个独立的列互连通道。当 IOE 作为输出时，其输出信号由一个对行信号进行选择的多路选择器驱动。两个 IOE 分别连接到列通道的两边。每个 IOE 能够由列互连通道通过多路选择器驱动。每个 IOE 能够接通的列互连通道不同，如图 2-18b 所示。

3．FLEX 10K 器件特性设定

（1）时钟配置

为了支持高速设计，FLEX 10K 器件还提供了可供选择的时钟锁定（Clock Lock）和时钟自举（Clock Boost）电路，这两种电路中均含有用来提高设计速度和减小资源占用的锁相环（PLL）。时钟锁定电路采用同步 PLL，它减小了器件内的时钟延时和失真，在维持零保持时间时，使时钟建立时间及时钟到输出的时间减小到最小。时钟自举电路提供了一个时钟倍乘器，可使设计人员通过共享器件内部资源来提高器件的有效使用区。时钟自举电路的特性，可使系统性能和带宽显著提高。

在 FLEX 10K 器件中，时钟锁定和时钟自举电路特性由 Quartus Ⅱ 开发工具软件使能，外部器件不需要使用这个特性。时钟锁定和时钟自举电路的输出在器件中任何引脚上都无效。

时钟锁定和时钟自举电路在时钟上升沿到来时锁定，它只能用来直接驱动寄存器时钟，不能经过门电路或反相。

专用时钟引脚（GCLK1）为时钟锁定和时钟自举电路提供时钟。专用时钟引脚驱动时钟锁定和时钟自举电路时，不能再作他用。

在既需要倍频时钟又需要非倍频时钟的电路中，PCB 上的时钟线可接到器件的 GCLK1 引脚。利用 Quartus Ⅱ 软件，可以将 GCLK1 引脚同时馈接到 FLEX 10K 器件中的时钟锁定和时钟自举电路。然而，当这两个电路同时工作时，另一个时钟引脚（GCLK0）不能使用。图 2-19 展示了 Quartus Ⅱ 软件如何使时钟锁定和时钟自举电路同时使能的电路原理图。图中虽然使用了原理图，但也可以用 AHDL、VHDL、Verilog HDL 等方法实现。当时钟锁定和时钟自举电路同时使用时，这两个电路中的输入频率参数必须相同。当图中时钟自举电路的倍乘因子为 2 时，输入频率必须满足特定的要求。

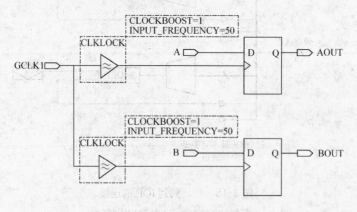

图 2-19　在同一设计中使能时钟锁定和时钟自举

（2）FLEX 10K 输出器件配置

1）PCI 钳位二极管（Clamping Diode）选项。FLEX 10KA、FLEX 10KE 器件的每一个 I/O、专用输入、专用时钟引脚都有一个上拉钳位二极管，如 PCI 钳位二极管，外围元件互连（Peripheral Component Interconnect，PCI）钳位二极管将由波形反射引起的瞬态过冲钳位到 V_{CCIO} 值，这对于 PCI 系统是十分必要的。钳位二极管也可用于限制外部电路的过冲。

引脚间的 PCI 钳位二极管可通过 Quartus Ⅱ软件中的逻辑选项来控制。V_{CCIO} 为 3V 时，PCI 钳位二极管选项打开的引脚能被一个 2.5V 或 3.3V 的信号驱动；当 V_{CCIO} 为 2.5～3.3V 时，PCI 钳位二极管选项打开的引脚只能由 2.5V 的信号驱动，使器件能桥接 3.3V 的 PCI 总线和 5.0V 的器件。

2）电压摆率（Slew-Rate）控制选项。每个 IOE 中的输出缓冲器都有一个可调节的输出摆率控制项，它能够配置成低噪声或高速度性能。较低的电压摆率减小了系统噪声，却产生了 2.9ns 的附加延时。较快的电压摆率用于系统中速度要求高并已适当降低了噪声影响的输出。设计者要在设计输入过程中指定引脚间的摆率，也可以将器件中所有引脚设定为默认摆率。低摆率设定仅影响输出的下降沿。

3）漏极开路（Open-Drain）输出选项。FLEX 10K 器件每个引脚都有一个类似于集电极开路输出控制的漏极开路输出选项。FLEX 10K 器件可利用漏极开路输出提供诸如中断和写允许等系统级信号。这些信号能够由任意几个器件使用，也能提供一个附加的"线或"功能。Quartus Ⅱ软件能够将含有接地数据输入的三态缓冲器自动转换成漏极开路引脚。

FLEX 10K 器件含有上拉电阻到 5V 电源的漏极开路输出引脚，它能够驱动 5V CMOS 输入引脚。当漏极开路有效时，输出低电平；当漏极开路无效时，输出高电平（由电阻上拉到 5V）。因此，不存在多电压 I/O 接口之间的电平（如 3.3V 与 5.0V）转换问题。

5V FLEX 10K 器件的输出引脚（含有到 5V 电源上拉电阻）V_{CCIO} 为 3.3V 或 5V 时也能驱动 5V CMOS 输入引脚。在这种情况下，当引脚电压超过 3.3V 时，上拉晶体管将关闭，因此，该引脚不必漏极开路。

4）多电压 I/O 接口。FLEX 10K 器件支持多电压 I/O 接口，可以与不同电源电压的系统相连接。FLEX 10K 器件有一组提供内部电路（器件内核逻辑电路）和输入缓冲器工作的电源引脚 V_{CCIN} 和一组供 I/O 输出驱动器的电源引脚 V_{CCIO}。

5）加电次序与热插拔。为了保证能够用于多电压环境，FLEX 10K 器件被设计为支持任意上电次序，即对 V_{CCIO} 和 V_{CCINT} 的上电次序可以不分先后。

在 FLEX 10K 器件未上电前或上电期间，外来信号可以驱动 FLEX 10K 器件的输入引脚而不会损坏器件。此外，在上电期间 FLEX 10K 器件不能驱动输出。一旦达到工作条件，FLEX 10K 器件即按用户设定工作。

4．FLEX 10K 器件配置与测试

（1）配置与操作

FLEX 10K 器件支持数种配置方式，这里简要介绍器件的操作模式和各种配置方式。

1）工作模式。FLEX 10K 结构使用 SRAM 配置单元，需要在每次电路上电时重新装入配置数据。这种把 SRAM 中的数据装入器件的过程就称为配置。当 V_{CC} 升高时，器件开始进行上电复位操作（POR）。FLEX 10K 器件的 POR 时间不会超过 50μs，但是在重新配置器件时，需要间隔 100ms 以上。

器件配置后立即开始初始化，即复位寄存器、使能 I/O 引脚开始作为逻辑器件工作。I/O 引脚在上电及配置过程中呈三态。配置和初始化过程称为命令模式，器件正常状态称为用户模式。

SRAM 配置单元允许 FLEX 10K 器件通过装入新的配置数据的方法实现在电路（在系统）重构。实时重配置是通过一个器件的引脚强行使器件进入命令模式的，装入不同的配置数据，重新初始化器件，并且恢复到用户模式工作的方法来实现。通过分送新的配置文件来实现现场（In-Field）更新。在器件配置前及配置过程中，所有 I/O 引脚由钳位电阻上拉到 V_{CCIO}。

2）配置方式。FLEX 10K 器件的配置数据可以根据实际要求用 5 种配置方法之一来装入。EPC1、EPC2 或 EPC1441 配置器件、智能控制器或者 JTAG 端口均能用于控制 FLEX 10K 器件的配置。FLEX 10K 器件在上电时还支持自动配置。

可以通过连接各个器件上的配置使能 nCE 和配置使能输出 nCEO 引脚，用 5 种方法之一配置多个 FLEX 10K 器件。

（2）JTAG 边界扫描支持

所有的 FLEX 10K 器件都遵守 JTAG BST 标准（由 Joint Test Action Group 制定），它与 IEEE STD.1149.1－1990 边界扫描测试规范一致。所有的 FLEX 10K 器件也能够通过串行/并行下载电缆及使用 JAM 编程与测试语言的硬件进行配置。JTAG BST 可在器件配置前或配置后进行，但不能在配置期间进行。

（3）常规测试

所有的 FLEX 10K 器件在出厂前都经过了功能测试，并保证合格。每一个可配置的 SRAM 位均可测试，所有内部逻辑功能确保 100% 可配置。用户在生产过程的各个阶段，可采用各种测试模型数据对器件进行配置测试。

习　题

1. CPLD、FPGA 的英文全称是什么？主要由哪几部分组成？
2. CPLD 和 FPGA 的区别有哪些？开发应用时，应该考虑哪些因素？
3. 在线可编程技术的特点是什么？
4. 什么是基于乘积项的可编程逻辑结构？什么是基于查找表的可编程逻辑结构？
5. FPGA 系列器件中的 EAB 有何作用？
6. 解释编程和配置这两个概念。

第 2 部分　软件操作篇

第 3 章　Quartus Ⅱ 9.0 软件

3.1　概述

Altera 公司的 FPGA / CPLD 开发系统主要有 MAX+PLUS Ⅱ 和 Quartus Ⅱ 两种，其中 MAX+PLUS Ⅱ 在早些年被广泛使用，其良好的用户界面至今还给很多人留下了深刻的印象，现在 MAX+PLUS Ⅱ 已经被 Altera 公司逐渐淘汰。Quartus Ⅱ 的用途与 MAX+PLUS Ⅱ 是一致的，也是解决 FPGA/CPLD 开发过程中的编辑、编译、综合及仿真等内容，但是比 MAX+PLUS Ⅱ 更专业，功能更强大，是目前 FPGA / CPLD 开发工具中较为理想的综合、仿真软件，具有许多优良的特性。

1. 继承了 MAX+PLUS Ⅱ 的优点

图形输入依然形象，图形符号与 MAX+PLUS Ⅱ 符号一样符合数字电路的特点，大量 74 系列器件符号使初学者能在较短的时间内利用图形编辑设计出需要的电路。文本输入几乎与 MAX+PLUS Ⅱ 相同，而且在文本的每一行都有行号，使用语言编写的电路清晰易读。底层编辑仍然采用 Chipview 方式，引脚排列位置映射了实际器件引脚，只需要简单的鼠标拖放即可完成底层编辑。

2. 支持的器件更多

除了支持 MAX 3000、MAX 7000、FLEX 6000、FLEX 10KE、ACEX 1K 等 MAX+PLUS Ⅱ 已支持的器件外，还支持 MAX Ⅱ、CYCLONE、ARRIA、PEX 20K、APEX 20KE、APEX Ⅱ、EXCALIBUR-ARM、Mercury、Stratix 等 MAX+PLUS Ⅱ 下无法支持的大容量高性能的器件。

3. 综合器的功能更强大

Quartus Ⅱ 9.0 的环境下已经集成了 Design Architect、Design compiler、FPGA compiler、FPGA compiler Ⅱ、FPGA compiler Ⅱ Altera Edition、FPGA Express、Leonard Spectrum、Leonard Spectrum（level 1）、Simplify、Viewdraw 等强有力的综合工具，使 VHDL、Verilog HDL 编写的电路综合效果比 MAX+PLUS Ⅱ 有大幅度的提高。

4. 不足之处

软件结构庞大，使用复杂，不如 MAX+PLUS Ⅱ 简单、易学易用。

3.2　Quartus II 9.0 软件的安装

3.2.1　系统配置要求

为了使 Quartus II 9.0 软件的性能达到最佳，Altera 公司建议计算机的最低配置如下：

1）CPU 为 PentiumIV 1.8GHz 以上型号，1GB 以上系统内存。

2）大于 4.5G 安装 Quartus II 9.0 软件所需的硬盘空间。

3）Microsoft Windows NT 4.0（Service Pack 4 以上）、Windows 2000 或 Windows XP 系统。

4）Microsoft Windows 兼容的 SVGA 显示器。

5）DVD-ROM 驱动器。

6）至少有一种下面的接口：用于 ByteBlaster II 或 ByteBlaster MV 下载电缆的并行接口（LPT 接口）；用于 MasterBlaster 通信电缆的串行接口；用于 USB-Blaster 下载电缆、MasterBlaster 通信电缆以及 APU（Altera Programming Unit）的 USB 接口（仅用于 Windows 2000 和 Windows XP）。

7）Microsoft IE6.0 以上浏览器。

8）TCP/IP 网络协议。

3.2.2　Quartus II 9.0 软件的安装过程

在满足系统配置的计算机上，可以按照下面的步骤安装 Quartus II 软件（这里以安装 Quartus II 9.0 为例）。

1）将 Quartus II 9.0 软件的光盘放入计算机的光驱中，Quartus II 9.0 软件光盘将自动启动安装界面，如图 3-1 所示。如果安装光盘没有自动启动安装光盘界面，可以从资源管理器进入光驱，双击光驱根目录下的 install.exe 文件。

2）单击 install Quartus II and Related Software 按钮进入安装 Quartus II 9.0 软件的安装向导界面，如图 3-2 所示。在这个安装向导界面中，可以选择安装 ModelSim-Altera 软件、MegaCore IP Library 软件或者 Nios II Embedded Processor、Evaluation Edition 软件。

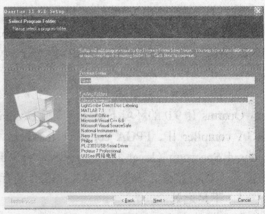

图 3-1　Quartus II 9.0 安装界面　　　　　图 3-2　Quartus II 9.0 软件的安装向导界面

按照安装向导界面的提示进行操作，经过一系列的确认之后，进入安装类型选择界面。

3）图 3-3 所示为 Quartus Ⅱ 9.0 安装类型选择界面，可以选择完全安装模式（需要最大硬盘空间）或用户定义安装模式。

如果选择用户定义安装模式，可以在下一步操作中选择所需的器件系列，并且可以选择所要安装的 EDA 工具或使用指南文件。

选择好需要安装的部件之后，图 3-4 给出安装全部选定部件所需的硬盘空间以及当前指定驱动器上的可用空间。

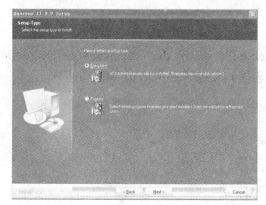
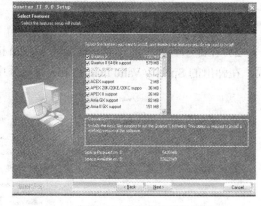

图 3-3　Quartus Ⅱ 9.0 安装类型选择界面　　　　图 3-4　选择安装部件界面

单击 Next 按钮，即可进行 Quartus Ⅱ 9.0 软件的安装。

Quartus Ⅱ 9.0 软件安装完成后，将给出提示界面，并显示是否安装成功的信息，应当仔细阅读所提示的相关信息。

3.2.3　Quartus Ⅱ 9.0 软件的授权

1．授权文件的安装

安装完 Quartus Ⅱ 9.0 软件之后，在首次运行它之前，还必须要有 Altera 公司提供的授权文件（license.dat）。

Altera 公司对 Quartus Ⅱ 9.0 软件的授权有两种形式：一种是 node-locked（FIXEDPC）license（单用户），另一种是 network license（FLOATPC FLOATNET 或 FLOATLNX）（多用户）。要正确安装 Quartus Ⅱ 9.0 软件的授权文件，必须完成下面的步骤：

1）不论是 network license 还是 node-locked license，Quartus Ⅱ 9.0 软件都需要一个有效的、未过期的授权文件 license.dat。授权文件包括对 Altera 综合与仿真工具的授权，也包括 MAX+PLUS Ⅱ 软件。

2）如果使用的是 network license，需要对授权文件进行简单的改动，并且需要安装和配置 FLEXlm 授权管理器（FLEXlm license manager server）。

3）如果使用的是 node-locked 授权，需要安装软件狗（Sentinel Software Guard）。

4）启动 Quartus Ⅱ 9.0 软件。

5）指定授权文件（license.dat）的位置。

2．申请授权文件

首次启动 Quartus Ⅱ 9.0 软件，如果软件不能检测到一个有效的授权文件，则将给出 3

种选择：执行 30 天的评估模式、从 Altera 公司网站自动提取授权以及指定一个有效授权文件的正确位置。如果用户已经有了 Altera 公司提供的 Altera ID、序列码、网络接口卡号等相关信息，则可以通过网站 www.altera.com 中的 licensing 部分得到一个 ASCII 授权文件 license.dat。

3. 在 Quartus Ⅱ 9.0 软件中指定授权文件

上面的操作完成之后，可以通过下面的两种方法之一指定授权文件位置。

（1）在 Quartus Ⅱ 9.0 软件中指定授权文件位置

其操作步骤如下：

1）启动 Quartus Ⅱ 9.0 软件。

2）在提示界面中选择 If you have a valid license file, specify the location of your license file 项，在弹出的 Specify Valid license file 对话框中选择 License Setup 页面，如图 3-5 所示。

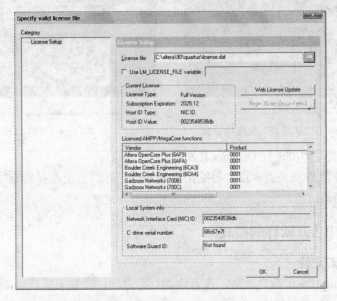

图 3-5　Options 对话框的 License Setup 页面

3）在 License file 文本框中指定 license.dat 文件所在的目录，也可以用<port>@ <host>形式代替指定的授权文件目录，其中<host>表示授权文件所在 PC 服务器的主机名，<port>表示在 license.dat 中指定的端口号，如图 3-5 所示。

4）单击 OK 按钮退出。授权文件中所授权的所有 AMPP 和 MegaCore 功能都在 License Setup 页面上的 Licensed AMPP/MegaCore functions 中列出。

（2）在 Windows NT、Windows 2000 或 Windows XP 控制面板的系统设置中指定授权文件

通过在上述系统的控制面板中设置系统变量，可以在 Quartus Ⅱ 9.0 软件的外面指定授权文件的位置。

1）在 Windows NT 系统的控制面板中指定授权文件的操作步骤如下：

● 在"开始"菜单中选择"设置" / "控制面板"命令。

● 双击控制面板上的"系统"图标。

● 在"系统属性"对话框中单击"环境变量"按钮。

- 单击"系统变量"列表，在"变量名"文本框中输入 LM_LICENSE_FILE。
- 在"变量值"文本框中输入<驱动器名>：\flexlm\license.dat 或<port>@<host>格式（其中<host>和<port>分别是 license.dat 中指定的服务器主机名和端口号）。
- 单击"确定"按钮退出。

2）在 Windows 2000 或 Windows XP 系统控制面板中指定授权文件的操作步骤如下：
- 在"开始"菜单中选择"设置"/"控制面板"命令。
- 双击控制面板上的"系统"图标。
- 在"系统属性"对话框中单击"高级"选项卡，如图 3-6 所示。
- 单击"环境变量"按钮，弹出界面如图 3-7 所示。

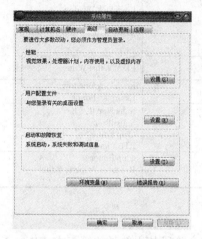

图 3-6 "系统属性"对话框

图 3-7 "环境变量"对话框

- 在"环境变量"对话框中，单击系统变量下的"新建"按钮。
- 在"变量名"文本框中输入 LM_LICENSE_FILE。
- 在"变量值"文本框中输入<驱动器名>：\flexlm\license.dat 或 <port>@<host>格式（其中<host>和<port>分别是 license.dat 中指定的服务器主机名和端口号）。
- 单击"确定"按钮退出。

如果 Quartus Ⅱ 9.0 软件使用在控制面板系统设置中指定的 LM_LICENSE_FILE 设置，需要在图 3-5 所示的 Options 对话框中的 License Setup 页面中选择 Use LM_LICENSE_ FILE variable 选项。

3.3　一般设计流程

3.3.1　图形用户界面设计流程

Quartus Ⅱ 9.0 软件提供完整的、易于操作的图形用户界面，可以完成整个设计流程中的各个阶段。表 3-1 显示的是 Quartus Ⅱ 9.0 软件图形用户界面提供的设计流程中各个阶段的功能。为了与开发软件一致，表中保留了设计流程中各个阶段图形用户界面提供的英文描述。

表 3-1　Quartus Ⅱ 9.0 软件图形用户界面功能

图形用户界面功能			
中文名称	英文描述	中文名称	英文描述
设计输入	Text Editor Block&Symbol Editor MegaWizard Plug_In Manager Assignment Editor Floorplan Editor	系统级设计	SOPC Builder DSP Builder
综合	Analysis Synthesis VHDL Verilog HDL AHDL Design Assistant RTL Viewer	嵌入式软件开发	Software Builder
布局、布线	Fitter Assignment Editor Floorplan Editor Chip Editor Report Window Incremental Fitting	基于块的设计	Logiclock Window Floorplan Editor VQM Writer
时序分析	Timing Analyzer Report Window	EDA 界面	EDA Netlist Writer
仿真	Simulator Waveform Editor	时序逼近	Logiclock Window Floorplan Editor
编程	Assembler Programmer Convert Programmer Files	调试	SignalTap Ⅱ SignalProbe Chip Editor RTL Viewer
		工程变动管理	Chip Editor Resource Property Editor Change Manager

3.3.2　EDA 工具设计流程

Quartus Ⅱ 9.0 软件允许设计者在设计流程中的各个阶段使用熟悉的第三方 EDA 工具，设计者可以在 Quartus Ⅱ 9.0 图形用户界面或命令行可执行文件中使用这些 EDA 工具。图 3-8 显示的是使用 EDA 工具的设计流程。

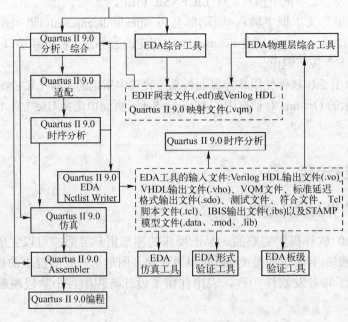

图 3-8　使用 EDA 工具设计流程

Quartus Ⅱ 9.0 软件与它所支持的 EDA 工具直接通过 NativeLink 技术实现无缝连接，并允许在 Quartus Ⅱ 9.0 软件中自动调用第三方 EDA 工具。

3.3.3　命令设计流程

Quartus Ⅱ 9.0 软件提供完整的命令行界面解决方案。它允许使用者使用命令行可执行文件和选项完成设计流程的每个阶段。使用命令行流程可以降低内存要求，并可使用脚本或标准的命令行选项和命令（包括 Tcl（工具命令语言）命令）控制 Quartus Ⅱ 9.0 软件和建立 Makefile。图 3-9 显示了有关命令行的设计流程。

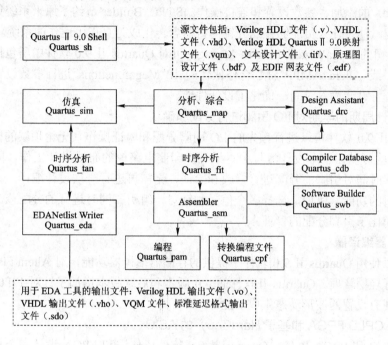

图 3-9　命令行设计流程

从图 3-9 中可以看出，Quartus Ⅱ 9.0 软件在设计流程中的每一个阶段都有与其对应的单独可执行文件，而且每个可执行文件只有在其执行过程中才占用内存。这些可执行文件可以与标准的命令行和脚本配合使用，也可以在 Tcl 脚本和 Makefile 脚本文件中使用。

3.3.4　Quartus Ⅱ 9.0 软件的主要设计特征

Altera 公司技术领先的 Quartus Ⅱ 9.0 设计软件配合一系列可供客户选择的 IP 核，可使设计人员在开发和推出 FPGA、CPLD 以及结构化 ASIC 设计的同时，获得无与伦比的设计性能、一流的易用性以及最短的推出时间。这使设计人员首次将 FPGA 移植到结构化 ASIC 中时，能够对移植以后的性能和功耗进行准确的估算。

Quartus Ⅱ 9.0 软件支持 VHDL 和 Verilog HDL 的设计输入、基于图形的设计输入方式以及集成系统级设计工具。Quartus Ⅱ 9.0 软件可以将设计、综合、布局和布线以及系统的验证全部整合到一个无缝的环境之中，其中还包括和第三方 EDA 工具的接口。

1. 基于模块的设计方法提高了工作效率

Altera 公司特别为 Quartus II 9.0 软件用户提供了 LogicLock 基于模块的设计方法，便于用户独立设计和实施各种设计模块，并且在将模块集成到顶层工程时仍可以维持各个模块的性能。由于每一个模块都只需要进行一次优化，因此，LogicLock 流程可以显著缩短设计和验证的周期。

2. 更快地集成 IP 核

Quartus II 9.0 软件包括 SOPC Builder 工具。SOPC Builder 针对可编程片上系统（SOPC）的各种应用，自动完成 IP 核（包括嵌入式处理器、协处理器、外设、存储器和用户设定的逻辑）的添加、参数设置和连接操作。SOPC Builder 节约了原来系统集成工作所需要的大量时间，使设计人员能够在几分钟内将概念转化成为真正可运作的系统。

Altera 公司的 MegaWizard Plug-In Manager 可对 Quartus II 9.0 软件中所包括的参数化模块库（LPM）或 Altera /AMPP SM 合作伙伴的 IP Megafunctions 进行参数设置和初始化操作，从而节省了设计输入时间，优化了设计性能。

3. 在设计周期的早期对 I/O 引脚进行分配和确认

Quartus II 9.0 软件可以进行预先的 I/O 引脚分配和验证操作（无论顶层的模块是否已经完成），这样就可以在整个设计流程中尽早开始印制电路板的布线设计工作。同样，设计人员可以在任何时间对引脚的分配进行修改和验证，无需再进行一次设计编译。该软件还提供各种分配编辑的功能，例如，选择多个信号和针对一组引脚同时进行的分配修改等，所有这些都进一步简化了引脚分配的管理。

4. 存储器编译器

用户可以使用 Quartus II 9.0 软件中提供的存储器编译器功能，对 Altera FPGA 中的嵌入式存储器进行轻松管理。Quartus II 软件的 4.0 版本和后续版本增加了针对 FIFO 和 RAM 读操作的基于现有设置的波形动态生成功能。

5. 支持 CPLD FPGA 和基于 HardCopy 的 ASIC

除了 CPLD 和 FPGA 以外，Quartus II 9.0 软件还使用和 FPGA 设计完全相同的设计工具、IP 和验证方式支持 HardCopy Stratix 器件系列，在业界首次允许设计工程师通过易用的 FPGA 设计软件来进行结构化的 ASIC 设计，并且能够对设计后的性能和功耗进行准确的估算。

6. 使用全新的命令行和脚本功能自动化设计流程

用户可以使用命令行或 Quartus II 9.0 软件中的图形用户界面独立运行 Quartus II 9.0 软件中的综合、布局布线、时序分析以及编程等模块。除了提供 Synopsys 设计约束（SDC）的脚本支持以外，Quartus II 9.0 软件目前还包括了易用的工具命令语言（Tcl）界面，允许用户用语言来创建和定制设计流程来满足用户的需求。

7. 高级教程帮助深入了解 Quartus II 9.0 的功能特性

Quartus II 9.0 软件提供详细的教程，覆盖从工程创建、版本普通设计、综合、布局布线到验证等在内的各种设计任务。Quartus II 软件的 4.0 版本以及后续版本包括如何将 MAX+PLUS II 软件工程转换成为 Quartus II 软件工程的教程。Quartus II 9.0 软件还提供附加的高级教程，帮助技术工程师快速掌握各种最新的器件及其设计方法。

3.4 Quartus Ⅱ 9.0 软件的设计操作

Quartus Ⅱ 9.0 设计软件为设计者提供了一个完善的多平台设计环境，与以往的 EDA 工具相比，它更适合于设计团队基于模块的层次化设计方法。为了使 MAX+PLUS Ⅱ 用户很快熟悉 Quartus Ⅱ 9.0 软件的设计环境，在 Quartus Ⅱ 9.0 软件中，设计者可以将 Quartus Ⅱ 9.0 软件的图形用户界面的菜单、工具条以及应用窗口设置成 MAX+PLUS Ⅱ 的显示形式。

图 3-10 给出了 Quartus Ⅱ 9.0 软件的典型设计流程。

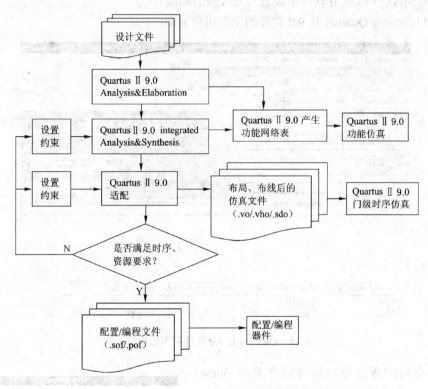

图 3-10 Quartus Ⅱ 9.0 软件的典型设计流程

1. Project Navigator 窗口

Project Navigator 窗口包括 3 个可以相互切换的标签，其中 Hierarchy 标签类似于 MAX+PLUS Ⅱ 软件中的层级显示（Hierarchy Display），提供了寄存器以及存储器资源使用等信息；Files 和 Design Units 标签提供了工程文件和设计单元的列表。

2. Status 窗口

Status 窗口显示编译各阶段的进度和逝去时间，类似于 MAX+PLUS Ⅱ 软件的编译窗口。

3. Node Finder 窗口

Node Finder 窗口提供的功能等效于 MAX+PLUS Ⅱ 软件中 Search Node Database 对话框的功能，允许设计者查看存储在工程数据库中的任何节点名。

4. Messages 窗口

Messages 窗口类似于 MAX+PLUS Ⅱ 软件中的消息处理器窗口，提供详细的编译报告、警告和错误信息。设计者可以根据某个消息定位到 Quartus Ⅱ 9.0 软件不同窗口中的一个节点。

5. Change Manager 窗口

利用 Change Manager 窗口，可以跟踪在 Chip Editor 中对设计文件进行处理的信息。

6. Tcl Console 窗口

Tcl Console 窗口在图形用户界面中提供了一个可以输入 Tcl 命令或执行 Tcl 脚本文件的控制台，在 MAX+PLUS Ⅱ 软件中没有与它等效的功能。

图 3-11 所示为 Quartus Ⅱ 9.0 软件的图形用户界面。

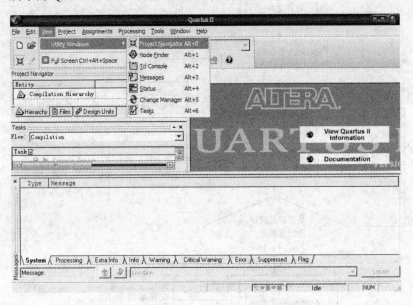

图 3-11　Quartus Ⅱ 9.0 软件的图形用户界面

上面介绍的所有窗口均可以在菜单 View / Utility Windows 中进行显示和隐藏切换。

对于熟悉 MAX+PLUS Ⅱ 软件的设计者来说，可以在 Quartus Ⅱ 9.0 软件中通过下面的设置将 Quartus Ⅱ 9.0 的图形用户界面显示成 MAX+PLUS Ⅱ 的形式。

1）选择 Tools / Customize 菜单命令。

2）在 Customize 对话框 General 选项卡的 Look & Feel 选项组中选择 MAX+ PLUS Ⅱ 复选框，如图 3-12 所示。

3）单击 Apply 按钮后，重新启动 Quartus Ⅱ 9.0 软件，则此时的图形用户界面，如菜单、快捷键等就完全类似于 MAX+PLUS Ⅱ 软件了，如

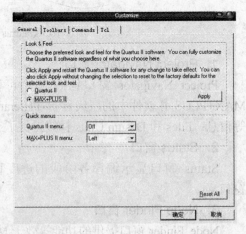

图 3-12　Customize 对话框的 General 选项卡

图 3-13 所示。

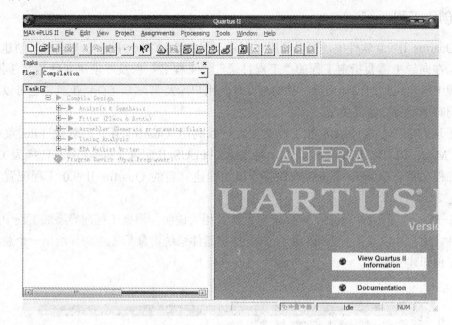

图 3-13　Quartus Ⅱ 9.0 软件的 MAX+PLUS Ⅱ 显示形式

3.4.1　设计输入

　　Quartus Ⅱ 9.0 软件的工程文件由所有的设计文件、软件源文件以及完成其他操作所需的相关文件组成,是真正的基于工程管理的系统设计软件。设计文件的输入方法有原理图式的图形输入、文本输入、内存编辑以及由第三方 EDA 工具产生的 EDIF 网表输入、VQM 格式输入等。输入方法不同,生成的文件格式也有所不同,图 3-14 给出了不同输入方法所生成的各种文件格式。

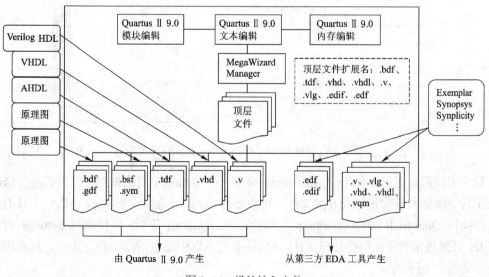

图 3-14　设计输入文件

3.4.2 创建工程

在 Quartus Ⅱ 9.0 软件中，可以利用"创建工程向导"（New Project Wizard）创建一个新的工程。在向导中需要指定工程的"工程目录"、"工程名"以及"顶层文件名"，同时可以指定工程中所要用到的设计文件、其他源文件、用户库及第三方 EDA 工具，也可以在创建工程的同时指定目标器件类型。

对于现有的 MAX+PLUS Ⅱ 工程文件，可以利用 Quartus Ⅱ 9.0 软件 File 菜单下的 Convert MAX+PLUS Ⅱ Project 命令，将 MAX+PLUS Ⅱ 配置文件（.asf）转换为 Quartus Ⅱ 9.0 工程文件，Quartus Ⅱ 9.0 软件将为该工程建立新的 Quartus Ⅱ 9.0 工程配置文件和有关设置。

图 3-15 给出了 New Project Wizard 对话框及相关说明。根据工程向导添加工程中所需的设计文件、用户库以及第三方 EDA 工具，指定器件系统，最后工程向导给出一个总结，新的设计工程即建立完成。

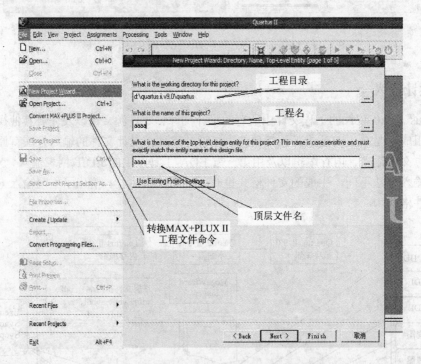

图 3-15　New Project Wizard 对话框及相关说明

建立工程后，还可以使用 Assignments 菜单下的 Settings 对话框对工程设置进行修改，如在工程中添加和删除设计及其他文件，更改器件系列，添加用户库以及 EDA 工具的设置等。在执行 Quartus Ⅱ 9.0 软件的分析与综合期间，Quartus Ⅱ 9.0 软件按照 Settings 对话框中 Files 页面显示的文件顺序处理文件。Settings 对话框中还包括与综合、适配、仿真相关的设置，如图 3-16 所示。

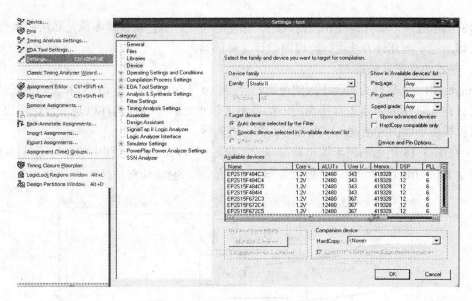

图 3-16　Settings 对话框

3.4.3　建立图形设计文件

在创建好设计工程以后，选择 File / New 菜单，弹出如图 3-17 所示的新建设计文件选择窗口。创建图形设计文件，选择 New 对话框中 Design Files 下的 Block Diagram / Schematic File，单击 OK 按钮，打开图形编辑器窗口，如图 3-18 所示。

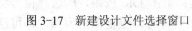

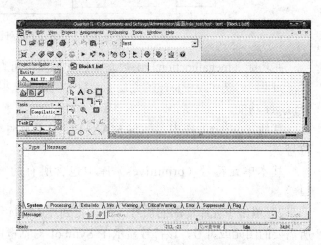

图 3-17　新建设计文件选择窗口　　　　图 3-18　Quartus II 9.0 图形编辑器窗口

Quartus II 9.0 图形编辑器也称为块编辑器（Block Editor），用于以原理图（Schematics）和结构图（Block Diagrams）的形式输入和编辑图形设计信息。Quartus II 9.0 的图形编辑器可以读取并编辑结构设计文件（Block Design Files）和 MAX+PLUS II 图形设计文件（Graphic Design Files）。可以在 Quartus II 9.0 软件中打开图形设计文件并将其另存为结构图设计文件。这里用图形编辑器代替 MAX+PLUS II 软件中的图形编辑器。

在图 3-18 所示的 Quartus II 9.0 图形编辑器窗口中，根据个人爱好，用户可以随时改变编辑器的显示选项，如导向线和网格间距、橡皮筋功能、颜色以及基本单元和块的属性等。

可以通过下面几种方法进行原理图设计文件的输入。

1. 基本单元符号的输入

Quartus II 9.0 软件为实现不同的逻辑功能提供了大量的基本单元符号和宏功能模块，设计者可以在原理图编辑器中直接调用，如基本逻辑单元、中规模器件以及参数化模块 LPM等。可以按照下面的方法调入单元符号到图形编辑区。

1）在图 3-18 所示的图形编辑器窗口的工作区中双击，或单击图中的符号工具按钮，或选择菜单 Edit / Insert Symbol，则弹出如图 3-19 所示的 Symbol 对话框。

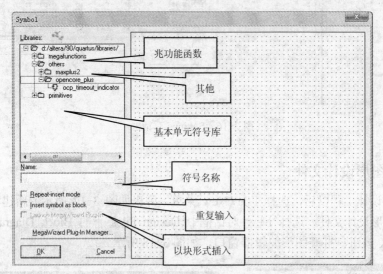

图 3-19　Symbol 对话框

兆功能（megafunction）函数库中包含很多种可直接使用的 LPM，当选择兆功能函数库时，如果同时选中图中标注的兆功能函数实例化复选框，则软件自动调用 MegaWizard Plug-In Manager 功能。

其他（others）库中包括与 MAX+PLUS II 软件兼容的所有中规模器件，如 74 系列的符号。

基本单元符号（primitives）库中包含所有的 Altera 基本图元，如逻辑门、I/O 接口等。

2）单击单元库前面的加号（+），直到使所有库中的图元以列表的方式显示出来；选择所需要的图元或符号，该符号显示在 Symbol 对话框的右边；单击 OK 按钮，所选择符号将显示在图 3-18 的图形编辑工作区域，在合适的位置单击放置符号。重复以上步骤，即可连续选取库中的符号。

如果要重复选择某一个符号，可以在图 3-19 中选中 Repeat-insert mode（重复输入）复选框，选择一个符号以后，可以在图形编辑区重复放置。放置完成后单击鼠标右键，选择 Cancel 命令取消放置符号，如图 3-20 所示。

3）要输入 74 系列的符号，方法与步骤 2）相似，选择其他库，打开 maxplus2 列表，从其中选择所要的 74 系列符号。

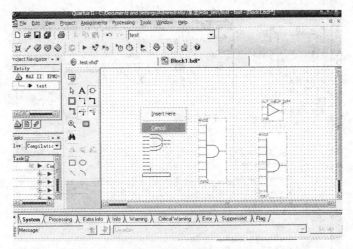

图 3-20　重复输入符号

当选择其他库或兆功能函数库中的符号时，图 3-19 中的 Insert symbol as block（以块形式插入）复选框有效。如果选中该复选框，则插入的符号以图形块的形状显示，如图 3-21 所示。

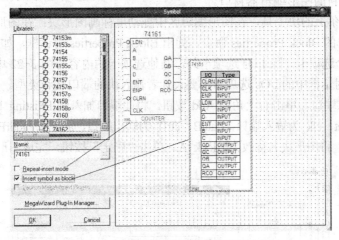

图 3-21　选择以图形块形式插入复选框

4）如果知道图形符号的名称，可以直接在 Symbol 对话框的符号名称文本框中输入要调入的符号名称，Symbol 对话框将自动打开输入符号名称所在的库列表。如直接输入 74161，则 Symbol 对话框将自动定位到 74161 所在库中的列表，如图 3-21 所示。

5）图形编辑器中放置的符号都有一个实例名称（如 inst1，可以简单理解为一个符号的多个复制项的名称），符号的属性可以由设计者修改。在需要修改属性的符号上单击鼠标右键，在弹出的下拉菜单中选择 Properties 命令，则弹出 Symbol Properties 对话框，如图 3-22 所示。在 General 选项卡中可以修改符号的实例名；Ports 选项卡中可以对端口状态进行修改；Parameters 选项卡中可以对 LPM 的参数进行设置；Format 选项卡中可以修改符号的显示颜色等。

2．图形块（Block Diagram）输入

图形块输入也称为结构图输入，是自顶向下的设计方法。设计者首先根据设计结构的需要，在顶层文件中画出图形块（或器件符号），然后在图形块上输入端口和参数信息，用连接器（信号线或总线、管道）连接各个组件。输入结构图的操作步骤如下：

图 3-22 Symbol Properties 对话框

1）建立一个新的图形编辑器窗口。

2）选择工具条上的块工具，在图形编辑区中拖动鼠标画图形块；在图形块上单击鼠标右键，选择下拉菜单的 Block Properties 命令，弹出 Block Properties 对话框，如图 3-23 所示。该对话框中也有 4 个选项卡，除 I/Os 选项卡外，其他选项卡的内容与图 3-22 中的对话框相同。Block Properties 对话框中的 I/Os 选项卡需要设计者输入块的端口名和类型。如图 3-23 所示，输入 dataA 为输入端口，单击右上角的 Add 按钮，将此端口加入到 Existing block I/Os 列表框中。同理设置 reset、clk 为输入端口，dataB、ctrl1 为输出端口，addrA、addrB 为双向端口。在 General 选项卡中，将图形块名称改为 Block_A。单击"确定"按钮，完成图形块属性设置。

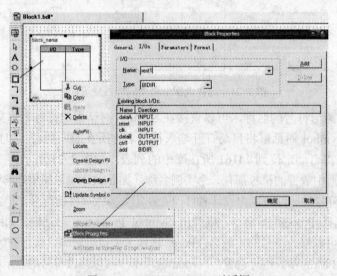

图 3-23 Block Properties 对话框

3）建立图形块之间的连线或图形块与标准符号之间的连线。在一个顶层设计文件中，可能有多个图形块，也可能会有多个标准符号和端口，它们之间的连接可以使用信号线、总线，如图 3-24 所示。从图中可以看出，与符号相连的一般是信号线或总线，而与图形块相连的既可以是信号线或总线，也可以是管道。

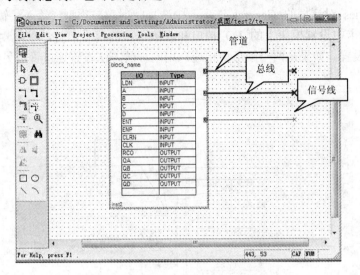

图 3-24 图形块以及符号之间的连线

4）"智能"模块连接。在用管道连接两个图形块时，如果两边端口名称相同，则不用在管道上加标注。另外，一个管道可以连接模块之间所有的普通 I/O 端口。在连接两个图形块的管道上单击鼠标右键，选择管道属性（Conduit Properties），在 Conduit Properties 对话框中可以看到两个图形块之间相互连接的信号对应关系，如图 3-25 所示。

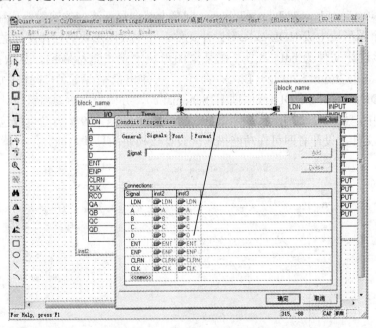

图 3-25 Conduit Properties 对话框

5）模块端口映射。如果管道连接的两个图形块端口名不相同，或图形块与符号相连，则需要对图形块端口进行 I/O 映射，即指定模块的信号对应关系。在进行 I/O 端口映射之前，应对所有的信号线和总线命名。在信号线或总线上单击鼠标右键，选择 Properties。I/O

端口映射如图 3-26 所示。在图形上选择需要映射的连接器端点映射器（Mapper）双击，在 Mapper Properties 对话框的 General 选项卡中选择映射端口类型（输入、输出或双向），在 Mappings 选项卡中设置模块上的 I/O 端口和连接器上的信号映射，单击 Add 按钮和"确定"按钮完成设置。如果是两个图形块相连，用同样的方法设置连接管道另一端图形块上的映射器属性。

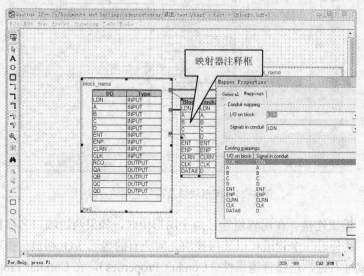

图 3-26 I/O 端口映射

选中菜单项 ViewShow / Mapper Tables，屏幕上就会显示连接的映射器注释框。

6）为每个图形块生成 HDL 或图形设计文件。在生成图形块的设计文件之前，首先应保存当前的图形设计文件为.bdf 类型。在某个图形块上单击鼠标右键，从快捷菜单中选择 Create Design File from Selected Block 命令，从弹出的对话框中选择生成的文件类型（AHDL、VHDL、Verilog HDL 或原理图 Schematic），并确定是否要将该设计文件添加到当前的工程文件中，如图 3-27 所示。单击 OK 按钮，Quartus II 9.0 自动生成包含指定模块端口声明的设计文件，设计者即可在功能描述区设计该模块的具体功能。

图 3-27 生成模块的图形设计文件

如果在生成模块的图形设计文件以后，对顶层图形块的端口名或端口数进行了修改，Quartus Ⅱ 9.0 可以自动更新该模块的底层图形设计文件。在修改后的图形块上单击鼠标右键，在快捷菜单中选择 Update Design File from Selected Block 命令，在弹出的对话框中选择"是（Y）"按钮，Quartus Ⅱ 9.0 即可对生成的底层图形设计文件端口自动更新。

3．使用 MegaWizard Plug-In Manager 进行宏功能模块的实例化

MegaWizard Plug-In Manager 可以帮助设计者建立或修改包含自定义宏功能模块变量的设计文件，然后可以用自己的设计对这些模块进行实例化。这些自定义的宏功能模块变量是基于 Altera 公司提供的宏功能模块，包括 LPM（Library Parameterized Megafunction）、MegaCore（例如，FFT、FIR 等）和 AMPP（Altera Megafunction Partners Program，例如，PCI、DDS 等）。MegaWizard Plug-In Manager 运行一个向导，帮助设计者轻松地指定自定义宏功能模块变量选项。该向导用于为参数和可选端口设置数值。

在 Tools 菜单中选择 MegaWizard Plug-In Manager 项，或直接在原理图设计文件的 Symbol 对话框（如图 3-19 所示）中单击 MegaWizard Plug-In Manager 按钮，都可以在 Quartus Ⅱ 9.0 软件中打开 MegaWizard Plug-In Manager 向导，也可以直接在命令提示符下输入 qmegawiz 命令，实现在 Quartus Ⅱ 9.0 软件之外使用 MegaWizard Plug-In Manager 命令。表 3-2 列出了 MegaWizard Plug-In Manager 生成自定义宏功能模块变量的同时产生的文件。

表 3-2　MegaWizard Plug-In Manager 产生的文件

文 件 名	描　　述
<输出文件>.bsf	图形编辑器中使用的宏功能模块符号
<输出文件>.cmp	VHDL 组件声明文件（可选）
<输出文件>.inc	AHDL 包含文件（可选）
<输出文件>.tdf	AHDL 实例化的宏功能模块包装文件
<输出文件>.vhd	VHDL 实例化的宏功能模块包装文件
<输出文件>.v	Verilog HDL 实例化的宏功能模块包装文件
<输出文件>_bb.v	Verilog HDL 实例化的宏功能模块包装文件中端口声明部分（称为 Hollow body 或 Black box），用于在使用 EDA 综合工具时指定端口方向
<输出文件>_inst.tdf	宏功能模块包装文件中设计的 AHDL 实例化示例（可选）
<输出文件>_inst.vhd	宏功能模块包装文件中实体的 VHDL 实例化示例（可选）
<输出文件>_inst.v	宏功能模块包装文件中模块的 Verilog HDL 实例化示例（可选）

在 Quartus Ⅱ 9.0 软件中使用 MegaWizard Plug-In Manager 对宏功能模块进行实例化的步骤如下：

1）选择菜单 Tools / MegaWizard Plug-In Manager 命令，或直接在原理图设计文件的 Symbol 对话框（如图 3-19 所示）中单击 MegaWizard Plug-In Manager 按钮，则弹出如图 3-28 所示的对话框。

2）选择 Create a new custom megafunction variation（创建新的宏功能模块变量）选项，单击 Next 按钮，弹出如图 3-29 所示的对话框。在宏功能模块库中选择要创建的功能模块，选择输出文件类型，输入输出文件名。

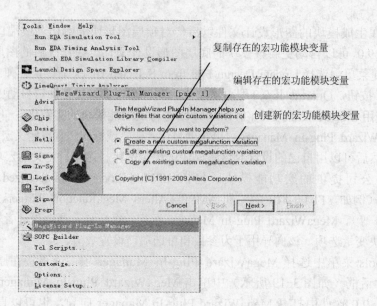

图 3-28　MegaWizard Plug-In Manager 向导对话框

右侧标注文字（从上到下）：
复制存在的宏功能模块变量
编辑存在的宏功能模块变量
创建新的宏功能模块变量

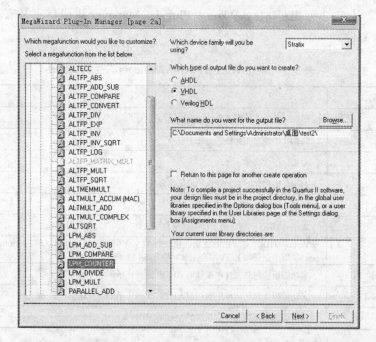

图 3-29　MegaWizard Plug-In Manager 宏功能模块选择对话框

　　3）单击 Next 按钮，根据需要，依次设置宏功能模块的参数，如输出位数、计数器模值、计数方向、使能输入端、进位输出端以及预置输入等选项，最后单击 Finish 按钮完成宏功能模块的实例化。

　　在步骤 3）中，随时可以单击对话框中的 Documentation 按钮，查看所建立的宏功能模块的帮助内容，并可以随时单击 Finish 按钮，完成宏功能模块的实例化，此时后面的参数选择默认设置。

4）在图形编辑器窗口中调用创建的宏功能模块变量。

除了按照上面的方法直接调用 MegaWizard Plug-In Manager 向导外，还可以在图形编辑器的 Symbol 对话框（如图 3-19 所示）中选择宏功能函数库，直接设置宏功能模块的参数，实现宏功能模块的实例化，如图 3-30 所示。单击 OK 按钮，在图形编辑器中调入所选宏功能模块，如图 3-31 所示。模块的右上角是参数设置框（在 View 菜单中选择 Show Parameter Assignments 命令），在参数设置框上双击，弹出宏功能模块属性对话框。在宏功能模块属性对话框中，可以直接设置端口和参数。

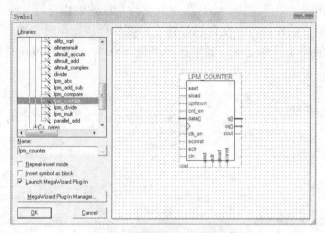

图 3-30　选择宏功能函数库

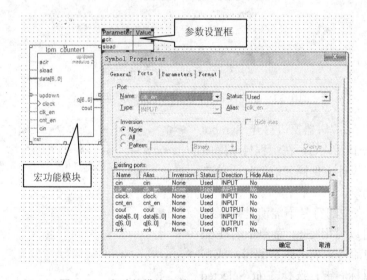

图 3-31　宏功能模块及其 Symbol Properties 对话框

在图 3-31 所示的 Symbol Properties 对话框中，可以直接在 Ports 选项卡中设置端口的状态（Unused Used），设置为 Unused 的端口将不再显示；在 Parameters 选项卡中可以指定参数，如计数器模值、I/O 位数等，设置的参数将在参数设置框中显示出来。

Quartus II 9.0 软件在综合期间，将计数器、加法器/减法器、乘法器、乘法累加器和乘法-加法器、RAM 和移位寄存器逻辑映射到宏功能模块。

4．从图形设计文件创建模块

前面讲过从图形块生成底层的图形设计文件，在层次化工程设计中，也经常需要将已经设计好的工程文件生成一个模块符号文件（Block Symbol Files，*.bsf）作为自己的功能模块符号在顶层调用，该符号与图形设计文件中的任何其他宏功能符号一样可被高层设计重复调用。

在 Quartus II 9.0 中可以通过下面的步骤完成从图形设计文件到顶层模块的建立，这里假设已经存在一个设计完成并经过保存检查没有错误的设计文件。

1）在 File 菜单中选择 Create / Update 命令，再选择 Create Symbol Files for Current File 命令，单击"确定"按钮，即可创建一个代表现行文件功能的模块符号文件（.bsf），如图 3-32 所示。如果该文件对应的模块符号文件已经建立，则执行该操作时会弹出一个提示信息，询问是否要覆盖现存的模块符号文件，如果选择"是（Y）"，则现存模块符号文件的内容就会被新的模块符号文件覆盖。

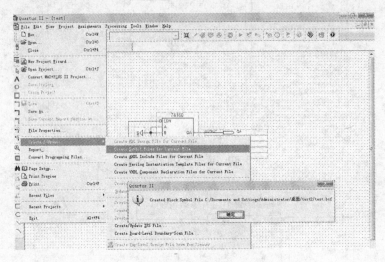

图 3-32　创建代表现行文件功能的模块符号文件

2）在顶层图形编辑器窗口打开 Symbol 对话框（如图 3-19 所示），在工程目录库中即可找到与图形设计文件同名的符号，单击 OK 按钮，调入该符号。

3）如果所产生的符号不能清楚地表示符号内容，还可以使用 Edit 菜单下的 Edit Selected Symbol 命令对符号进行编辑，或在该符号上单击鼠标右键，选择 Edit Selected Symbol 命令，进入符号编辑界面，如图 3-33 所示。

5．建立完整的原理图设计文件（连线、加入 I/O 端口）

要建立一个完整的原理图设计文件，调入所需要的逻辑符号以后，还需要根据设计

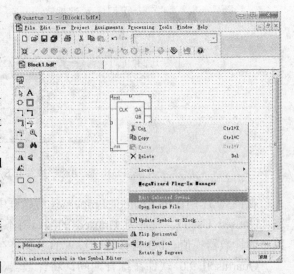

图 3-33　符号编辑界面

要求进行符号之间的连线，以及根据信号 I/O 类型放置 I/O 或双向引脚。

（1）连线

符号之间的连线包括信号线和总线。如果需要连接两个端口，则将鼠标指针移动到其中一个端口上，这时鼠标指针自动变为"+"形状，一直按住鼠标的左键并拖动鼠标到达另一个端口，放开左键，即可在两个端口之间画出信号线或总线。在连线过程中，当需要在某个地方拐弯时，只需要在该处放开鼠标左键，然后再继续按下左键拖动即可。

（2）放置引脚

引脚包括输入（input）、输出（output）和双向（bidir）3 种类型，放置方法与放置符号的方法相同，即在图形编辑器窗口的空白处双击，在 Symbol 对话框的符号名称文本框中输入引脚名，或在基本符号库的引脚库中选择，单击 OK 按钮，对应的引脚就会显示在图形编辑器窗口中。

要重复放置同一个符号，可以在 Symbol 对话框中选中重复输入复选框，也可以将鼠标指针放在要重复放置的符号上，按下〈Ctrl〉键和鼠标左键不放，此时鼠标指针右下角会出现一个加号，拖曳鼠标指针到指定位置，松开鼠标左键就可以完成复制符号了。

（3）为引线和引脚命名

引线的命名方法是：在需要命名的引线上单击，此时引线处于被选中状态，然后输入名字。对单个信号线的命名，可用字母、字母组合或字母与数字组合的形式，如 A0、A1、clk 等；对于 n 位总线的命名，可以采用 A[n–1..0]的形式，其中 A 表示总线名，可以用字母或字母组合的形式表示。

引脚的命名方法是：在放置引脚的 pin_name 处双击，然后输入该引脚的名字，或在需命名的引脚上双击，在弹出的引脚属性对话框的引脚名称文本框中输入该引脚名。引脚的命名方法与引线命名一样，也分为单信号引脚和总线引脚。

图 3-34 给出一个模为 10 的计数电路的完整原理图设计输入的实例，图中给出了符号、连接线以及引脚说明。

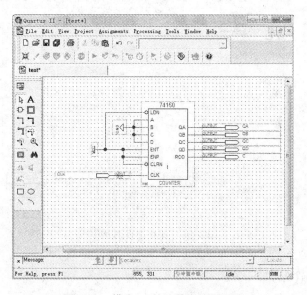

图 3-34　模为 10 的计数电路原理图

6. 图形编辑器选项设置

在 Tools 菜单中选择 Options 命令，弹出 Quartus Ⅱ 9.0 软件的图形编辑器选项设置对话框。从 Category 栏中选择 Block / Symbol Editor，可以根据需要设置图形编辑器窗口的选项，如背景颜色、符号颜色、各种文字的字体以及网络控制等，如图 3-35 所示。

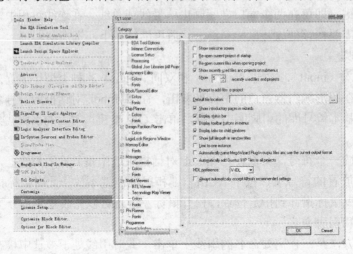

图 3-35　图形编辑器选项设置对话框

7. 保存图形设计文件

设计完成后，需要保存图形设计文件或重新命名图形设计文件。选择 File 菜单中的 Save As 命令，出现如图 3-36 所示的对话框。选择好文件保存目录，并在"文件名"文本框内输入图形设计文件名。如需要将设计文件添加到当前工程中，则选择对话框下面的 Add file to current project 复选框，单击"保存"按钮即可保存文件。

图 3-36　保存文件对话框

3.4.4　建立文本编辑文件

Quartus Ⅱ 9.0 的文本编辑器是一个非常灵活的编辑工具，用于以 AHDL、VHDL 和

56

Verilog HDL 形式以及 Tcl 脚本语言输入文本型设计，还可以在该文本编辑器下输入、编辑和查看其他 ASCII 文本文件。这里主要介绍 HDL 形式的文本输入方法。

1. 打开文本编辑器

在创建好一个设计工程以后，选择 File / New 命令，在弹出的新建设计文件选择窗口（如图 3-17 所示）中选择 Design Files 下的 VHDL File（Verilog HDL File 或 AHDL File），单击 OK 按钮，将打开一个文本编辑器窗口。在新建的文本编辑器默认的标题名称上，可以区分所建立的文本文件是 AHDL 形式还是 Verilog HDL 或 VHDL 形式。如果前面选择的是 AHDL File，则标题名称为 Ahdl1.tdf；如果选择的是 Verilog HDL File，则标题名称为 Verilog1.v；如果选择的是 VHDL File，则标题名称为 Vhdl1.vhd，如图 3-37 所示。图中也标明了各个快捷按钮的功能，在 Edit 菜单下有同样功能的菜单命令。

图 3-37　文本编辑器窗口

2. 编辑文本文件

对文本文件进行编辑时，文本编辑器窗口的标题名称后面将出现一个星号（*），表明正在对当前文本进行编辑操作，存盘后星号消失。

在文本文件编辑中，可以直接利用 Quartus Ⅱ 9.0 软件提供的模板进行语法结构的输入，方法如下：

1）将鼠标指针放在要插入模板的文本行。

2）在当前位置单击鼠标右键，在快捷菜单中选择 Insert Template 命令，或单击图 3-37 中的"插入模板"快捷按钮，弹出如图 3-38a 所示的插入模板对话框。

Quartus Ⅱ 9.0 软件会根据所建立的文本类型（AHDL、VHDL 或 Verilog HDL），在插入模板对话框中自动选择对应的语言模板。

3）在图 3-38b 所示的插入模板对话框的 Language templates 选项组中选择要插入的语法结构，单击 OK 按钮确定。

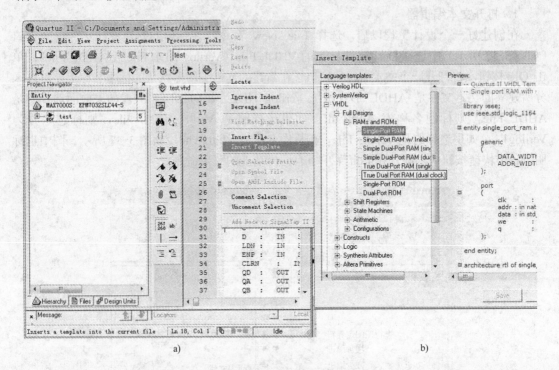

图 3-38　在文本编辑器中插入模板

4）编辑插入的文本结构。

3．文本编辑器选项设置

在图 3-35 所示对话框中选择 Category 栏中的 Text Editor，则可以根据需要设置文本编辑器窗口的选项，如文本颜色、字体等。

4．保存文本设计文件

AHDL 的文件扩展名为.tdf，VHDL 的文件扩展名为.vhd，Verilog HDL 的文件扩展名为.v。

3.4.5　建立存储器编辑文件

当在设计中使用了器件内部的存储器模板（如 RAM、ROM 或双口 RAM）时，需要对存储器模板进行初始化。在 Quartus II 9.0 软件中，可以直接利用存储器编辑器（Memory Editor）建立或编辑 Intel Hex 格式（.hex）或 Altera 存储器初始化格式（.mif）的文件。

1．创建存储器初始化文件

创建存储器初始化文件的步骤如下：

1）选择 File / New 命令，在新建对话框中选择 Other Files 选项卡，从中选择 Memory Initialization File（.MIF）文件格式，单击 OK 按钮，在弹出的对话框中输入字数和字长，单击 OK 按钮，如图 3-39 所示。

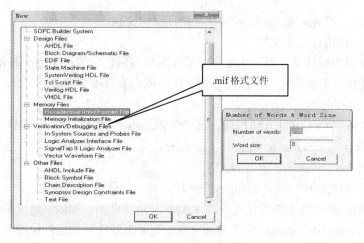

图 3-39　创建存储器初始化文件

2）打开存储器编辑窗口，如图 3-40 所示。

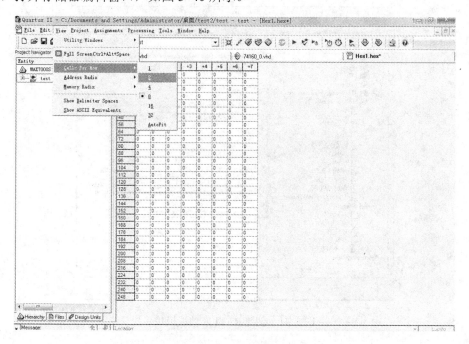

图 3-40　存储器编辑窗口

3）改变编辑器选项，如图 3-40 所示。在 View 菜单中，选择 Cells Per Row 中的选项，可以改变存储器编辑窗口中每行显示的单元（字）数；选择 Address Radix 中的选项，有 Binary（二进制）、Hexadecimal（十六进制）、Octal（八进制）、Decimal（十进制）4 种选择，可以改变存储器编辑窗口中地址的显示格式；选择 Memory Radix 中的选项，有 Binary、Hexadecimal、Octal、Signed Decimal（有符号十进制）、Unsigned Decimal（无符号十进制）5 种选择，可以改变存储器编辑窗口中字的显示格式。

4）编辑存储器内容。在存储器编辑窗口中选择需要编辑的字，输入内容；或在选择的字上单击鼠标右键，在快捷菜单中选择 Value 中的一项命令。

5）保存文件。以.hex 或.mif 格式保存存储器编辑文件。

2．在设计中使用存储器文件

在前面建立图形设计文件中，主要介绍了在图形编辑器中调用 Altera 标准符号、图形块设计以及宏功能模块的实例化，下面将介绍如何在图形设计文件中使用 MegaWizard Plug-In Manager 向导建立存储器模板。

建立一个 256 字×8 位的 RAM 模块，其中 8 表示每个字的位宽，其操作步骤如下：

1）选择 Tools / MegaWizard Plug-In Manager 命令，在弹出的对话框中选择 Create a new custom megafunction variation，单击 Next 按钮。

2）在下一个对话框中，展开 Memory Compiler 库，如图 3-41 所示。

RAM:1-PORT 是增强型参数化双端口 RAM 宏功能模块。Altera 建议在使用 Cyclone、Cyclone Ⅱ、Cyclone Ⅲ、Stratix 以及 Stratix GX 等新型器件系列进行设计时使用 altsyncram 宏功能模块，而且建议使用同步 RAM 宏功能。在这里选择与其他类型器件兼容的 RAM:1-PORT。

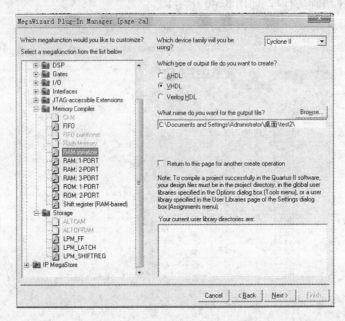

图 3-41　创建 RAM 宏功能模块

3）从器件系列下拉列表框中选择使用的器件系列，并选择输出文件类型，输入输出模块的名字，单击 Next 按钮。

4）在下一个对话框中选择 With one read port and one write port 项，在存储容量中选择 As a number of words 项，单击 Next 按钮。

5）选择存储器字数，这里选择 256 字；在字的宽度中选择 8 位，单击 Next 按钮。

6）在时钟使用方法中选择单时钟 Single clock 项，单击 Next 按钮。

7）在第五、第六个页面中使用默认设置，连续单击 Next 按钮。

8）在第七个页面中，在是否指定存储器初始内容选项组中选择 Yes, use this file for the memory content data 单选按钮，此选项的功能是选择.mif 或.hex 文件初始化存储器内容，如

图 3-42 所示。

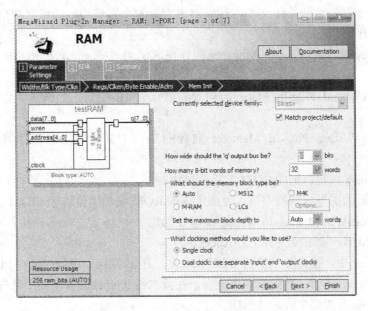

图 3-42　在设计中使用存储器文件

9）单击 Finish 按钮，完成 RAM 宏功能模块的实例化。

在图形编辑器的 Symbol 对话框中选择 Project 库，从中调入上面生成的 RAM 宏功能模块，如图 3-43 所示。

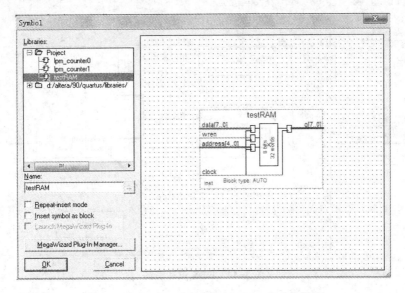

图 3-43　从 Project 库中调入 RAM 宏功能模块

3. 设计实例

下面给出一个使用器件内部 ROM 实现 DDS（直接数字合成）的简单设计，DDS 相位累加器的位数为 16 位，内部 ROM 使用 1024 字×8 位的结构。

该实例的创建步骤如下：

1）创建一个存储器初始化文件，存储器内容是一个完整周期的正弦波信号，保存文件名为 my_rom.mif。

2）利用 MegaWizard Plug-In Manager 向导在图 3-41 中选择 LPM_ROM，输出模块名设为 SinROM。

3）在 MegaWizard Plug-In Manager 向导的第一个页面中指定存储器字数为 1024 字，字宽为 8 位。

4）在 MegaWizard Plug-In Manager 向导的第三个页面中指定存储器初始化文件为 my_rom.mif。

5）单击 Finish 按钮，生成 ROM 宏功能模块。

6）在一个新的图形编辑器中调入上面生成的 ROM 宏功能模块 SinROM。

7）利用 MegaWizard Plug-In Manager 向导创建一个 16 位加法器模块，在图 3-29 中选择 LPM_ADD_SUB，输出模块名设为 Adder。

在第一个页面中，指定加法器的位数为 16 位，在加/减操作选择中选择加法。

连续单击 Next 按钮，直到第四个页面，在流水线（pipeline）功能中选择一个时钟周期后输出，单击 Finish 按钮生成加法器模块。

8）取加法器输出的高 10 位，作为 ROM 的读地址输入。

9）调入输入、输出引脚，完成设计，如图 3-44 所示。

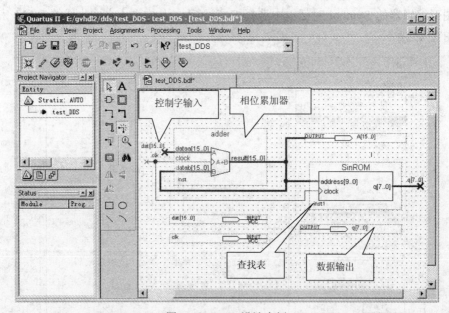

图 3-44 DDS 设计实例

3.5 Quartus Ⅱ 9.0 设计项目的编译

Quartus Ⅱ 9.0 编译器主要完成设计项目的检查和逻辑综合，将项目最终设计结果生成为器件的下载文件，并为模拟和编程产生输出文件。

3.5.1 设计综合

设计项目完成以后，可以使用 Quartus Ⅱ 9.0 编译器中的分析综合（Analysis & Synthesis）模块分析设计文件和建立工程数据库。Analysis & Synthesis 模块使用 Quartus Ⅱ 9.0 的集成综合支持（Integrated Synthesis Support）来综合 VHDL（.vhd）或 Verilog HDL（.v）设计文件。Integrated Synthesis 是 Quartus Ⅱ 9.0 软件包含的完全支持 VHDL 和 Verilog HDL 以及 AHDL 的集成综合工具，并提供了对综合过程进行控制的选项。用户如果喜欢，可以使用其他 EDA 综合工具综合 VHDL 或 Verilog HDL 设计文件，然后再生成可以与 Quartus Ⅱ 9.0 软件配合使用的 EDIF 网表文件（.edf）或 VQM 文件（.vqm）。

Quartus Ⅱ 9.0 软件的集成综合工具完全支持 Altera 原理图输入格式的模块化设计文件（.bdf），以及从 MAX+PLUS Ⅱ软件引入的图形设计文件（.gdf）。图 3-45 给出了综合设计流程。

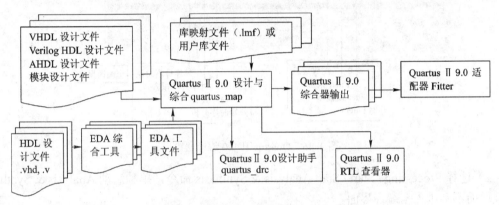

图 3-45　Quartus Ⅱ 9.0 综合设计流程

图中，quartus_map、quartus_drc 表示可执行命令文件，在 Quartus Ⅱ 9.0 的 Tcl 控制台中，选择菜单 View / Utility Windows / Tcl Console 命令或在命令提示符下可以直接输入 quartus_map 命令，运行 Analysis & Synthesis。

Quartus Ⅱ 9.0 Analysis & Synthesis 支持 Verilog 1995 标准（IEEE 1364—1995）和大多数 Verilog 2001 标准（IEEE 1364—2001），还支持 VHDL 1987（IEEE 1067—1987）和 VHDL 1993（IEEE 1076—1993）标准。设计者可以选择使用的标准，默认情况下，Analysis & Synthesis 使用 Verilog 2001 和 VHDL 1993 标准，还可以指定库映射文件（.lmf），将非 Quartus Ⅱ 9.0 函数映射到 Quartus Ⅱ 9.0 函数。所有这些设置都可以在选择 Assignments / Settings 命令后，在弹出的 Settings 对话框的 Verilog HDL Input 和 VHDL Input 选项卡中找到。

3.5.2 编译器窗口

1. 打开编译器窗口

Quartus Ⅱ 9.0 编译器窗口包含了对设计文件处理的全过程，其中第一个模块就是 Analysis & Synthesis 处理模块。在 Quartus Ⅱ 9.0 软件中选择 Tools / Compiler Tool 命令，则出现 Quartus Ⅱ 9.0 的编译器窗口，如图 3-46 所示，图中标出了全编译过程各个模块的功能。

要进行设计项目的分析和综合，可以采用下面的方法之一：

1）在图 3-46 中，单击"开始 Analysis & Synthesis"按钮，在综合分析进度指示中将显示综合进度。

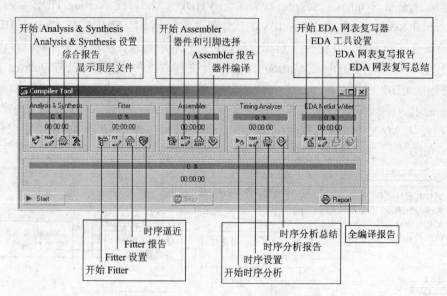

图 3-46　Quartus II 9.0 编译器窗口

2）选择 Processing / Start / Start Analysis & Synthesis 命令，单独启动 Analysis & Synthesis 过程，而不必进入全编译界面。

3）直接单击 Quartus II 9.0 软件工具条上的 快捷按钮。

图 3-47 给出单击工具条上的 按钮后的 Start Analysis & Synthesis 窗口。

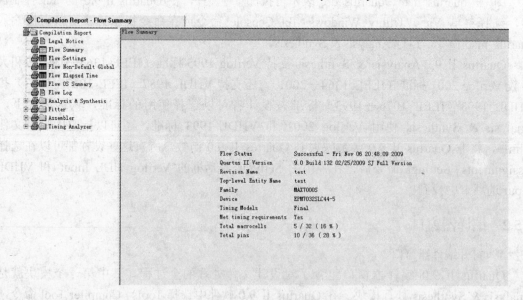

图 3-47　Start Analysis & Synthesis 窗口

2. 编译过程说明

Quartus Ⅱ 9.0 编译器的典型工作流程如图 3-48 所示。

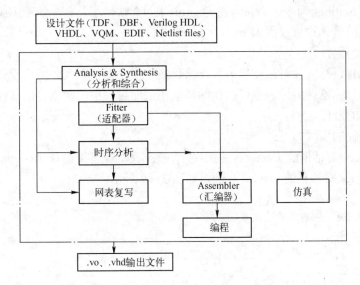

图 3-48 Quartus Ⅱ 9.0 编译器典型工作流程

表 3-3 给出了 Quartus Ⅱ 9.0 编译过程中各个功能模块的简单功能描述，同时给出了对应功能模块的可执行命令文件。

表 3-3 Quartus Ⅱ 9.0 编译器功能模块描述

功 能 模 块	功 能 描 述
Analysis & Synthesis quartus_map	创建工程数据库，设计文件逻辑综合，完成设计逻辑到器件资源的技术映射
Fitter quartus_fit	完成设计逻辑在器件中的布局和布线：选择适当的内部互连路径、引脚分配以及 LE 分配
Timing Analyzer quartus_tan	在运行 Fitter 之前，Quartus Ⅱ 9.0 Analysis & Synthesis 必须成功运行计算给定设计与器件上的延时，并注释在网表文件中；完成设计的时序分析和所有逻辑的性能分析
Assembler quartus_asm	在运行时序分析之前，必须成功运行 Analysis & Synthesis 和 Fitter 产生多种形式的器件编程映射文件，包括 Programmer Object Fitter（.pof）、SRAM Object Files（.sof）、Hexadecimal（Intel-Format） Output Files（.hexout）、Tabular Text Files（.ttf）以及 Ram Binary Files（.rbf） .pof 和.sof 文件是 Quartus Ⅱ 9.0 软件的编程文件，可以通过 MasterBlaster 或 ByteBlaster 下载电缆下载到器件中；.hexout、.ttf 和.rbf 用于提供 Altera 器件支持的其他 PLD 厂商 在运行 Assembler 之前，必须成功运行 Fitter
EDA Netlist Writer quartus_eda	产生用于第三方 EDA 工具的网表文件及其他输出文件 在运行 EDA Netlist Writer 之前，必须成功运行 Analysis & Synthesis、Fitter 以及 Timing Analyzer

3.5.3 编译器选项设置

通过编译器选项设置，可以控制编译过程。在 Quartus Ⅱ 9.0 编译器设置选项中，可以指定目标器件系列、Analysis & Synthesis 选项、Fitter 设置等。Quartus Ⅱ 9.0 软件的所有设置选项都可以在 Settings 对话框中找到。

用下面的任一方法可以打开 Settings 对话框，如图 3-49 所示。选择 Assignments/Settings 菜单命令；在工程导航窗口的 Hierarchy 页面中，在顶层文件名上单击鼠标右键，从快捷菜单中选择 Settings 命令；直接单击 Quartus II 9.0 软件工具条上的 ✍ 按钮。

编译器选项的具体设置过程如下。

1．指定目标器件

在对设计项目进行编译时，需要为设计项目指定一个器件系列，然后设计人员可以自己指定一个具体的目标器件型号，也可以让编译器在适配过程中，在指定的器件系列内自动选择最适合该项目的器件。

指定目标器件的步骤如下：

1）在 Settings 对话框的 Category 栏中选择 Device，或直接选择 Assignments/Device 命令，则弹出 Settings 对话框的 Device 页面，如图 3-49 所示。

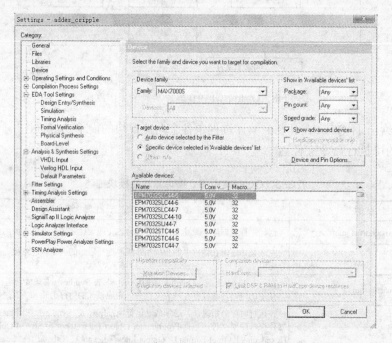

图 3-49　Settings 对话框的 Device 页面

2）在 Family 下拉列表框中选择目标器件系列，如 Straix。

3）在 Available devices 下拉列表框中指定一个目标，或选择 Auto device selected by the Fitter from the "Available devices" list，由编译器自动选择目标器件。

4）在 Show in "Available devices" list 选项中设置目标器件的选择条件，这样可以缩小器件的选择范围。选项包括封装、引脚数以及器件速度等级。

2．编译过程设置

编译过程设置包括编译速度、编译所有磁盘空间及其他选项。通过下面的步骤可以设定编译过程选项：

1）在 Settings 对话框的 Category 栏中选择 Compilation Process Settings（编译过程设置），则显示 Compilation Process Settings 页面，如图 3-50 所示。

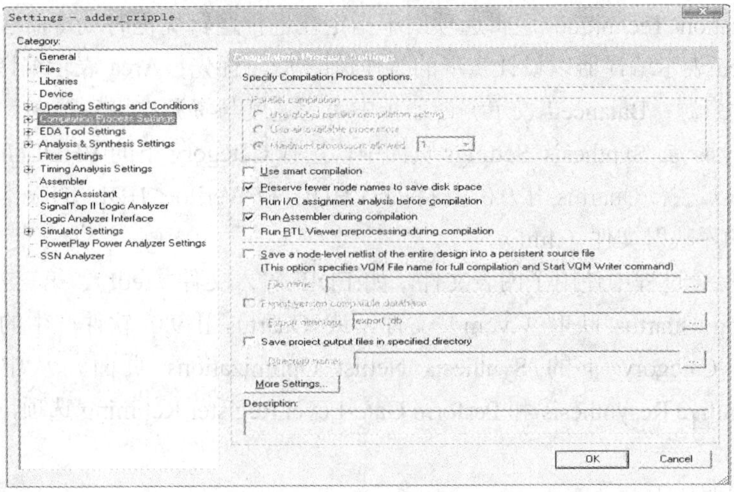

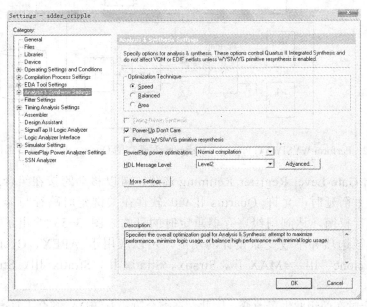

图 3-50　Settings 对话框的 Compilation Process Settings 页面

2）为了使重编译的速度加快，可以选中 Use Smart compilation 复选框。

3）为了节省编译所占用的磁盘空间，可以选中 Preserve fewer node names to save disk space 复选框。

4）其他选项根据需要设置，如要保存 VQM 文件，则需选中 Export version.com-patible database 复选框。

3. Analysis & Synthesis 设置

Analysis & Synthesis 选项可以优化设计的分析综合过程。

1）在 Settings 对话框的 Category 栏中选择 Analysis & Synthesis Settings 选项，则显示 Analysis & Synthesis Settings 页面，如图 3-51 所示。

图 3-51　Settings 对话框的 Analysis & Synthesis Settings 页面

2）Optimization Technique 逻辑选项用于指定在进行逻辑优化时编译器应优化考虑的条件。其中，Speed 表示编译器以设计实现的工作速度 f_{MAX} 优先；Area 表示编译器使设计占用尽可能少的器件资源；Balanced 表示编译器折中考虑速度与资源占用情况。

3）在 Analysis & Synthesis Settings 页面中，选择 Category 下的 VHDL Input 和 Verilog HDL Input，可以选择 Quartus Ⅱ 9.0 支持的 VHDL 和 Verilog HDL 的版本，也可以指定 Quartus Ⅱ 9.0 的库映射文件（.lmf）。

4）如果在综合过程中使用了网表文件，如 EDIF 输入文件（.edf）、第三方 EDA 综合工具生成的 Verilog Quartus 映射（.vqm）文件，或 Quartus Ⅱ 9.0 软件产生的内部网表文件等，可以选择 Category 下的 Synthesis Netlist Optimizations 页面，从中设置 Perform WYSIWYG Primitive Resynthesis 和 Perform Gate-Level Register Retiming 选项，用以进一步改善设计性能。

选项功能说明如下：

● Perform WYSIWYG Primitive Resynthesis 选项：可以指导 Quartus Ⅱ 9.0 软件将原子网表（Atom Netlist）中的 LE 映射分解为（Up-map）逻辑门，然后重新映射（Re-map）到 Altera 特性图元。该选项的 Quartus Ⅱ 9.0 软件工作流程如图 3-52 所示。这个选项可以应用于 APEX、Cyclone、Cyclone Ⅱ、Cyclone Ⅲ、 MAX Ⅱ、Stratix、Stratix Ⅱ、Stratix Ⅲ、Stratix GX 系列器件。

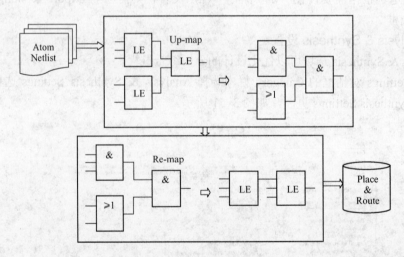

图 3-52　Perform WYSIWYG Primitive Resynthesis 选项的 Quartus Ⅱ 9.0 软件工作流程

● Perform Gate-Level Register Retiming 选项：可以移动跨接在组合逻辑两端的寄存器来平衡延时，允许 Quartus Ⅱ 9.0 软件在关键延时路径与非关键延时路径之间进行权衡，达到门级寄存器重定时的目的。图 3-53 给出了该选项的特性图例。该选项并不改变原设计的功能，可以应用于 APEX、Cyclone、Cyclone Ⅱ、Cyclone Ⅲ、 MAX Ⅱ、Stratix、Stratix Ⅱ、Stratix Ⅲ、Stratix GX 系列器件。

寄存器重定时在门级发生了改变，因此，在综合第三方 EDA 综合工具产生的原子网表时，必须同时选择 Perform WYSIWYG Primitive Resynthesis 选项。

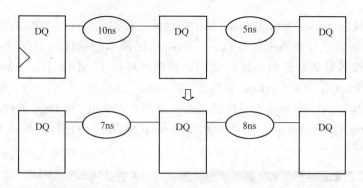

图 3-53　Perform Gate-Level Register Retiming 选项的特性图例

4．Fitter（适配）设置

适配设置选项可以控制器件的适配情况及编译速度。

1）在 Settings 对话框的 Category 栏中选择 Fitter Settings 选项，则显示 Fitter Setting 页面，如图 3-54 所示。

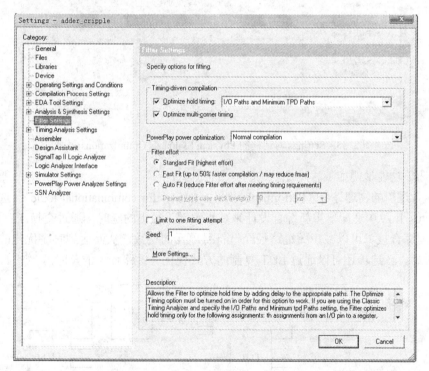

图 3-54　Settings 对话框的 Fitter Settings 页面

2）该页面主要包括以下两项内容：

● Timing-driven compilation 设置选项。允许 Quartus II 9.0 软件根据用户指定的时序要求优化设计。

● Fitter effort 设置，包括 Standard Fit、Fast Fit 和 Auto Fit 选项。不同的选项编译时间不同。这些选项的目的都是使 Quartus II 9.0 软件将设计尽量适配到约束的延时要求，但都不能保证适配结果一定满足要求。

3）Physical Synthesis Optimizations 技术将适配过程和综合过程紧密结合起来，打破了传统的综合和适配完全分离的编译过程。下面将给出简单的描述，说明 Physical Synthesis Optimizations 技术是如何提高设计性能的。该选项可用于 MAX Ⅱ、Stratix、Stratix Ⅱ、Stratix Ⅲ、Stratix GX 以及 Cyclone 系列器件。

要设置该选项，在 Settings 对话框的 Category 栏单击 Fitter Settings 前的加号 "+"，选择 Physical Synthesis Optimizations，则可以显示 Physical Synthesis Optimizations 页面，如图 3-55 所示。

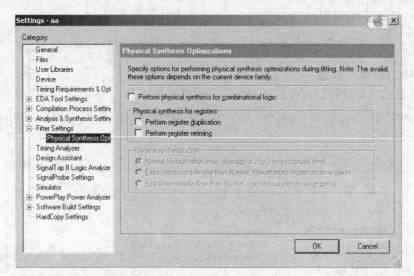

图 3-55　Settings 对话框的 Physical Synthesis Optimizations 页面

对各选项功能说明如下。

① 组合逻辑的物理综合（Perform physical synthesis for combinational logic）。选择此项可以让 Quartus Ⅱ 9.0 适配器重新综合设计来减小关键路径上的延时。通过交换 LE 中的 LUT 端口，物理综合技术可以减少关键路径经过符号单元的层数，从而达到时序优化的目的，如图 3-56 所示。该选项还可以通过 LUT 复制的方式优化关键路径上的延时。

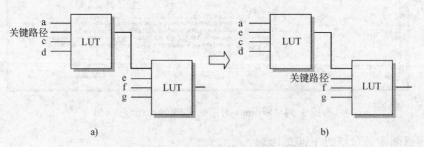

图 3-56　组合逻辑的物理综合示例

a) 关键路径信号经过两个 LUT 到达输出　b) 将第二个 LUT 中的一个输入与关键路径进行交换

在图 3-56a 中，关键路径信号经过两个 LUT 到达输出；而在图 3-56b 中，Quartus Ⅱ 9.0 软件将第二个 LUT 中的一个输入与关键路径进行了交换，从而减少了关键路径上的延时。变换结果并不改变设计功能。

该选项仅影响 LUT 形式的组合逻辑结构，LE 中的寄存器部分保持不动，而且存储器模块、DSP 模块以及 I/O 单元的输入不能交换。

② 寄存器复制（Perform register duplication）。该选项允许 Quartus II 9.0 适配器在布局的基础上复制寄存器，对组合逻辑有效。图 3-57 给出了一个寄存器复制的示例。

当一个 LE 扇出到多个地方时，如图 3-57a 所示，导致路径 1 与路径 2 的延时不同，在不影响路径 1 延时的基础上，可采用寄存器复制的方式减小路径 2 的延时，如图 3-57b 所示。经过寄存器复制后的电路功能没有改变，只是增加了复制的 LE，但减小了关键路径上的延时。

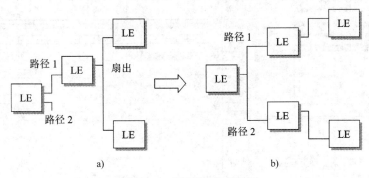

图 3-57　寄存器复制示例

a) 路径 1 与路径 2 的延时不同　b) 采用寄存器复制的方式减小路径 2 的延时

③ 寄存器重定时（Perform register retiming）。该选项允许 Quartus II 9.0 适配器移动组合逻辑两边的寄存器来平衡延时。该选项功能类似于分析综合设置中的 Perform Gate-Level Register Retiming 选项功能。

Physical synthesis effort 设置包括 Normal、Extra 和 Fast 3 个选项，默认选项为 Normal。Extra 选项使用比 Normal 更多的编译时间来获得较好的编译性能，而 Fast 选项使用最少的编译时间，但达不到 Normal 选项的编译性能。

3.5.4　引脚分配

在前面选择好一个合适的目标器件，完成设计的分析综合过程，得到工程的数据库文件以后，需要对设计中的输入、输出引脚指定具体的器件引脚号码，指定引脚号码称为引脚分配或引脚锁定。

在 Quartus II 9.0 图形用户界面下的引脚分配有如下两种方法。

1. 在分配编辑器（Assignment Editor）中完成引脚分配

在分配编辑器中完成引脚分配的操作步骤如下：

1）选择 Assignments/Assignment Editor 菜单命令，在分配编辑器的 Category 列表中选择 Locations pin，或直接选择 Assignments/Pins 菜单命令，出现如图 3-58a、b 所示的引脚分配界面。

2）在 Assignment Editor 的引脚分配界面中，双击 To 单元，将弹出包含所有引脚的下拉列表框，从中选择一个引脚名，如 clk。

3）双击 Location 单元，从下拉列表框中可以指定目标器件的引脚号。

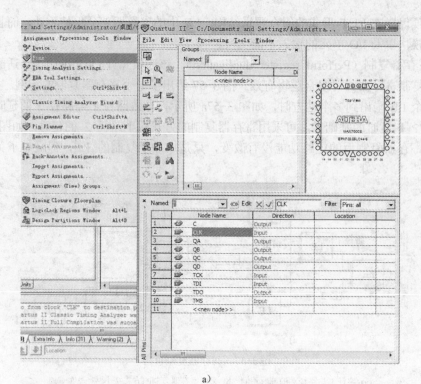

a)

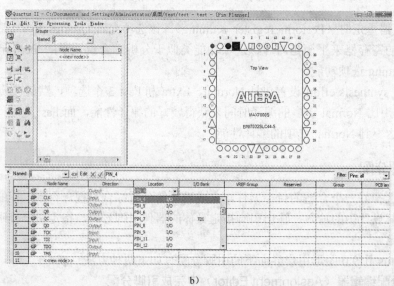

b)

图 3-58　Assignment Editor 引脚分配界面

a）选择 Assignments/Assignment Editor 菜单命令的引脚分配界面　　b）直接选择 Assignments/Pins 菜单命令的引脚分配界面

4）完成所有设计中引脚的指定，关闭 Assignment Editor 界面，当提示保存分配时，选择"是"保存分配。如图 3-59 所示为引脚指定图形界面。

5）在进行编译之前，检查引脚分配是否合法。选择 Processing/Start/Start I/O Assignment Analysis 菜单命令，当提示 I/O 分配分析成功时，单击 OK 按钮关闭提示。

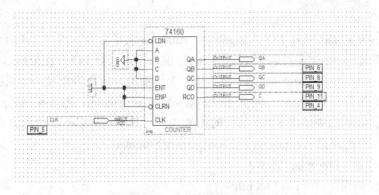

图 3-59　引脚指定图形界面

2．在底层图编辑器（Floorplan Editor）中完成引脚分配

在底层图编辑器中完成引脚分配的操作步骤如下：

1）选择 Assignments/Timing Closure Floorplan 菜单命令，将打开时序逼近（Timing Closure）底层图。在 Timing Closure 底层图界面，可以选择 View 菜单中的 Package Top、Package Bottom 或 Interior LABs、Interior Cells 命令，在封装与内部单元之间切换界面的显示方式。

2）如果 Node Finder 窗口没有打开，选择 View/Utility Windows/Node Finder 菜单命令，打开 Node Finder 窗口。

3）在 Node Finder 窗口的 Named 文本框中输入要分配的引脚名或"*"，在 Filter 下拉列表框中选择 Pins:all 或 Pins:unassigned，单击 List 按钮，在 Nodes Found 栏中将显示所有或未分配的引脚名，如图 3-60 所示。

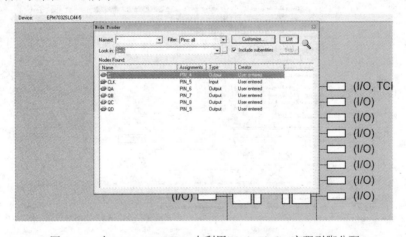

图 3-60　在 Floorplan Editor 中利用 Node Finder 实现引脚分配

4）从 Nodes Found 栏中选择要分配的引脚，用鼠标拖动到 Timing Closure Floorplan 界面相应的引脚位置，也可以直接从图形设计文件（GDF）或模块设计文件（BDF）中拖动要分配的引脚。

5）在进行编译之前，检查引脚分配是否合法。选择 Processing/Start/Start I/O Assignment Analysis 菜单命令，当提示 I/O 分配分析成功时，单击 OK 按钮关闭提示。

上面两种方法都可以方便地完成设计引脚的分配过程。下面简单介绍一下 I/O 分配分析过程。

选择 Processing/Start/Start I/O Assignment Analysis 菜单命令，或在 Tcl 命令控制台输入 quartus_fit<工程名>--check_ios 命令后按〈Enter〉键，即可运行 I/O 分配分析过程。

Start I/O Assignment Analysis 命令将给出一个详细的分析报告以及一个引脚分配输出文件（.pin）。要查看分析报告，应选择 Processing/Compilation Report 命令，在出现的 Compilation Report 界面中单击 Fitter 前面的加号 "+"，其中包括以下 5 个部分。

- 分析 I/O 分配总结（Analyzer I/O Assignment Summary）。
- 底层图查看（Floorplan View）。
- 引脚分配输出文件（Pin-Out File）。
- 资源部分（Resource Section）。
- 适配信息（Fitter Messages）。

在运行 Start I/O Assignment Analysis 命令之前，如果还没有进行引脚分配，则 Start I/O Assignment Analysis 命令将自动为设计完成引脚分配。设计者可以根据报告信息，查看引脚分配情况。如果认为 Start I/O Assignment Analysis 命令自动分配的引脚合理，可以选择 Assigments/Back-Annotate Assignments 命令，在弹出的对话框中选择 Pin & device assignments 进行引脚分配的反向标注，如图 3-61 所示。进行反向标注后，将引脚和器件的分配保存到 QSF 文件中。

图 3-61　对引脚分配的反向标注

3.5.5　启动编译器

Quartus II 9.0 软件的编译器包括多个独立的模块，如图 3-46 所示。各模块可以单独运行，也可以选择 Processing/Start Compilation 命令启动全编译过程。

编译一个设计的步骤如下：

1）选择 Processing/Start Compilation 命令，或单击工具条上的 ▶ 快捷按钮启动全编译过程。

在设计项目的编译过程中，状态窗口和消息窗口自动显示。在状态窗口中，将显示全编译过程中的各个模块和整个编译进程以及所用时间；在消息窗口中，将显示编译过程中的信息，如图 3-61 所示。最后的编译结果在编译报告窗口中显示，整个编译过程在后台完成。

2）在编译过程中如果出现设计上的错误，可以在消息窗口选择错误消息，在错误信息上双击或单击鼠标右键，从弹出的快捷菜单中选择 Locate in Design File 命令，即可以在设计时定位错误所在的位置；在快捷菜单中选择 Help 命令，可以查看错误信息的帮助。

修改所有错误，直到全部编译成功为止。

3）查看编译报告。在编译过程中，编译报告窗口自动显示，如图 3-62 所示。编译报告给出了当前编译过程中各个功能模块的详细信息。查看编译报告各部分信息的方法如下。

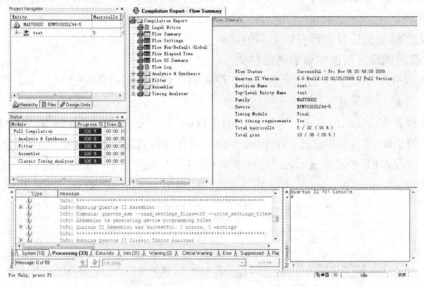

图 3-62　设计的全编译过程

① 在编译报告左边窗口单击要查看部分前的加号"+"，如图 3-63 所示。

图 3-63　查看编译报告

② 选择要查看的部分，报告内容在编译报告右边窗口中显示。

3.5.6　查看适配结果

全编译（或单独运行适配模块）以后，可以在底层图编辑器中观察或调整适配结果。Quartus Ⅱ 9.0 软件在底层中提供了以下观测内容：时序逼近底层图可以同时显示用户分配信息和适配位置分配；可以创建新的位置分配；查看并编辑 Logic Lock（逻辑锁定）区域以及查看器件资源和所有设计逻辑的布线信息。

只读的最后编辑底层图（Last Compilation Floorplan）显示资源分配和最后编译过程中的布线情况。

底层图的显示方式有内部逻辑单元（Interior Logic Cells）、内部逻辑阵列块（Interior LABs）、域视图（Field View）以及器件封装的顶视图（Top View）和底视图（Bottom View）等几种。

查看适配结果的途径主要有以下两种。

1. 在最后编译底层图中查看适配结果

最后编译底层图显示的是适配器将设计逻辑实现到目标器件中的结果。

（1）打开最后编译底层图

在编译报告窗口（如图 3-63 所示）中单击 Fitter 文件夹前面的加号"+"，展开 Fitter 文件夹。在展开的 Fitter 文件夹中选择 Floorplan View，在编译报告窗口的右边将显示出底层图视图，默认情况下以内部 LE 的形式显示。已经使用的 LE 用各种颜色表示，未使用的 LE 用白色显示。选择 View/Color Legend Window 命令，将显示底层图视图中各种颜色图例，如图 3-64 所示。

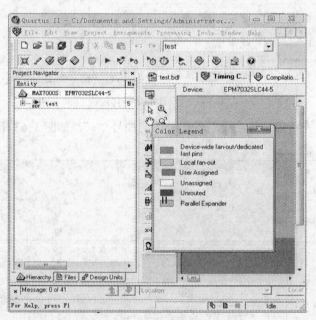

图 3-64　底层图视图及颜色图例

（2）显示布线信息

在 View/Routing 命令中选中 Show Node Fan-Out 命令，然后在底层图上选择一个已经使用的 LE，则带有向外方向的扇出线表明该 LE 上信号的流出方向。默认情况下，扇出线的颜色为绿色。

用同样的方法，在 View/Routing 命令中选中 Show Node Fan-In 命令，可以显示已经使用的 LE 的扇入线，默认颜色为紫色，如图 3-65 所示。

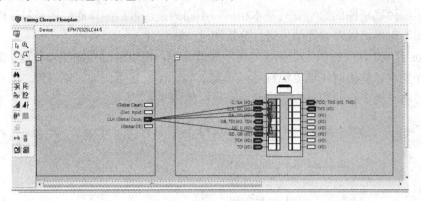

图 3-65　底层图布线信息及方程式窗口

要关闭扇入、扇出路径显示，只需在 View/Routing 菜单中关闭 Show Node Fan-In 和 Show Node Fan-Out 命令即可。

（3）打开方程式窗口

在方程式窗口（如图 3-65 所示）中，可以查看底层图编辑器中所用资源的方程式、扇入和扇出数据。

选择 View/Equations 命令，在底层图编辑器下面将打开方程式窗口。

在最后编译底层图中选择一个外围引脚或已经使用的 LE，则方程式窗口中会显示所选引脚或 LE 的方程式以及扇入、扇出节点的列表。

（4）显示域视图（Field View）

改变底层图编辑器显示方式为域视图，可以在高层总体视图中显示器件资源的主要分级，用彩色区域表示出用户分配、适配器布局以及器件中每个结构未分配 LE 的数量。

选择 View/Field View 命令，底层图编辑器将显示器件资源的高层视图，如图 3-66 所示。

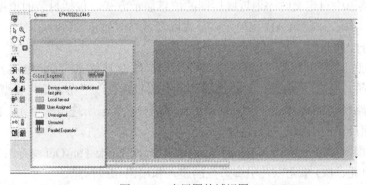

图 3-66　底层图的域视图

选择 View/Interior Cells 命令，将返回内部单元的显示方式。

2．在时序逼近底层图中查看适配结果

在 Quartus Ⅱ 9.0 软件中，时序逼近底层图编辑器在完成全编译前后，用以帮助设计者直观地分析自己的设计。

（1）打开时序逼近底层图

选择 Assignments/Timing Closure Floorplan 命令，将显示时序逼近底层图。时序逼近底层图与最后编译底层图的显示方式基本相同，不同的是，最后编译底层图是只读的，而时序逼近底层图编辑器可以对编译结果进行分析和进一步优化。

Quartus II 9.0 软件提供完全集成的时序逼近流程，可以通过控制综合和设计的布局布线来达到时序要求。使用时序逼近流程可以对复杂的设计进行更快的时序逼近，减少优化迭代次数，并自动平衡多设计约束。时序逼近流程，如图 3-67 所示。

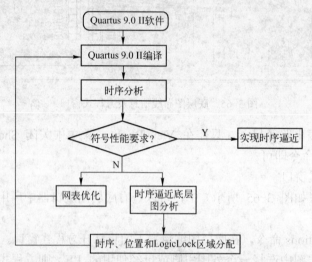

图 3-67　时序逼近流程

（2）使用时序逼近底层图

查看适配器生成的逻辑布局，查看用户分配和 LogicLock 区域以及设计的布线信息，使用这些信息在设计中标识关键路径，执行时序分配、位置分配以及 LogicLock 区域分配，从而实现时序逼近。

在 View 菜单中自定义时序逼近底层图的信息显示方式，包括封装的顶视图和底视图、内部 MegaLAB 结构、内部 LAB 和单元格形式以及域视图显示。

（3）查看分配和布线

时序逼近底层图可以显示器件资源以及所有设计逻辑的相应布线信息。使用 View/Routing 下的各种菜单命令，可以选择器件资源和查看以下布线信息类型。

1）节点间路径（Show Paths between Nodes 命令）：显示所选逻辑单元、I/O 单元、嵌入式单元以及互相反馈的引脚之间的路径。

2）节点的扇入和扇出（Show Node Fan-In 和 Show Node Fan-Out 命令）：显示所选嵌入式单元、逻辑单元、I/O 单元以及引脚节点的扇入和扇出布线信息。

3）布线延时（Show Routing Delays 命令）：显示所选特定逻辑单元、I/O 单元、嵌入式单元或引脚之间有布线延时，或显示一个或多个关键路径上的布线延时。

4）连线计数（Show Connection Count 命令）：显示或隐藏所选对象间的连线数量。

5）物理时序估计（Show Physical Timing Estimate 命令）：显示到达器件上任何其他节点

或实体的近似延时。如果选定一个节点或实体，则用潜在目标资源（Potential Destination Resources）的阴影表示延时（阴影越深，延时越长），可以将鼠标指针放置在可能的目标节点上，显示到达该目标节点的延时。该命令必须在域视图中使用。

6）布线拥塞（Show Routing Congestion 命令）：用图形形式显示设计中的布线拥塞情况。阴影越深，表明布线资源利用率越大。设计者可以选择布线资源，然后指定该资源的拥塞阈值（在器件中以红色区域显示），使用 Routing Congestion Setting 命令。

7）关键路径（Show Critical Paths 命令）：显示设计中的关键路径，包括路径边缘和布线延时，以及默认的关键路径上的所有组合节点。使用 Critical Path Setting 命令，可以通过延时或延缓（Slack）标准来指定要查看的关键路径，可以指定时钟范围、源节点和目标节点的名称、路径类型以及要显示的关键路径数等。

8）LogicLock 区域布线（Show LogicLock Regions Connectivity 命令）：查看设计中 LogicLock 区域的布线信息，包括 LogicLock 区域实体之间的连接和区域中源路径和目标路径间的延时。

（4）执行分配

为了实现时序逼近，时序逼近底层图允许直接从底层图进行位置和时序分配。设计者可以在时序逼近底层图的用户区域和 LogicLock 区域中建立和分配节点或实体，还可以对现有的引脚、逻辑单元、行、列、区域、MegaLAB 结构以及 LAB 分配进行编辑。

可以使用下面的方法在时序逼近底层图中编辑分配：

1）剪切、复制、粘贴节点和引脚进行分配。

2）启动分配编辑器（Assignment Editor）进行分配。

3）使用 Node Finder 协助进行分配。

4）在 LogicLock 区域中建立和分配逻辑。

5）从工程导航（Project Navigator）的 Hierarchy 选项卡、LogicLock 区域以及时序逼近底层图中拖动节点和实体，放到底层图的其他区域。

3.6 Quartus II 9.0 设计项目的仿真验证

完成了设计项目的输入、综合以及布局布线等步骤以后，还需要使用 EDA 仿真工具或 Quartus II 9.0 仿真器对设计的功能与时序进行仿真。本节主要介绍在 Quartus II 9.0 仿真器中进行设计仿真验证的方法。

在设计项目编程或配置到器件之前，设计者可以通过仿真对设计进行全面测试，以保证设计在各种可能的条件下都有正确的响应。

根据设计者所需的信息类型，在仿真器中可以实现功能或时序仿真。功能仿真仅测试设计项目的逻辑功能，而时序仿真使用包含时序信息的编译网表，不仅测试功能，还测试设计在目标器件中最差情况下的时序关系。

在开始仿真之前，必须为 Quartus II 9.0 仿真器指定所有输入作为激励信号，仿真器利用这些输入信号仿真产生相同条件下目标器件的输出。Quartus II 9.0 仿真器支持多种形式的输入信号格式：矢量波形文件（.vwf）、矢量表输出文件（.tbl）、MAX+PLUS II 产生的向量文件（.vec）或仿真器通道文件（.scf），也可以直接在 Tcl 控制台窗口输入激励信号。

3.6.1 创建一个仿真波形文件

利用 Quartus Ⅱ 9.0 波形编辑器可以创建矢量波形文件（.vwf），矢量波形文件以波形图的形式描述仿真输入和仿真输出。下面介绍创建矢量波形文件的步骤。

1. 创建一个新的矢量波形文件

1）选择 File/New 命令，弹出新建对话框。

2）在新建对话框中选择 Vector Waveform File，单击 OK 按钮，打开一个空的波形编辑器窗口，如图 3-68 所示。

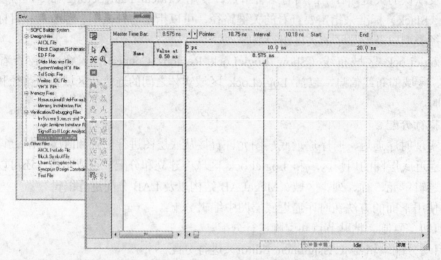

图 3-68　Quartus Ⅱ 9.0 波形编辑器窗口

3）波形编辑器默认的仿真结束时间为 1μs，根据仿真需要，可以自行设置仿真文件的结束时间。选择 Edit/End Time 命令，弹出结束时间对话框，在 Time 文本框中输入仿真结束时间，时间单位可选为 s、ms（10^{-3}s）、μs（10^{-6}s）、ns（10^{-9}s）、ps（10^{-12}s）。单击 OK 按钮，完成设置。

（4）选择 File/Save As 命令，在文件名文本框中输入文件名（默认为工程文件名），保存类型为*.vwf，选中 Add file to current project 复选框，然后单击"保存"按钮存盘。

2. 在矢量波形文件中加入输入、输出节点

在上面创建的空的矢量波形文件中，加入输入节点和期望的输出节点，完成矢量波形文件。步骤如下：

1）查找设计中的节点名，有下面两种方法。选择 View/Utility Windows/Node Finder 命令，弹出 Node Finder 窗口，查找要加入矢量波形文件中的节点名，如图 3-69a、b 所示；或者在波形编辑器左边 Name 栏的空白处右击，在弹出的快捷菜单中选择 Insert Node or Bus 命令，在弹出的 Insert Node or Bus 对话框中单击 Node Finder 按钮。

2）在出现的 Node Finder 窗口中，在 Filter 下拉列表框中选择 Pins:all，在 Named 文本框中输入"*"，然后单击 List 按钮，在 Nodes Found 栏列出设计中的所有节点。

3）在 Nodes Found 栏列出的节点名中，选择要加入矢量波形文件中的节点，然后按住鼠标左键，拖动节点到波形编辑器左边 Name 栏的空白处放开。选择节点名时，同时按下键盘上的〈Shift〉键可以选择多个连续的节点名，按下键盘上的〈Ctrl〉键可以同时选择多个不连续的节点名。

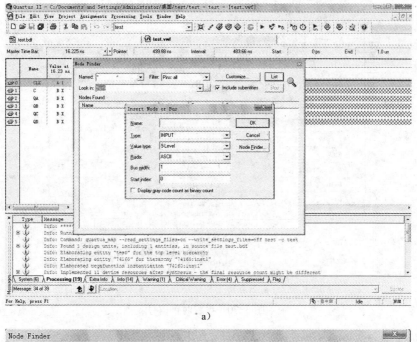

a）

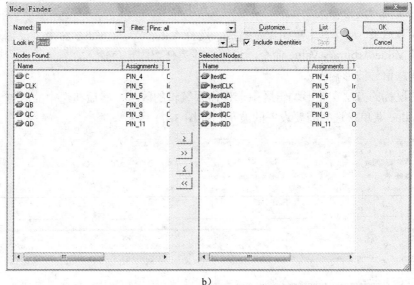

b）

图 3-69　在波形编辑器中查找节点

a）选择 View/Utility Windows/Node Finder 命令，弹出 Node Finder 窗口　b）查找要加入矢量波形文件中的节点名

4）加入所有需要仿真的节点后，关闭 Node Finder 窗口。

3. 编辑输入节点波形

在波形编辑器中编辑输入节点的波形，即指定输入节点的逻辑电平变化。

（1）时钟节点波形的输入

在时钟节点名（如 clk）上单击鼠标右键，从弹出的快捷菜单中选择 Value/Clock 命令，则弹出时钟信号设置对话框。可以直接输入时钟周期、相位以及占空比，如图 3-70 所示。

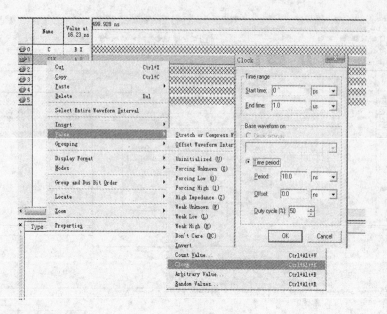

图 3-70　设置时钟信号

（2）总线信号波形输入

在总线节点名（如 d）上单击鼠标右键，选择 Value/Count Value 命令，设置总线为计数输入；选择 Value/Arbitrary Value 命令，设置总线为任意固定值输入。

（3）任意信号波形输入

用拖动鼠标的方法在波形编辑区中选中需要编辑的区域，然后在选中的区域上单击鼠标右键，在 Value 菜单中选择需要设置的波形，如图 3-71 所示。

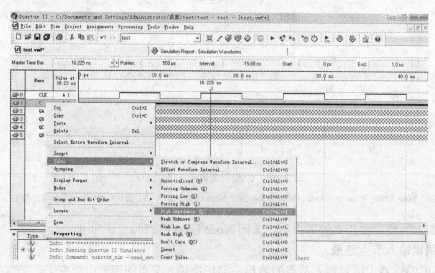

图 3-71　设置任意输入信号波形

上面所有输入节点的波形编辑过程也可以在选中要编辑的节点后，选择 Edit/Value 命令，或直接单击波形编辑器工具条上的相应快捷按钮完成，代替前面的单击鼠标右键操作过程。波形编辑器工具条如图 3-72 所示。

图 3-72 波形编辑器工具条

最后，应选择 File/Save 命令保存波形文件。

3.6.2 设计仿真

在 Quartus II 9.0 软件中，创建了设计项目的矢量波形文件后，功能仿真或时序仿真的基本过程介绍如下。

1. 指定仿真器设置

选择 Assignments/Setting 命令，在 Settings 对话框的 Category 栏列表中选择 Simulator Settings，则对话框右边将显示仿真器页面，如图 3-73 所示。

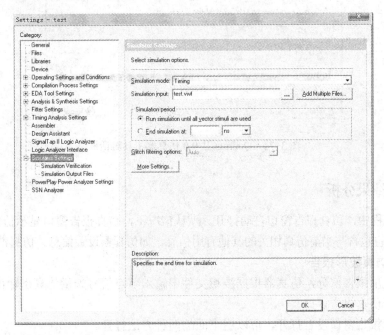

图 3-73 仿真器页面

2. 功能仿真和时序仿真设置

要完成功能仿真，在仿真类型中选择 Functional，在仿真开始前应先选择 Processing/Generate Functional Simulation Netlist 命令，产生功能仿真网表文件；要完成时序仿真，在仿真类型中选择 Timing，在仿真前必须编译设计，产生时序仿真的网表文件。

3. 启动仿真器

在完成上面的仿真器设置以后，选择 Processing/Start Simulation 命令即可启动仿真器，同时状态窗口和仿真报告窗口自动打开，并在状态窗口中显示仿真进度以及所用时间。仿真结束后，在仿真报告窗口显示输出节点的仿真波形。

也可以使用 Quartus II 9.0 仿真器工具（Simulator Tool）指定仿真器的设置，启动或停止仿真器，还可以打开当前设计工程的仿真波形。Quartus II 9.0 软件的仿真器工具对话框与MAX+PLUS II 相似。

选择 Processing/Simulator Tool 命令，可以打开仿真器工具对话框，如图 3-74 所示。

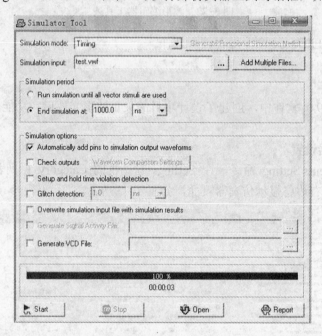

图 3-74　Quartus II 9.0 仿真器工具对话框

3.6.3　仿真结果分析

在仿真过程中，仿真报告窗口自动打开。默认情况下，仿真报告窗口显示仿真波形部分，仿真报告窗口也包含与当前仿真相关的其他有用信息，如仿真器设置信息、仿真消息等。

1．查看仿真波形报告

在仿真波形报告部分，仿真器根据波形文件中输入节点信号矢量仿真出输出节点信号。

（1）打开仿真报告窗口

如果仿真报告窗口没有打开，可以用下面的两种方法打开。

● 选择 Processing/Simulation Report 命令。

● 在图 3-74 所示的仿真器工具对话框中单击 Report 按钮。

（2）查看仿真波形

在仿真报告窗口中，默认打开的就是仿真波形部分，否则单击仿真波形报告窗口左边 Simulator 文件夹下的 Simulation Waveforms 选项，会出现如图 3-75 所示的 Simulation Waveforms 页面。

2．使用仿真波形

在仿真波形报告窗口中，可以使用工具条上的缩放工具对波形进行放大和压缩操作。仿真波形报告窗口中的波形是只读的，可以进行下面的操作：

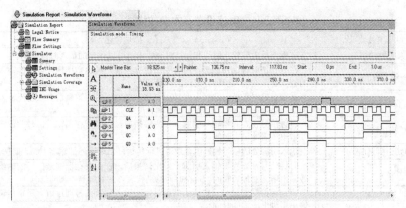

图 3-75　仿真波形报告窗口 Simulation Waveforms 页面

1）使用工具条上的排序按钮对节点进行排序。

2）使用工具条上的文本工具给波形添加注释。

3）在波形显示区单击鼠标右键，从快捷菜单中选择 Insert Time Bar 命令，添加时间条。

4）在注释文本上单击鼠标右键，选择 Properties 命令，在弹出的注释属性对话框中可以编辑注释文本及其属性。

5）在节点上单击鼠标右键，选择 Properties 命令，可以选择节点显示基数（Radix），如二进制、十六进制、八进制、有符号十进制以及无符号十进制。

6）选择 Edit/Grid Size 命令，改变波形显示区的网格尺寸。

7）选择 View/Compare to Waveforms in File 命令进行波形比较。

在只读的仿真波形报告窗口中进行编辑操作，将弹出如图 3-76 所示的编辑输入矢量波形文件对话框。

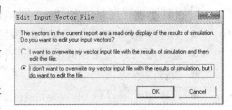

图 3-76　编辑输入矢量波形文件对话框

选择图 3-76 中的第一项，将用仿真波形报告窗口中的仿真结果覆盖矢量波形文件，并打开矢量波形文件进入图形编辑器；选择第二项，直接打开矢量波形文件进入图形编辑器。

3.7　时序分析

Quartus Ⅱ 9.0 时序分析器（Timing Analyzer）允许用户分析设计中的所有逻辑性能，并协助引导适配器满足设计中的时序要求。在 Quartus Ⅱ 9.0 软件执行全编译过程中，时序分析器自动执行时序分析，并在编译报告中给出时序分析结果，如建立时间（t_{SU}）、保持时间（t_H）、时钟到输出延时（t_{CO}）、引脚到引脚延时（t_{PD}）、最大时钟频率（f_{MAX}）、延缓时间（Slack Times）以及设计中的其他时序特征。

3.7.1　时序分析基本参数

时序分析（设置）基本参数的描述如表 3-4 所示。

表 3-4　时序设置基本参数描述

时序设置基本参数	描　述
f_{MAX}（最大时钟频率）	在不违反内部建立时间和保持时间要求下可以达到的最大时钟频率
t_{SU}（时钟建立时间）	在寄存器时钟信号已经在时钟引脚建立之前，经由数据输入或使能输入而进入寄存器的数据必须在输入引脚处出现的时间长度
t_H（时钟保持时间）	在寄存器时钟信号已经在时钟引脚建立之后，经由数据输入或使能输入而进入寄存器的数据必须在输入引脚上保持的时间长度
t_{CO}（时钟到输出延时）	时钟信号在寄存器输入引脚上发生转换后，在由寄存器馈送信号的输出引脚上获得有效输出所需的最大时间
t_{PD}（引脚到引脚延时）	输入引脚处的信号经过组合逻辑进行传输，出现在外部输出引脚上时所需的时间
最小 t_{CO}	时钟信号在寄存器输入引脚上发生转换后，在由寄存器馈送信号的输出引脚上获得有效输出所需的最短时间。这个时间总是代表外部引脚到引脚的延时
最小 t_{PD}	指定可接受的最小引脚到引脚延时，即输入引脚信号通过组合逻辑传输并出现在外部输出引脚上所需的时间

3.7.2　指定时序要求

如果在设计中未指定时序要求，则 Quartus Ⅱ 9.0 时序分析器将使用默认设置执行时序分析过程。默认情况下，时序分析器计算并报告每个寄存器的最大时钟频率 f_{MAX}、每个输入寄存器的时钟建立时间 t_{SU} 和保持时间 t_H、每个输出寄存器的时钟到输出延时 t_{CO}、所有引脚到引脚路径的 t_{PD}、延缓时间、保持时间、最小 t_{CO} 以及当前设计实体的最小 t_{PD}。

使用时序设置向导或 Settings 对话框，可以建立初始工程范围内的时序设置。在分配编辑器中，可以指定个别实体、节点和引脚的时序要求。

使用时序设置向导或 Settings 对话框，可以指定以下时序要求和相关选项：

- 工程的总频率要求或各个时钟信号的设置。
- 延时要求、最短延时要求和路径切割选项。
- 报告内容选项。
- 时序驱动编译选项（属于适配器设置选项）。

1．时序设置向导

选择 Assignments/Classic Timing Analyzer Wizard 命令，启动时序设置向导，根据向导提示可以完成上面的设置。如图 3-77 所示，可以选择指定工程全局默认时钟要求或分别指定时钟要求 f_{MAX}，并指定延时要求。

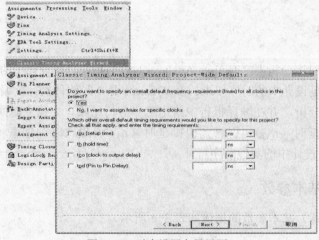

图 3-77　时序设置向导界面 1

单击 Next 按钮，进入时序设置向导下一步，如图 3-78a、b 所示。如果选择指定工程全局默认时钟要求，则直接输入默认时钟频率；如果在上一步选择的是指定单个时钟要求，则根据提示选择指定的时钟引脚名并输入频率及占空比的值。

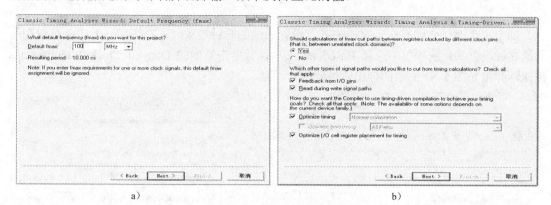

a)   b)

图 3-78 时序设置向导界面 2

a) 界面 2 b) 界面 3

单击 Next 按钮进入下一步，如图 3-78b 所示，在该界面中可以选择切割路径、报告内容及时序驱动编译选项，最后给出时序设置总结，单击 Finish 按钮，完成时序设置。

2. Settings 对话框时序设置

选择 Assignments/Timing Analysis Settings/Classic Timing Analyzer Settings 命令，弹出 Settings 对话框的 Classic Timing Analyzer Settings 页面，如图 3-79 所示。

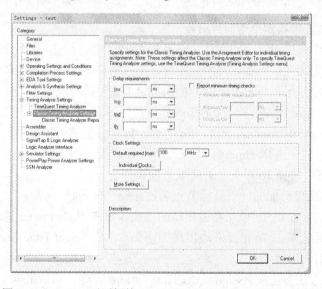

图 3-79 Settings 对话框的 Classic Timing Analyzer Settings 页面

设计中如果存在多个时钟，在图 3-79 中，可以选择 Individual Clocks 选项，单独设置每个时钟的时序要求。单击其上面的 Individual Clocks 按钮，将弹出如图 3-80 所示的对话框，单击 New 按钮，则弹出 New Clock Setting 对话框。在 Clock settings name 文本框中输入自定义的时钟名称；单击 Applies to node 文本框后面的"浏览"按钮，从 Node Finder 对话框中查找要指定设置要求的时钟节点。然后在 Relationship to other clock settings（与其他时钟设置关系）选项组中选择，如果是首次建立时钟设置，只能选择 Independent of other settings 项，在 Required fmax 文本框中输入需要的时钟频率或周期，在 Duty Cycle 文本框中输入占空比。

如果多个时钟之间存在一定的关系，设置后面的时钟要求时，在图 3-80 中，可以在与其他时钟设置关系选项组中选择 Based on 选项，并单击后面的 Derived Clock Requirements 按钮，弹出如图 3-81 所示的导出时钟要求对话框。

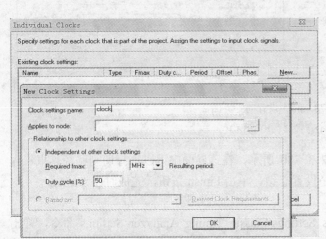

图 3-80　指定单个时钟设置要求　　　　　　图 3-81　导出时钟要求对话框

3. 在分配编辑器中指定个别时序分配

在分配编辑器中可以指定个别实体、节点和引脚的时序分配。如果个别时序分配要求范围比工程时序要求更加严格，则在时序分析时，个别时序分配优先于工程范围要求。分配编辑器支持点到点时序分配和通配符，用于标识特定节点组的分配。

参考图 3-82，完成个别时序分配的步骤如下：

1）选择 Assignments/Assignment Editor 命令，弹出分配编辑器界面。

2）在 Category 栏中选择 Timing，即进行时序设置类型的分配。

3）在分配表格中选择 To 单元，并完成下面操作之一：

- 输入节点名或要分配的一组目标节点名通配符（如 clk*、f?）。
- 双击 To 单元，单击 To 单元右边出现的箭头，单击 Node Finder 选项查找节点。
- 双击 To 单元，单击 To 单元右边出现的箭头，单击 Select Time Group，从定义的时间组中选择时间组。

定义时间组的方法为选择 Assignments/Time Groups 命令，然后根据相关提示完成。

4）指定分配源，重复步骤 3），在 From 单元中指定源节点名。

5）在分配表格中，双击 Assignment Name 单元，从弹出的列表中选择需要指定的时序分配。

6）双击分配表格中的 Value 单元，输入或选择合适的分配值。

7）选择 File/Save 命令，保存分配编辑器设置。

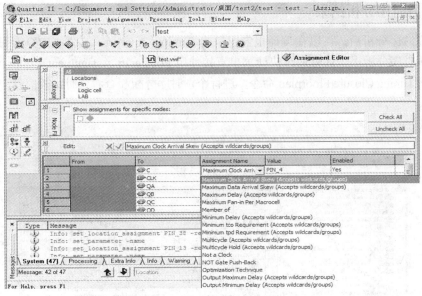

图 3-82　在分配编辑器中完成个别时序分配

3.7.3　完成时序分析

指定了时序设置和分配以后，就可以通过全编译过程运行时序分析。在完成全编译过程以后，还可以通过下面的操作单独执行时序分析过程：

1）选择 Processing/Start/Start Classic Timing Analyzer 命令，自动打开编译报告窗口，并进行时序分析过程。

2）选择 Processing/Start/Start TimeQuest Timing Analysis 命令，自动打开编译报告窗口，并进行针对 FPGA 器件底层物理单元的 TimeQuest 约束和分析过程。

3）选择 Processing/Classic Timing Analyzer Tool 命令，打开时序分析器工具窗口，如图 3-83 所示，从中可以选择查看 tpd（t_{PD}）、tsu（t_{SU}）、tco（t_{CO}）、th（t_{H}）以及用户定义的延时信息。

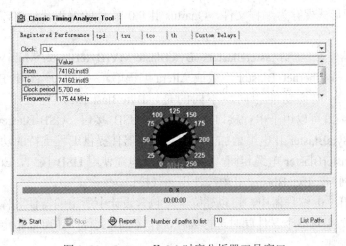

图 3-83　Quartus II 9.0 时序分析器工具窗口

3.7.4 查看时序分析结果

运行完时序分析后，可以在编译报告窗口的 Timing Analyzer 文件夹中查看时序分析结果。可以从时序分析报告部分通过快捷菜单直接使用 Locate in Assignment Editor、List Path 和 Locate in Timing Closure Floorplan 命令，进行个别时序分配和查看延时路径信息，如图 3-84 所示。

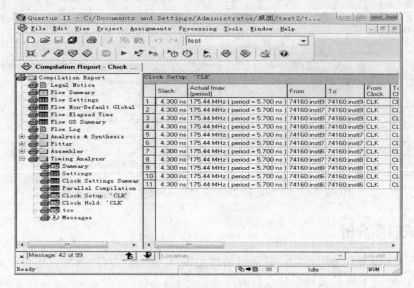

图 3-84　查看时序分析结果

3.8　器件编程

使用 Quartus II 9.0 软件成功编译设计工程后，就可以对 Altera 器件进行编程或配置了。Quartus II 9.0 编译器的 Assembler 模块自动将适配过程的器件、逻辑单元和引脚分配信息转换为器件的编程图像，并将这些图像以目标器件的编程器对象文件（.pof）或 SRAM 对象文件（.sof）的形式保存为编程文件，Quartus II 9.0 软件的编程器使用该文件对器件进行编程配置。

Altera 编程器硬件包括 MasterBlaster、ByteBlasterMV(ByteBlaster MultiVolt)、ByteBlaster II、USB-Blaster 和 Ethernet Blaster 下载或 Altera 编程单元（APU）。其中 ByteBlasterMV 电缆和 MasterBlaster 电缆功能相同，不同的是，ByteBlasterMV 电缆用于并行接口，而 MasterBlaster 电缆既可以用于串行接口也可以用于 USB 接口。USB-Blaster 电缆、Ethernet Blaster 电缆和 ByteBlaster II 电缆增加了对串行配置器件提供编程支持的功能，其他功能与 ByteBlaster 和 MasterBlaster 电缆相同。USB-Blaster 电缆使用 USB 接口，Ethernet Blaster 电缆使用 Ethernet 网口，ByteBlaster II 电缆使用并行接口。

在 Quartus II 9.0 编程器中，可以建立一个包含设计中所用的器件名称和选项的链式描述文件（.cdf）。如果对多个器件同时进行编程，在 CDF 文件中还可以指定编程文件和所用器件从上到下的顺序。

Quartus Ⅱ 9.0 软件编程器具有 4 种编程模式。

1）被动串行模式（Passive Serial Mode）。

2）JTAG 模式。

3）主动串行编程模式（Active Serial Programming Mode）。

4）套接字内编程模式（In-Socket Programming Mode）。

被动串行模式和 JTAG 模式可以对单个或多个器件进行编程；主动串行编程模式用于对单个 EPCS1 或 EPCS4 串行配置器件进行编程；套接字内编程模式用于在 APU 中对单个 CPLD 进行编程和测试。

3.8.1 完成器件编程

1．打开编程器窗口

在 Quartus Ⅱ 9.0 软件中，打开编程器窗口并建立一个链式描述文件的操作步骤如下：

1）选择 Tools/Programmer 命令，编程器窗口自动打开一个名为<工程文件名>.cdf 的新链式描述文件，此处文件名为 test.cdf，其中包括当前编程文件以及所选目标器件等信息，如图 3-85 所示。

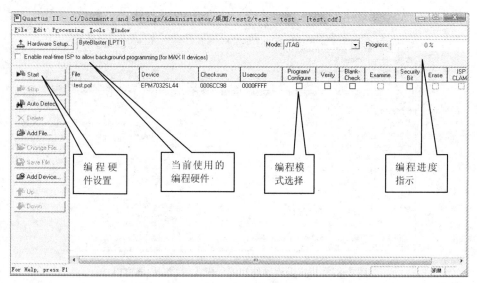

图 3-85　编程器窗口

2）选择 File/Save As 命令保存文件。

2．建立被动串行配置链

1）在编程器窗口的 Mode 下拉列表框中，选择 Passive Serial 模式。

2）单击编程硬件设置按钮 Hardware Setup，弹出 Hardware Setup 对话框，如图 3-86 所示。

3）单击 Add Hardware 按钮，弹出 Add Hardware 对话框。

4）在 Add Hardware 对话框中，从 Hardware type 下拉列表框中选择一种硬件类型，如 ByteBlasterMV or ByteBlaster Ⅱ 或 MasterBlaster，根据需要选择端口、波特率等，单击 OK 按钮，返回 Hardware Setup 对话框。

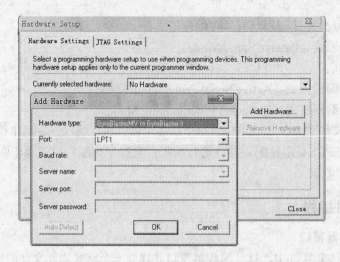

图 3-86　Hardware Setup 对话框

5）在 Hardware Setup 对话框的 Available hardware items 栏选中一个硬件，单击 Select Hardware 按钮后，单击 Close 按钮，关闭 Hardware Setup 对话框，此时的编程器窗口如图 3-87 所示。

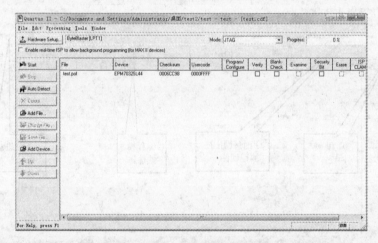

图 3-87　指定编程硬件和编程模式后的编程器窗口

6）选择 File/Save 命令，保存文件。

如果要同时对多个器件进行编程，可以单击 Add File 按钮，添加编程文件。

3. 器件编程

（1）根据下面步骤之一，在计算机上连接合适的通信电缆。

1）编程硬件使用 MasterBlaster 电缆时，需要将 MasterBlaster 电缆与连接计算机 RS-232 串口的 RS-232 电缆相连，或与连接到计算机 USB 接口的 USB 电缆相连。

2）编程硬件使用 ByteBlasterMV 电缆时，需要将 ByteBlasterMV 电缆与连接计算机并行接口的全 DB25-to-DB25 电缆相连。

（2）单击编程器窗口的 Start 按钮，当出现提示编程完成的对话框时，单击 OK 按钮，完成器件编程。

4．改变编程模式

对于使用 SRAM 对象文件（.sof）进行编程的器件，编程方式可以在 JTAG 和被动串行之间选择。如果将被动串行编程方式改为 JTAG 方式，编程器窗口中将出现编程和配置选项，但只有 Program/Configure 选项可用，其他选项用于配置器件。

要改变编程模式，可在编程器窗口的 Mode 下拉列表框中选择 JTAG。

5．在编程链中添加一个器件

使用编程器窗口可在 JTAG 链中添加一个配置器件，打开 Examine 选项，可以从配置器件中加载编程数据到一个临时缓冲区，然后保存配置数据到编程器对象文件（.pdf）。

在一个 JTAG 编程链中添加一个器件的步骤如下：

1）打开一个 JTAG 编程链 CDF 文件。

2）在编程器窗口中单击 Add Device 按钮，弹出 Select Devices 对话框，如图 3-88 所示。

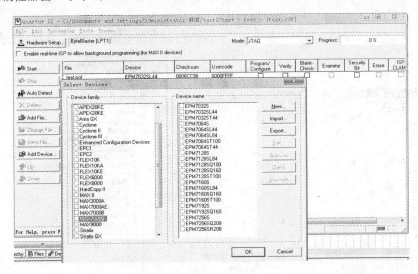

图 3-88　在 JTAG 链中添加一个器件

3）在 Device family 栏中选择一个器件系列。

4）在 Device name 栏中选中一个需要添加的器件，单击 OK 按钮确定。

5）选择 File/Save 命令保存文件。

3.8.2　编程器硬件驱动安装

如果在图 3-86 所示的编程器 Hardware Setup 对话框中，没有可用的硬件类型，则需要手工安装 Altera 编程器硬件驱动，这里以在 Windows 2000 平台上安装为例，操作步骤如下：

1）打开"开始"菜单，从中选择"设置"/"控制面板"命令。

2）在"控制面板"中选择"添加/删除硬件"。

3）在"添加/删除硬件"向导的"选择一个硬件任务"中选择"添加/排除设备故障"选项，单击"下一步"按钮。

4）等待新硬件搜索完毕，在"添加/删除硬件"向导的"选择一个硬件设备"中选择"添加新设备"，单击"下一步"按钮。

5）在向导的"查找新硬件"中选择"否，我想从列表选择硬件"选项，单击"下一步"按钮。

6）在硬件类型列表中选择"声音、视频和游戏控制器"选项，单击"下一步"按钮。在"选择一个硬件驱动程序"中单击"从磁盘安装"按钮。在弹出的"从磁盘安装"对话框中单击"浏览"按钮，在"查找文件"对话框中指定 Altera 编程器硬件驱动目录为<Quartus Ⅱ安装目录>\drivers\ win2000\win2000.inf，如图 3-89 所示。

7）在后面的对话框中选择 Altera ByteBlaster，单击"下一步"按钮开始安装。如果出现相容性警告，选择"仍然继续"。安装完毕后，必须重新启动计算机才能使新设备生效。

8）在控制面板中打开"系统属性"对话框，选择"硬件"选项卡，单击"设备管理器"按钮，在设备管理器界面中打开"声音、视频和游戏控制器"选项，将会看到 Altera ByteBlaster 选项，如图 3-90 所示。

图 3-89　编程器硬件驱动安装

图 3-90　查看编程器硬件安装结果

至此，编程器硬件安装完毕，下面就可以在图 3-85 所示的编程器窗口中选择所需硬件类型了。

习　题

1. Quartus Ⅱ 9.0 软件与 MAX+PLUS Ⅱ软件相比，有哪些主要的设计特性？

2. Quartus Ⅱ 9.0 软件有几种设计流程，各流程之间的关系如何？

3. 如何将 MAX+PLUS Ⅱ 10.2 设计工程转移到 Quartus Ⅱ 9.0 软件中？

4. Quartus Ⅱ 9.0 软件有几种设计输入方法？如何生成自己的功能模块？

5. 在全编译过程中，各功能模块有哪些设置特点？如何从编译报告中查看设计性能？

6. 功能仿真与时序仿真有什么区别？如何正确查看这两种仿真结果的波形？

7. 在 Quartus Ⅱ 9.0 软件中如何进行设计的引脚分配？

8．如何选择编程硬件？如何改变器件的编程模式？

9．设计并实现 BCD 七段数码管显示译码器电路，任务及要求如下。

1）设计基本要求：要求实现 BCD 七段数码管显示译码器电路。

2）设计硬件端口要求：被选择实体输入端口为 A（3）、A（2）、A（1）、A（0）；输出端口为 LED7S（6）、LED7S（5）、LED7S（4）、LED7S（3）、LED7S（2）、LED7S（1）、LED7S（0），使用的数码管为共阴极型。

3）设计软件要求：用 VHDL 设计符合上述功能的 BCD 七段数码管显示译码器电路。要求使用 CASE 语句的表达方式写出电路的程序，输入和输出端口采用的数据类型为 STD_LOGIC_VECTOR，完成电路全部设计后，通过系统实验箱下载验证设计课题的正确性。

4）设计参考框图：如图 3-91 所示为 BCD 七段数码管显示译码器电路框图。

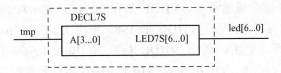

图 3-91　BCD 七段数码管显示译码器电路框图

10．根据图 3-92 的原理框图和时序波形图，设计一个简易自动频率测试系统。

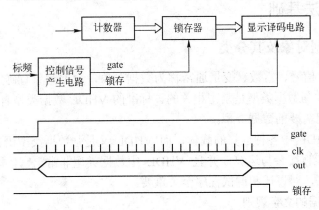

图 3-92　原理框图与时序波形图

第4章 VHDL 程序设计

目前用于 CPLD/FPGA、ASIC 设计的语言种类有如下几种：VHDL、Verilog 语言、AHDL 语言、ABEL 语言等。其中在 CPLD/FPGA 编程中，使用最广泛的当属 VHDL 和 AHDL 语言，但 Verilog 凭借其统一的标准，强大的描述能力，也逐渐被用户接受。

VHDL（Very Hardware Description Language）的语法结构严谨、数据类型丰富，是描述能力很强的一种硬件描述语言。VHDL 是在 20 世纪 70～80 年代中期，由美国国防部资助的 VHSIC 项目开发的产品。VHDL 于 1987 年由 IEEE 1076 标准确认。1993 年，IEEE 1076 标准被升级、更新，新的 VHDL 标准为 IEEE 1076—1993。1996 年，IEEE 1076.3 成为 VHDL 综合标准。VHDL 非常适用于可编程逻辑器件的应用设计，并且正在得以普及推广。

4.1 VHDL 语法基础

4.1.1 VHDL 数据对象及其分类

在 VHDL 中，信号、常数、变量通常称为数据对象，数据对象有确定的物理含义。在 VHDL 中，数据对象与数据类型是紧密相关的。标准的 VHDL 数据类型有 10 种，用户也可以根据需要定义自己需要的数据类型。

数据对象是 VHDL 中各种运算的载体，而 VHDL 又是强数据类型语言，不同数据类型之间的数据对象不能直接参与运算，并且 VHDL 中数据类型非常丰富，因此，能否掌握数据类型及其使用方法，对设计和调试程序至关重要。

1. VHDL 中数据的文字规则

（1）数字型文字

- 整数文字：整数文字都是十进制数，如 10、32、0、34E2(3400)、234_287 、(234687)。数字间的下画线仅仅是为了提高文字的可读性，不影响文字本身的数值。
- 实数文字（有小数点）：由于目前在 CPLD/FPGA 的应用中，综合器不支持实数类型，因此，这里就不做介绍了。

（2）以数制基数表示的文字

用这种方式表示的数字由以下 5 个部分组成：

- 十进制数标明数制进位的基数。
- 数制隔离符号"#"。
- 表达的文字（实际要表达的具体数字）。
- 指数隔离符号"#"。
- 用十进制表示的指数部分，如果这一部分为 0，则可以省略，如下所示。

10# 170#	--(170)
10# 170#E2	--(17000 指数形式)
16# FE#	--(254)
2# 1111_1110#	--(254)
8# 376#	--(254)
16# E# E1	--(E×16)=(224)

（3）字符型文字

字符是用单引号括起来的 ASCII 字符，可以是数值，也可以是符号或字母，例如，'R'、'a'、'*'、'Z'、'U'、'0'、'n'、'_'、'L'等。可用字符定义一个新的数据类型：

TYPE   STD_Ulogic is ('U', 'X', '0', '1', 'w', 'L', 'H', '_')

（4）字符串

字符串是用双引号括起来的一串字符，如"ENTER"、"Both S and Q"等。字符串在 VHDL 中主要用来做注释或信息提示。

数字字符串称为矢量，分别代表二进制、八进制、十六进制的数组。如下所示。

B "1_1101_1110"	--二进制数数组，9 位
O "15"	--八进制数数组，6 位
X "AB0"	--十六进制数数组，12 位

注：若以 b 或 b_vector 或 std_logic_vector 赋值时，则可以用二进制、八进制、十六进制，但如果 std_logic_vector 类型中含有"Z"、"X"、"U"、"_"等值时，只能使用二进制数组方式表示。二进制作为默认的方式一般情况下 B 可以省略，如 B"1_1101_1110"可以直接写成"1_1101_1110"。但在赋值语句中使用十六进制和八进制时，赋值语句两边的信号"位"宽应相等，如果不等则需要用并置操作符"&"补齐。如下所示。

```
m,n,p: signal std_logic_vector(7 downto 0);
x,y,z: signal std_logic_vector(9 downto 0);
begin
m<=x "01";
n<=b"11010011";
p<= o "7" & m[4 downto 0];
x<=m & "01";
y<= "00"& n;
z<= o "780" & '1';
```

【例 4-1】 数字字符串的使用。

```
library ieee;
use ieee.std_logic_1164.all;
use ieee.std_logic_unsigned.all;
entity    ttype is
    port(a,b,c : in std_logic_vector(3 downto 0);
        f: out std_logic_vector(7 downto 0);
        d:out std_logic_vector(4 downto 0);
        e ,g: out std_logic_vector(8 downto 0)
    );
```

```
        end ttype;
            architecture atype of type is
                begin
                    d <=a+b;
                    e <= ( "01"& b & o"7");
                    f <= (x "1" & a);
                    g<=o"110";
                end atype;
```

2．数据对象的使用

在 VHDL 中，有信号、常数、变量 3 种数据对象，它们在 VHDL 中定义的位置、使用方法和作用范围各不相同，如表 4-1 所示。

表 4-1　VHDL 数据对象定义位置和作用范围

数 据 对 象	作 用 范 围	定义或说明部位
信号	全局	ARCHITECTURE、PACKAGE、ENTITY
变量	局部	PROCESS、FUNCTION、PROCEDURE
常数	全局	上面两种场合下，均可存在

（1）常数（constant）

常数在 VHDL 中是固定的值。所谓常数就是对某一标识符（常数名）赋予一个固定的值。格式如下：

　　　constant　常数名　：　数据类型：=表达式；

例如：

　　　constant　m : b-vector := "0101"

常数可以在 ARCHITECTURE、PACKAGE、ENTITY、PROCESS、FUNCTION、PROCEDURE 等说明区域进行定义，并且在定义时就赋初值，常数赋值只能在此进行，常数一旦赋值则不能改变，且所赋的值应和常数所对应的数据类型一致。

（2）变量（variable）

变量只能在进程、函数、过程等顺序语句模块中定义和使用。变量是一个局部量，它的作用范围仅限于该模块，在模块之外该变量是不可见的，因此，不同进程定义并使用同一个变量名称不会发生冲突。变量运算和赋值没有延时效应，赋值立即生效。格式如下：

　　　variable　变量名：数据类型 [约束条件]: = 表达式；

例如：

　　　variable　x, y：integer;
　　　variable　count：integer　Range 0 to 255 :=10;

其中，Range 0 to 255 为约束条件，10 为变量的初值。

（3）信号（signal）

信号是电子电路内部硬件连接的抽象表述。它除了没有数据流动的方向说明以外，其他的性质和"端口"概念一致。信号通常在构造体、程序包和实体中说明。格式如下：

    signal　信号名：数据类型 [约束条件] [:=初值表达式];

例如：

    signal　sys_clk : b:='0';
    sys_clk<='0';

信号和变量的初值是可选项，初值的赋值符号为"：＝"，但综合器在 VHDL 综合时，一般忽略初值。信号的赋值采用代入符"<="。

（4）信号与变量的区别

1）说明的位置不同：信号可以在实体、构造体、包集合中说明，变量则在进程、子程序中说明。

2）赋值符号不同：信号为"<="，而变量为"：＝"。

3）赋值后的结果不同：变量赋值立即生效，因此，在执行下一条语句时，变量的值即为上一句所赋的值。信号的赋值则需经过Δt 延时时间后才能有效，因此在顺序语句中如果对同一信号多次赋值，只有最后一次赋值有效。

4）信号在整个构造体内有效，变量只在定义的进程或子程序内有效。如果在进程或子程序之外使用变量的值，需要在退出进程或子程序之前，将变量的值赋给信号。

【例4-2】 信号与变量的区别。

```
library ieee;
use   ieee.std_logic_1164.all;
use   ieee.std_logic_unsigned.all;
entity   tvs is
    port( a,b,c : in std_logic_vector( 3 downto 0);
                x,y   : out std_logic_vector(3 downto 0));
end tvs;
architecture   tvs_arch   of   tvs   is
    signal     d : std_logic_vector(3 downto 0);
begin
process(a,b,c)
    begin
        d<=a;
        x<=b+d;
        d<=c;
        y<=b+d;
    end   process;
```

运行结果为：　　x=b+c;　　y= b+c;

```
process (a,b,c)
variable d: std_logic_vector(3 downto 0);
begin
d :=a;
x <=b+d;
d :=c;
```

```
        y <=b+d;
    end    process;
```

运行结果为：　　x = b+a;　　y = b+c;

从上例的运行结果可以看出，变量的赋值立即生效；而在一个进程中如果对信号多次赋值，由于信号无法克服惯性延时，因此，只有最后一次的赋值是有效的，退出进程后，没有别的赋值情况存在，因此，可以克服惯性延时而使赋值生效。

4.1.2　VHDL 数据类型

VHDL 数据类型非常丰富，预定义的数据类型有多种，也可以自定义数据类型。VHDL 对数据类型的使用要求非常严格，不同的数据类型之间不能相互赋值和运算。

1．标准的数据类型

（1）VHDL 中 10 种标准的数据类型

1）整数（integer）：在 VHDL 中，整数的表达范围为$-2147483647 \sim 2147483647$，即$-(2^{31}-1) \sim (2^{31}-1)$。尽管整数值在电子系统中是用一系列二进制位值来表示的，但整数不能看做是位矢量，也不能按位进行访问，对整数不能用逻辑操作符。

2）实数：目前对于实数，EDA 软件只能仿真，不能综合。

3）位（b）：一位二进制数"0"或"1"。

4）位矢量（b_vector）：用双引号括起来的一组"位"数据，如"0000"、X "00BB"、O "123"等。

5）布尔量（boolean）：true 或 false。

6）字符（character）：VHDL 在 ieee.std_logic_1164 程序包中有预定义的 128 个字符。字符表示是用单引号括起来的，如'a'、'b'等。

7）字符串：用双引号括起来的一串字符。

8）时间：属于物理类型，不能参与综合。

9）错误等级：该类型数据共有 4 种，分别为 NOTE、WARNING、ERROR、FAILUARE。

10）自然数和正整数：自然数（natural）为大于或等于零的整数。正整数（positive）为大于零的整数。

这 10 种数据类型是 VHDL 的标准数据类型，可以直接引用。

（2）std_logic 和 std_logic_vector 类型

另外，在 IEEE 库中还定义了 std_logic 标准逻辑类型和 std_logic_vector 标准逻辑位矢量类型，其中 std_logic 有 9 个值的类型，分别为'u'、'x'、'0'、'1'、'z'、'w'、'l'、'h'、'–'。各个值的含义如下：

'u'	--未初始化
'x'	--强未知
'1'	--强 '1'
'0'	--强 '0'
'z'	--高阻
'w'	--弱未知

'l'   --弱 '0'
'h'   --弱 '1'
'_'   --可忽略值

std_logic_vector 就是由多个 std_logic 组合在一起的数组。这两种类型虽然不是 VHDL 的标准类型，但在 IEEE 库中对该类型进行了定义，并为该类型的各种运算提供了各种各样的函数，而且 std_logic 比 b 类型明显有较强的描述能力，因此，目前在 VHDL 的描述中，std_logic 与 std_logic_vector 成为主要使用的数据类型。

由于 std_logic 与 std_logic_vector 在 IEEE 库中是以程序包的方式提供的，因此，使用前应先打开 IEEE 库，并调用库中的程序包，可使用下列语句：

```
library ieee;
use ieee.std _logic _1164.all;
```

如果使用库中的各种函数，还应包含下列语句：

```
use ieee.std _logic _unsigned.all;
use ieee.std _logic _arith.all;
```

2. 用户自定义的数据类型

用户自定义的数据类型有枚举（enumerated）、整数（integer）、数组（array）、时间（time）、记录（record）等几种类型。定义时，使用关键字 type 引导。

（1）枚举类型

枚举类型是将用到的数据一个个列举出来。

如 Type week is(sun, mon, tue, wed, thu, fri, sat);

定义格式为

```
Type   数据类型名   is   （元素 1，元素 2，……）;
```

例如：

```
Type std_logic is ('u','x','0','1','z','w','l','h','–');
```

实际上 std_logic 已经作为一种标准的数据类型，收集在 std_logic_1164 程序包中。

（2）整数类型

整数类型在 VHDL 中已经存在，自定义一般指在原有的基础上加以限制，实际上是原整数类型的子集，因此，这种方式的定义一般不能直接采用 type，而是采用 subtype。例如：

```
subtype digit is integer   range 0 to 9;
```

（3）数组类型

在 VHDL 中，数组的定义和使用总体上可以分为简单型的一维数组和复杂型的多维数组两种。一维数组的使用比较简单，几乎所有的 EDA 综合器都可以支持；而多维数组大多用来模拟，只有部分 EDA 综合器支持。

一维数组的定义格式：

```
Type   数据类型名   is   array   范围 of   原数据类型名;
```

例如：

type word is array (1 to 8) of std_logic; 或 type word is array(integer 1 to 8) of std_logic;

若"范围"需要用整数类型以外的其他数据类型时，则在指定数据范围前应加数据类型名。例如：

type instruction is (add,sub,inc,srl,srr,lda,ldb,xor);
subtype digit is integer 0 to 9;
type flag is array(instruction add to srr) of digit;

数组在总线定义及 ROM、RAM 等系统模型中使用。std_logic_vector 也属于数组数据类型，它在包集合 std_logic_1164 中定义。

Type   std_logic_vector is array(Natural range<>) of std_logic;

这里范围由"range<>"指定，这是一个没有范围限定的数组。在这种情况下，该范围在实体或构造体中信号定义（说明）时确定。例如：

signal   ma: std_logic_vector(3 downto 0);

在函数和过程语句中，若使用无限制范围的数组，其范围一般由调用者所传递的参数来确定。

多维数组的定义格式：

type 数组名 is   array（范围 1，范围 2，…，范围 n）of 基本数据类型名；

【例 4-3】 多维数组。

```
library ieee;
use ieee.std_logic_1164.all;
package mutiarray is
  type marray is array(1 downto 0,1 downto 0) of std_logic_vector(3 downto 0);        --多维数组的定义
end package mutiarray;
use work.mutiarray.all;
library ieee;
use ieee.std_logic_1164.all;
use ieee.std_logic_unsigned.all;
    entity tmutiarray is port
        (a,b:in marray;
            c:   out marray;
            d:   out std_logic_vector(3 downto 0));
end tmutiarray;
architecture amarray of tmutiarray is
    signal m: std_logic_vector(7 downto 0);
    begin
c(0,0)<=a(0,0)+b(0,0);
c(0,1)<=a(0,1)−b(0,1);
c(1,0)<=a(1,0)and b(1,0);
m<=a(1,1) * b(1,1);
c(1,1)<=m(3 downto 0);
d<=m(7 downto 4);
    end amarray;
```

上例实际定义并使用了三维数组，因为 array(1 downto 0,1 downto 0)表达了二维数组，而 std_logic_vector(3 downto 0)本身也是数组类型，因此，是三维数组。Maxplus Ⅱ 中的综合器不支持多维数组，但 Quartus Ⅱ 中的综合器对多维数组能够很好地支持。

```
时间类型（time）--物理类型
type      数据类型名      is      范围
units     基本单位；
          单位；
end       units；
```

例如：

```
type   time   is   range   -1e18 to 1e18;
         units
                fs;
         ps=1000fs;
         ns=1000ps;
         us=1000ns;
         ms=1000us;
         sec=1000ms;
         min=60sec;
     hour =60min;
     end units;
```

（4）记录类型

数组是同一数据类型的集合，而记录（record）则是不同类型的数据和数据名组织在一起而形成的新数据集合，其定义格式为：

```
type 数据类型名      is   record
   元素名 1：  数据类型名；
   元素名 2：  数据类型名；
end   record；
```

从记录数据类型中提取数据元素时，应使用 "."。例如：

```
type    bank   is record
        addr0 : std_logic_vector(7 downto 0);
        addr1: std_logic_vector(7 downto 0);
        ro    : integer;
inst :   instruction;
end    record;
 signal   addbus1,addbus2 : std_logic_vector(31 downto 0);
 signal   result  :  integer;
 signal   alu_code:  instruction;
 signal   r_bank   : bank :=("00000000","00000001",0,addr1);
addbus1<=r_bank.addr1;
r_bank.inst<=alu_code;
```

3．用户定义的子类型

子类型用关键字 subtype 定义。该类型是由 type 所定义的原数据类型的一个子集，它满足原数据类型的所有约束条件，原数据类型称为基本数据类型。子类型格式如下：

> subtype 子类型名 is 基本数据类型 range 约束范围；

例如：

> subtype digits is integer range 0 to 9;

事实上，在 standard 库中有两个预定义子类型，自然数类型 natural type 和正整数类型 positive type。由于子类型与其基本数据类型属于同一数据范畴，因此，属于子类型和基本数据类型的赋值与被赋值可以直接进行，不必进行数据类型转换。

利用子类型定义数据对象的优势除了提高程序可读性及易处理外，其实质的优势是提高综合的优化效率。这是因为综合器可以根据子类型所设的约束范围，有效地推知参与综合的寄存器最合适的数量。其他在 VHDL 中经常使用的用户定义的子类型如下。

（1）无符号数据类型（unsigned type）

unsigned 数据类型代表一个无符号的数值，如十进制的"8"表示为 unsigned '("1000")。

例如：

> variable var : unsigned(0 to 10);

var 所表达的范围为 0～2047。

> signal sig : unsigned(5 downto 0);

sig 所表达的范围为 31～0。

（2）有符号数据类型（signed type）

signed 数据类型表达一个有符号的数值，综合器将其解释为补码，此数的最高位为符号位，例如：

> signed '("0101") --代表+5,5
> signed '("1011") --代表-5
> variable x : signed(0 to 10);

其中，变量 x 有 11 位，最左边的一位 x（0）是符号位，如为'0'表示正数，为'1'表示负数（补码）。

注：unsigned 和 signed 的数据类型与 Quartus Ⅱ所提供的 AHDL 语言表达方式是一致的。

4. 数据类型转换

在 VHDL 中，不同数据类型之间是不能进行运算和赋值的，为了实现正确的操作就需要进行数据类型转换。

1）直接类型转换。所谓直接类型转换，就是将欲转换的目的类型直接标出，后面紧跟用括号括起来的源数据，如 a 为 unsigned 类型，则用 std_logic_vector(a)的方式即可以将 a 由 unsigned 类型转换为 std_logic_vector 类型。一般在 VHDL 中，直接类型转换仅用于关系比较密切的数据类型之间的数据转换。如 unsigned、signed 与 b_vector，unsigned、signed 与 std_logic_vector 之间的数据转换，因为它们之间的关系相近。在直接类型转换时，要打开程序包 std_logic_arith.all。

2）其他转换函数通常由 VHDL 的程序包提供。它们分散在几个程序包中，如

std_logic_1164 程序包包含了 to_stdlogicvector(a)、to_bitvector(a)、to_stdlogic(a)、to_b(a)等类型转换函数。它们分别表示由 b_vector 转换为 std_logic_vector，由 std_logic_vector 转换为 b_vector，由 b 转换为 std_logic，由 std_logic 转换为 b。在 std_logic_arith 程序包和 std_logic_unsigned 的程序包中，也有一些数据类型转换函数。基本类型转换函数如表 4-2 所示。

表 4-2　基本类型转换函数表

函　数　名	功　能
std_logic_1164 程序包	
to_stdlogicvector(a)	由 b_vector 转换为 std_logic_vector
to_bitvector(a)	由 std_logic_vector 转换为 b_vector
to_stdlogic(a)	由 b 转换为 std_logic
to_b(a)	由 std_logic 转换为 b
std_logic_arith 程序包	
conv_std_logic_vector（a，位长）	由 integer，unsigned，signed 转换为 std_logic_vector
conv_integer(a)	由 unsigned，signed 转换为 integer
std_logic_unsigned 程序包	
conv_integer(a)	由 std_logic_vector 转换为 integer

【例 4-4】　利用转换函数实现算术运算。

```
library ieee;
use ieee.std_logic_1164.all;
use ieee.std_logic_arith.all;
entity ty is
    port (
        a: in std_logic_vector (2 downto 0);
        b: in bit_vector (2 downto 0);
        c: out std_logic_vector (2 downto 0);
        e, d: out std_logic_vector (2 downto 0)
            );
end ty;
architecture ty_arch of ty is
    signal e:   b_vector(7 downto 0);
    signal f:   std_logic_vector(7 downto 0);
begin
    c<=a+to_stdlogicvector(b);
    f<=x"0f";
    d<=to_stdlogicvector(b sll 1);
    e<=conv_std_logic_vector(conv_integer(a) rem 2,3);
 end ty_arch;
```

如果使用 ieee.std_logic_arith.all 程序包，可以直接进行 std_logic_vector 和 unsigned 数据类型之间的转换，以实现各种运算。例如：

```
signal   a,m: std_logic_vector(3 downto 0);
signal b,n: unsigned;
begin
    a<=std_logic_vector(n);
    b<=unsigned(m);
```

例如：

```
function "+"(l: std_logic_vector; r: integer) return std_logic_vector is
    variable result    : std_logic_vector (l'range);
begin
    result    := unsigned(l) + r;
    return    std_logic_vector(result);
end;
```

4.1.3 VHDL 运算操作符

在 VHDL 中主要有 5 种操作符，可以分别进行逻辑（logical）运算、算术（arithmetic）运算、并置（concatenation）运算、关系（relational）运算及移位（shift）操作。

1. 逻辑运算符

VHDL 中的逻辑运算符共有 6 种，如下所示。

    not   --取反
    and   --与
    or   --或
    nand   --与非
    nor   --或非
    xor   --异或

这 6 种操作可以分别对 b、std_logic 及 b_vector、std_logic_vector 进行操作，但两个操作数及赋值对象数据类型必须相同。

在 VHDL 中，如果有多个操作符，它们之间没有左右差别，因此，必须带括号。没有括号，则会产生语法错误。如果在一串运算中的运算符是 and、or、xor 3 种中的一种且运算符相同，则括号可以省略。例如：

    X<=(a and b)or(not c and d);   --括号不能省略
    Y<=(a or b)or c;   --括号可以省略
    Z<=m xor n xor p;

2. 算术运算符

VHDL 中有以下 10 种算术运算符：

    +   --加
    −   --减
    *   --乘
    /   --除
    mod   --求模
    rem   --取余
    +   --正（一元运算）
    −   --负（一元运算）
    **   --指数
    abs   --取绝对值

另外，还有一种并置运算符 "&" 也常归类于算术运算符。并置运算符 "&" 用于信号或输入端口的一位或多位的连接。

（1）求和运算符

在 VHDL 中，加法、减法、并置运算符都可以看成求和运算符。加法、减法一般只能对整数类型进行运算，非整数类型数据需用到运算符重载。

【例4-5】 求和运算符的使用。

```
package   cal    is
type   small_int   is range   0 to 7;
end   cal;
use   work.cal.all;
entity   calty   is
      port( a,b    : in    small_int;
            c    : out    small_int);
end   calty;
Architecture   a_calty   of calty is
      begin
            c<=a+b;
end   a_calty;
```

并置运算符的数据类型是一维数组，可以利用并置运算符将普通操作数或数组组合起来形成各种新的数组。例如，"VH"&"DL"的结果为"VHDL"，'0'&'1'为"01"。

```
signal   a,d   : std_logic_vector(3 downto 0);
signal   b,c,g : std_logic_vector(1 downto 0);
signal   e:   std_logic_vector(2 downto 0);
signal   f,h,I:  std_logic;
a<= not b & not c;
d<= not e & not   f;
```

注：在赋值语句中使用"&"时，等式的右边至少应有一个信号或变量。

（2）求积运算符

除法对除数有一定的要求，除数和被除数应为整数类型。从综合优化和节省芯片资源的角度出发，选用时最好是利用综合软件所提供的乘法和除法模块。

mod 和 rem 的第一操作数和第二操作数的类型只能是整数类型，不同的综合器对 mod 和 rem 以及除法运算符支持的程度有很大区别，Quartus Ⅱ 对 mod 和 rem 的运算不支持，对除法仅部分支持，而 Quartus Ⅱ 中的综合器对 mod 和 rem 以及除法运算符支持得比较好。

【例4-6】 求积运算符的使用。

```
library ieee;
use ieee.std_logic_1164.all;
use ieee.std_logic_unsigned.all;
   entity tmod is port
            (a ,b: in integer range 0 to 127;
            c,d,e: out integer range 0 to 127
            );
end tmod;
   architecture amod of tmod is
      begin
            c<=a mod 13;
```

```
              d<= b /a;
              e<=a rem b;
    end amod;
```

乘方运算符要求两个操作数都为常数或第一操作数为 2 才能综合。

【例4-7】 乘方运算符的使用。

```
    library    ieee;
    use ieee.std_logic_1164.all;
    entity    tarith is port
              ( a    : in integer    range 0 to 10;
                s    :out integer    range 0 to 1000);
    end    tarith;
        architecture    mx of tarith is
            begin
            s<=2**((a'right)/10);
    end mx;
```

大部分综合器对于乘方运算的要求为两个操作数都是常数，对于一般数据对象如输入接口、信号、变量等都不支持。

（3）一元操作符（+、－）

正号"+"对数据对象不做任何改变。

负号"－"是对数据对象取负，其实质是求补运算。

3．关系运算符

VHDL 中关系运算符有等于"="、不等于"/="、大于">"、大于等于">="、小于"<"、小于等于"<="6 种。不同的关系运算符对运算符两边操作数的数据类型有不同的要求。其中"="和"/="可以适用于所有类型的数据，其他关系运算符则可使用 integer、std_logic、std_logic_vector、bit、bit_vector 等，但关系运算符左右数据类型应相同，宽度也应相同。如下面的程序宽度不同，则只能按自左至右的比较结果作为运算结果。

```
    signal    a: std_logic_vector(3 downto 0);
    signal    b: std_logic_vector(2 downto 0);
    signal    c: std_logic_vector(3 downto 0);
    a<="1010";
    b<="111";
    if   (a>b)   then
            c<=a;
    else
            c<=b;
    end if;
```

该例的结果是 c 得到了 b 的值，虽然"a=1010"从整体上说比"b=111"大，但由于 a、b 的宽度不同，因此，比较时只能按从高位到低位的方式进行。而 b 的第二位为'1'大于 a 的第二位'0'，因此，总体结果为 b 大于 a。

为了能使位矢量进行正确的关系运算，在程序包 std_logic_unsigned 中对 std_logic_vector 关系运算重新做了定义，使其可以正确进行关系运算。

4．移位操作符

移位操作符有 6 种：sll、srl、sra、sla、rol 和 ror。它们都是 VHDL_93 标准新增的操作符，在 VHDL_87 标准中没有定义。在 VHDL 本身中要操作的数据对象是一维数组且数据类型为 b 或 boolean 类型。其他如 std_logic、integer 等类型使用移位操作运算时，需使用数据类型转换函数，将其他类型转换为 b 类型。当然也可以编写重载函数以支持其他数据类型的移位操作。

sll：逻辑左移，右边补零。

srl：逻辑右移，左边补零。

rol、ror：循环左、右移，移出的位用于依次填补移空的位。

sla、sra：算术移位操作符，其移空位用最初的首位来填补。

移位操作语句格式为：

数据对象　移位操作符　移位位数（整数）；

【例 4-8】 移位操作符的使用。

```
variable    ma : b_vector(3 downto 0) :="1011";
    ma   sll   1;                --(ma="0110")
    ma   sll   3;                --(ma="1000")
    ma   sll   -3;               --(ma="0001")
    ma   srl   1;                --(ma="0101")
    ma   srl   -2;               --(ma="1100")
    ma   sla   1;                --(ma="0111")
    ma   sla   3;                --(ma="1111")
    ma   sla   -3;               --(ma="1111")
    ma   rol   1;                --(ma="0111")
    ma   rol   3;                --(ma="1101")
    ma   ror   -3;               --(ma="1101")
```

VHDL 中由于有了移位操作，使得数据的位操作和处理极为方便。

【例 4-9】 利用并置运算符实现移位操作。

```
library ieee;
use ieee.std_logic_1164.all;
entity shift1 is
    port (
        a: in std_logic_vector (7 downto 0);
        b: in std_logic_vector (7 downto 0);
        out1: out std_logic_vector (7 downto 0);
        out2: out std_logic_vector (7 downto 0)
            );
end shift1;
architecture shift1_arch of shift1 is
begin
    out1<=a(5 downto 0) & "00";
    out2<=b(5 downto 0)& b(7 downto 6);
  end shift1_arch;
```

例 4-9 中 out1<=a(5 downto 0) & "00"; 通过并置运算符在右边补零实现输入端 a 的移位。

【例 4-10】 利用移位操作符实现移位操作。

```
library ieee;
use ieee.std_logic_1164.all;
entity shift1 is
    port (
        a: in std_logic_vector (7 downto 0);
        b: in std_logic_vector (7 downto 0);
        out1: out std_logic_vector (7 downto 0);
        out2: out std_logic_vector (7 downto 0)
            );
end shift1;
architecture shift1_arch of shift1 is
signal ma,mb: b_vector(7 downto 0);
begin
    ma<=to_bitvector(a) sll 2;
    mb<=to_bitvector(b) rol 2;
    out1<=to_stdlogicvector(ma);
    out2<=to_stdlogicvector(mb);
end shift1_arch;
```

从上面的分析可以看出例 4-9 和例 4-10 的结果一致,但由于目前 VHDL 只支持 bit 和 boolean 两种类型的移位操作,因此,对于 std_logic 数据类型,在实现移位操作之前使用数据类型转换函数 to_bitvector 将 std_logic 数据类型转换为 bit 类型,移位操作之后再利用 to_stdlogicvector 函数将 bit 类型转换为 std_logic 类型与输出匹配。

4.2 VHDL 的基本结构

VHDL 从形式上看与计算机软件没有什么区别,但实际上由于 VHDL 描述的内容是硬件电路,因此,VHDL 所描述的内容从整体上看都是并发执行的,也就是说程序的运行并不依赖 VHDL 本身的书写顺序。同时 VHDL 支持自顶向下的设计方法,这样就有可能使设计者自始至终地站在系统的角度进行设计,具体地说,就是从系统总体要求出发,自上至下地逐步将设计内容细化,最后完成系统硬件的完整设计。整体设计按照 VHDL 的描述特点,描述的过程一般可以分成 3 种类型:行为描述、寄存器传输级描述、门级描述,这 3 种描述风格各有特点,并各自适合于不同层次和不同风格的描述。

4.2.1 VHDL 的基本结构及语法规则

VHDL 基本构成主要为两个部分:实体(说明)(entity declaration)和构造体(architecture body)。另外,在实体中还有被动进程,构造体中有块子结构、进程、函数、过程等子结构;为了扩充 VHDL 的功能而调用不同的库(library)和程序包等;同时,为了比较同一电路接口、同一功能不同设计电路之间的差异,针对同一实体配置不同构造体的实现而设计配置电路部分。就 VHDL 本身来看,只有实体和构造体是 VHDL 两个必需的要素。

实体部分规定了设计单元的输入、输出接口信号或引脚定义。构造体定义了设计单元的具体结构和操作(行为)。实体描述设计电路与外部电路信号的接口,而构造体是设计电路的具体描述。一个实体可以有一个或多个构造体，通过配置语句实现实体与构造体的匹配。

【例 4-11】 VHDL 中实体与构造体的定义。

实体的定义：

```
entity   mux   is
port (u0,  u1,  sel: in    bit;
                   q: out   bit);
end    mux;
```

实体、定义 I/O 接口

构造体的定义：

```
architecture     connect  of  mux  is
            signal   tmp: bit;
begin
    process   (u0,u1,sel)
            variable   tmp1  tmp2    tmp3：bit;
        begin
        tmp1:=u0   and   sel;
        tmp2: =u1 and (not  sel);
        tmp3:=tmp1   or   tmp2;
        tmp <= tmp3;
        q<=tmp;
    end   process;
end    connect;
```

从上例可以看出，VHDL 的基本结构主要由实体和构造体两部分组成，实体由关键字 entity 引导，描述了 u0、u1、sel 3 个 b 类型的输入端口以及 b 类型的输出端口 Q。构造体由关键字 architecture 引导，描述了实体定义的输入、输出之间的逻辑关系及行为。由于实体和构造体的每一部分内容都比较复杂，因此，下面将具体介绍实体与构造体的各个组成部分。

（1）实体的结构

任何一个基本设计单元的实体都具有如下的结构：

```
entity   实体名   is
[类属参数说明]；
port（端口说明）；
[被动进程描述；]
end   [entity] 实体名；
```

实体部分以"entity　实体名　is"开始，以"end 实体名；"结束。其中方括号内的部分是可选项，根据设计的需要取舍。在 VHDL 中是不区分大小写的，因此，关键字 entity 写成 ENTITY 或 entity 都可以。方括号中的内容是可选的，根据所设计电路的功能和要求选择。"实体名"是设计描述的具体名称，该名称作为 VHDL 的标识符，可以由字母、数字和下画线构成。有的综合器（如 Quartus Ⅱ）还要求设计文件存储时，文件名与实体名一致。

（2）实体类属参数说明

类属参数说明部分是可选项，必须放在端口说明之前，用于指定时间参数或总线参数，例如：

```
entity   mux   is
generic  （mx  :   time :=10  ns）;
```

注：generic 关键字引导一个类属参量表。

generic （mx：time：=10ns）；在表中提供静态信息，类属参数说明用于设计实体与其外部环境通信的参数，传递静态信息。如：tmp1：=d0 and sel affer mx；利用 generic 说明 entity 的一个时间量（物理量），可用于 VHDL 的仿真，如 affer mx 或 affer 20ns，包括 mx：time：=10ns 等都是用于仿真的语句，一般不能用于 CPLD/FPGA 的综合。因此，在 Quartus Ⅱ或 foundation 环境综合时，这样的语句一般被忽略掉。但静态参数如果是整型变量则可以参与综合。

【例4-12】 整型类属参数的使用。

```
library ieee;
use ieee.std_logic_1164.all;
use ieee.std_logic_unsigned.all;
    entity tadd8 is
        generic(awidth :integer:=3; timex: time );
            port
                    (a,b: in std_logic_vector(awidth downto 0);
                    c:    out std_logic_vector(awidth downto 0):="1101"
                    );
    end tadd8;
    architecture aradd8 of tadd8 is
        begin
                c<=a+b    after timex;
        end aradd8;
```

上例中由 generic 定义了 awidth 和 timex 两个类属参数，其中 awidth 是整型参数，用于设定输入、输出接口的宽度。timex 是时间参数，可用于 VHDL 的仿真。

（3）端口说明

端口说明是指对设计实体外部接口的描述，包括对外部引脚信号名称的定义，数据类型的说明以及输入、输出方向的描述，其格式如下：

port （端口名{,端口名}：方向 数据类型名[:=初值]； 端口名...）;

1）端口名。端口名是赋予每个外部引脚的名称，通常用一个或几个英文字母，或者用英文字母加数字命名。

2）端口方向。端口方向用来描述对外部接口的信号方向，具体地说明是输入、输出还是双向等。

表4-3 所示为端口方向的说明。

表4-3 端口方向的说明

端口方向定义	含 义	端口方向定义	含 义
IN	输入	INOUT	双向
OUT	输出	BUFFER	输出（但可以同时反馈至器件内部）

在 4 个端口方向中，INOUT 是双向 I/O 接口，既可以作为输入，又可以作为输出。如端

口 a 的方向 INOUT，则可以理解为输入端口 a（a: in b）和输出端口 a（a: out b）两个部分；a 既可以输入，也可以输出，但同一时刻只能是一个方向。在具体使用时，还应注意，当双向口作为输入时，其输出部分一定处在高阻状态。关于这方面的详细内容，参见双向 I/O 接口的使用。BUFFER 为缓冲模式，其方向主要是输出，不可以作为输入口使用。但 BUFFER 模式的 I/O 输出到端口的信号可以反馈至器件内部。

3）端口的数据类型。在 VHDL 中有 10 种数据类型；但是在逻辑电路设计中常用 bit、bit_vector、integer 等数据类型，这些类型是 VHDL 的标准类型，不需要调用函数或其他库的支持即可使用。其他数据类型使用时，需调用各种库或程序包来支持。

bit 只能取'1'或'0'.

bit_vector 取值为一组二进制的值，例如，某一数据总线输出端口具有 8 位的总线宽度，即可以用 bit_vector 表示。例如：

```
port (d0,d1,sel ： IN bit;
             q： OUT   bit;
          bus： OUT   bit_vector(7 downto 0);
```

std_logic 及 std_logic_vector 类型是目前应用最广泛的工业标准类型，目前已收入 IEEE 库中，但 std_logic 和 std_logic_vector 类型不是 VHDL 标准类型，因此，在使用时必须用 library 关键词引用该库，并且还需要使用 use 语句打开该库中的程序包。例如：

```
library ieee;
use ieee.std_logic_1164.all;
use ieee.std_logic_unsigned.all;
```

关于 std_logic 及 std_logic_vector 类型以及库和程序包的详细讨论，参见后续章节的内容。

4）初值。端口在定义时，可以设定初值，例如：

```
c：   out std_logic_vector(awidth downto 0)：="1101";
```

"1101"为端口 C 的初值，该初值仅能用来作为 VHDL 的行为仿真，因为真正的硬件系统在加电期间初始值是不定的，有的系统做清零处理，有的设为高电平等。事实上 VHDL 综合器在综合时，忽略端口的初值。

（4）被动进程

被动进程指在整个进程结构中没有赋值语句的进程，一般用于建立时间、保持时间的检查等。后续章节中将会结合相关内容介绍被动进程的结构和功能。

（5）标点符号的使用

每一个完整的语句都以分号结束；相同功能多个端口或信号定义时，它们之间用逗号隔开；使用属性时采用单引号等。因此，标点符号也是 VHDL 的组成部分，使用时应注意不同组成部分之间标点符号的区别。

（6）实体最后以"end [entity] 实体名；"结束实体说明

其中，"[entity]"是可选部分，在 VHDL-93 中是可选项，而在 VHDL-87 中没有该部分选项，因此，在编辑 VHDL 程序时，以"end 实体名"结束即可。

4.2.2 VHDL 构造体描述

构造体描述了一个实体的具体内部行为，有 3 种基本的描述方式：行为描述、寄存器传输描述和结构描述。不同的描述方式，只体现在描述语句风格上的不同，而构造体的基本结构却是一样的。构造体紧跟在实体之后，例如：

```
architecture    connect  of  mux  is
    signal   tmp: bit;
begin
    process   (u0,u1,sel)
        variable   tmp1  tmp2    tmp3：bit;
    begin
    tmp1:=u0   and   sel;
    tmp2:=u1 and (not   sel);
    tmp3:=tmp1   or   tmp2;
    tmp <= tmp3;
    q<=tmp;
    end   process;
end   connect;
```

构造体由关键字 architecture 引导，connect 是构造体的名称，mux 是构造体对应的实体名称。构造体中具体的行为描述语句以 begin 开始，以 "end 构造体名" 结束。

构造体的结构如下：

```
architecture   构造体名   of    实体名   is
    [定义语句]  ---内部信号、常数、数据类型、函数等的定义
begin
     [并行处理语句]
end   构造体名
```

1．构造体名

同实体名称的命名规则相同，英文字母、数字或下画线等，如 A、AB、A3、DF_er34 等都是合法的名称。如上面的构造体中的 connect 即为构造体的名称。

2．定义语句

定义语句位于 architecture 和 begin 之间，用于对构造体内部的信号、常数、数据类型和函数进行定义。例如：

```
architecture   behav  of  mux  is
signal    nesl :bit;              --定义语句
        begin
           ⋮
        end   behav;
```

在具体的行为描述之前，定义一个信号 nesl，以便在具体描述时可以作为中间变量。

3．并行处理语句

并行处理语句在构造体中位于信号定义之后，是由 "begin⋯end 构造体名" 所包含的部分。该部分内容决定了实体的具体行为细节。

【例 4-13】 并行处理语句的使用。

```
entity   mux   is
port    (d0,d1:in bit;
           sel:in   bit);
end   mux;                          --实体部分
architecture   dataflow   of   mux   is
begin
q <=(d0   and   sel )or(not  sel  and  d1);
q2   <=q;                          --并行语句描述
end   dataflow;
```

其中，在 begin 和 end 之间的语句都是并行执行的，也就是说，其执行顺序是不按书写方式的先后加以区别，而是同时执行的。"<=" 表示传送（或代入）的意思。

4.2.3　进程（process）语句结构描述

process 语句作为一个独立的结构，在构造体中以一个完整的结构存在，是 VHDL 中描述能力最强，使用最多的语句结构。它不同于 block 结构，进程语句是构造体的有机组成部分，各个进程之间可以通过信号（signal）通信，共同组成一个功能强大的构造体。

1．process 语句的结构

[进程名:] process　（信号 1，信号 2，……）
[进程说明语句；]
begin

进程内顺序描述语句；

　　end　process；

进程名是可选项，如果有多个进程，则以进程名加以区别。process（信号 1，信号 2，……）括号中的信号可以是在构造体中定义的信号，也可以是在实体中定义的端口（但只能是输入端口、双向端口或 Buffer 类型端口）。这些信号是敏感量，它们组成敏感表，进程的启动是通过敏感表中敏感量的变化激励的，即当且仅当敏感表中的敏感量有变化时，进程才能启动，如图 4-1 所示。

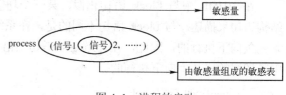

图 4-1　进程的启动

进程说明语句也是可选项，主要用途是定义进程中将要用到的中间变量或常量，但此处只能定义"变量"，而不能定义"信号"。

进程中语句的执行具有顺序性，真正的具有描述行为的语句是从 begin 开始到 end process 之间的语句，这些语句与 block 结构组成的语句有较大的区别，具体体现在如下几个方面。

（1）分割作用

block 结构在构造体中仅起到程序结构的分割作用，即将一个大的程序结构划分成一个个小的模块，但程序的功能并不依赖 block 的划分而改变。process 结构则不同，该结构是 VHDL 重要的组成部分，可以实现基本的并行描述语句无法完成的功能。

（2）执行顺序

就 VHDL 的整体而言，模块与模块之间相当于两条并行语句，也就是说复杂结构模块之间是并行的。但 process 结构与 block 结构不同的是，process 结构内部的描述语句是顺序的，而 block 内部的语句是并发的。

（3）变化与启动

process 的运行依赖敏感表中敏感量的变化。block 语句结构仅仅是组合逻辑的连接，因此，不需要启动信号。

（4）描述方式

一般 process 结构语句可以用来描述时序电路，而 block 及普通的并发语句多用于描述组合电路。

【例4-14】 多路选择器设计。

```
entity    mux  is
port   (d0,d1,sel : in   b;
                 q : out b);
end    mux;
architecture   connect   of   mux  is
    begin
    cale :      process (d0,d1,sel)
    variable: tmp1,tmp2,tmp3:b;
  begin
tmp1:=d0  and   sel;
tmp2:=d1  and   (not  sel);
tmp3:=tmp1  or   tmp2;
    q<=tmp3;
end   process  cale;
end   connect;
```

例中 tmp1、tmp2 和 tmp3 是变量，只能在进程（process）或子程序中定义，在进程或子程序之外是不可见的。

2. process 语句的顺序性

在 VHDL 中与 block 语句相似，某一个功能独立的电路，在设计时可以用一个 process 结构语句来描述。与 block 语句不同的是，在系统仿真时，process 结构中的语句是按顺序一条一条向下执行的，因此，在 process 语句中语句的描述具有顺序性。如下面的语句在进程中是按照顺序从上向下执行的。

```
tmp1:=d0  and   sel;
tmp2:=d1  and   (not  sel);
tmp3:=tmp1  or   tmp2;
        q<=tmp3;
```

3. process 语句的启动

敏感表中的任意一个敏感量发生变化，则启动 process 语句将从上到下逐句执行一遍，执行完成后就返回到 process 语句并悬挂在该语句处，等待敏感量的再次变化。

4.2.4   子程序语句的结构描述

子程序有过程（procedure）和函数（function）两种类型。过程的调用操作可以获得多个返回值；过程有输入参数、输出参数及双向参数 3 种参数，过程一般被看做是一种语句结构，即在调用过程语句时，过程语句是作为一条完整的语句出现的。而函数参数表中所有参数都是输入参数，函数的每次调用只有一个返回值，因此，函数调用通常是语句中表达式的一部分。

1. 函数语句

在 VHDL 中有多种函数形式，有用于不同目的用户自定义函数，和在程序中现成的，具有特定功能的预定义函数，例如，转换函数和决断函数。函数可分为函数首与函数体两个部分。如果该函数仅在构造体中定义和使用，则只要函数体部分即可，但函数的定义一定要放在构造体的定义语句部分。如果将定义的函数放入程序包，函数体与函数首都应具备；其中函数首放入程序包的包首中，函数体放入程序包的包体中。函数语句表达式格式如下：

（1）函数首的描述结构

> function 函数名（参数表） return 数据类型   --函数首的定义

函数首的定义只有函数名（参数表）以及返回的数据类型，该部分一般放在程序包的包首中，函数首是程序包中众多函数的索引，它没有具体的描述语句和算法，函数详细描述都放在函数体中，函数体的定义除了以上部分外，还应有函数的算法描述。

（2）函数体的描述结构

> function   函数名 （参数表）return   数据类型 is --函数体的定义
>   [说明部分]
>   begin
>   顺序语句；
>   return …；
> end [function] 函数名；

函数体的第一部分与函数首的定义很类似，只是在最后多一个"is"。"end [function] 函数名；"中的 function 是可选项，在 VHDL_93 版本中要求有该项，而在 VHDL_87 的版本中，则不带 function，这个问题在实体定义、构造体、进程等中都存在，因此，在使用时要注意 VHDL 版本的区别。

【例4-15】 函数的定义。

```
library   ieee;
use  ieee.  std_logic_1164.all;
use  ieee.  std_logic_arith.all;
package body std_logic_unsigned is   -- 程序包的包体
function maximum(l, r: integer)     return integer is
    variable result: integer;
    begin
        if l > r then
            result := l;
            else
        result := r;
    end if;
    return result;
        end maximum;
end    std_logic_unsigned;
```

函数体的定义

（3）函数的重载

函数的重载是 VHDL 中非常重要的语法点，在 VHDL 中几乎随处可见。由于 VHDL 是一种强数据类型语言，不同的数据类型之间不能直接参与运算，而程序设计时有时往往又需要这种运算，因此，需要调用各种运算函数，实现运算符的重载。函数重载有基本函数重载和运算符重载两种。

1）基本函数重载。函数名相同，函数参数的数量或参数类型不同，在函数调用时作为两个不同的函数对待。

【例4-16】 重载函数的定义与使用。

```
library ieee;
use ieee.std_logic_1164.all;
use ieee.std_logic_unsigned.all;
use ieee.std_logic_arith.all;
entity   tfunction is
    port( a , b , c : in std_logic_vector(3 downto 0);
                    m,n     : in integer range 0 to 255;
                    f       : out integer range 0 to 255;
                    d       :out std_logic_vector(4 downto 0);
                    e       : out std_logic_vector(5 downto 0)
                );
    end tfunction;
architecture atfun of   tfunction   is
    fun1:
    function addmin(x, y: std_logic_vector) return std_logic_vector is
    variable result: std_logic_vector;
    begin
    result:=x+y;
            return result;
    end addmin;
fun2 :
function addmin(x, y: integer) return integer is
            variable result: integer;
            begin
            result:=x-y;
            return result;
    end addmin;
fun3:
        function addmin(x, y,z: std_logic_vector) return std_logic_vector is
            variable result: std_logic_vector;
            begin
            result:=x+y+z;
            return result;
    end addmin;
begin
            d <=addmin(a,b);
            e <=addmin(a,b,c);
            f <=addmin(m,n);
    end atfun;
```

上例可实现基本函数的重载，fun1 实现两个标准逻辑类型数据相加，fun2 实现两个整数类型数据相减，fun3 实现 3 个标准逻辑类型数据相加。可见相同的函数名、不同的参数类型

118

或不同的参数数量实现不同的运算。

2）运算符重载。运算符重载是指用关键字 function 后加双引号括起来的运算符作为函数名，其本质和基本函数重载一致。函数名（运算符）相同，函数参数数量或参数类型不同，在函数调用时作为两个不同的函数对待。如"+"运算符因其参数的个数不同或者数据类型不同，将执行不同的运算。运算符重载函数的结束直接使用"end；"，不必带函数名。

【例 4-17】 重载运算符的定义。

```
function"+"(l :   std_logic_vector;    r: std_logic_vector) return
std_logic_vector is
     constant length: integer := maximum(l'length, r'length);
     variable result    : std_logic_vector (length-1 downto 0);
begin
          result    := unsigned(l) + unsigned(r);
          return     std_logic_vector(result);
end;
function "+"(l: std_logic_vector; r: integer) return std_logic_vector is
     variable result    : std_logic_vector (l'range);
begin
     result    := unsigned(l) + r;
     return     std_logic_vector(result);
end;
function "+"(l: integer; r: std_logic_vector) return std_logic_vector is
     variable result    : std_logic_vector (r'range);
begin
     result    := l + unsigned(r);
     return     std_logic_vector(result);
end;
   function "+"(l: std_logic; r: std_logic_vector) return std_logic_vector is
     variable result    : std_logic_vector (r'range);
begin
     result    := l + unsigned(r);
     return     std_logic_vector(result);
end;
```

以上几个例子说明利用加法运算符的重载，可以实现各种不同的数据类型之间的加法运算。这几个例子都摘自程序包 std_logic_unsigned，在该程序包中还有其他一些预定义运算符重载函数，因此，如果在程序中用到"+"、"−"、"*"等运算符，一般要用 use 语句打开该程序包，例如：

use   ieee.std_logic_unsigned.all;

ieee.std_logic_unsigned 程序包中含有的运算符重载函数在编写程序时都可以使用。如程序包中有以下函数：

```
function"-"(l:std_logic_vector;r:std_logic)return
std_logic_vector is
     variable result    : std_logic_vector (l'range);
```

```
            begin
                    result    := unsigned(l) - r;
                    return    std_logic_vector(result);
                end;
        function "+"(l: std_logic_vector; r: std_logic) return std_logic_vector is
                variable result    : std_logic_vector (l'range);
                begin
                result    := unsigned(l) + r;
                return    std_logic_vector(result);
        end;
```

利用上述运算符重载函数在 VHDL 程序设计时，可以编写不等宽（如 std_logic_vector 与 std_logic 之间，以及 std_logic 与 std_logic_vector 类型之间）信号的加法、减法运算。

【例4-18】 重载运算符的使用。

```
        library ieee;
        use ieee.std_logic_1164.all;
        use ieee.std_logic_unsigned.all; --打开运算符重载程序包
        entity tminus is port
                    (a : in std_logic_vector(3 downto 0);
                    b:   in std_logic;
                    c:   out std_logic_vector(4 downto 0);
                    d:   out std_logic_vector(3 downto 0);
                    );
        end tminus;

        architecture aminus of tminus is
                begin
                c<=a+b;          ⎫
                d<=a-b;          ⎬  ──→  │ 重载运算符的调用 │
        end aminus;
```

VHDL 是一种强数据类型语言，不同的数据类型、不同数据宽度的信号之间不能进行运算。从上面的例子中可以看出，利用运算符重载函数使加减等运算变得非常简单，调用运算符重载函数基本解决了常见的各种运算问题。用户也可以编写自己的函数放在该程序包中或建立用户自己的库来存放各种重载函数，以扩大使用范围。

3）函数的调用。从上面介绍的内容可知，函数可以在构造体的说明域进行定义或将完整的函数定义放在程序包中。在构造体中定义的函数仅对该构造体可见，而程序包中定义的函数可以被多个构造体共享，因此，如果一个函数用途比较广泛，且使用频繁，应将其放在程序包中。函数的调用比较简单，在构造体的语句描述部分，可以通过赋值语句的方式调用。

应注意 VHDL 中的函数调用不同于计算机语言中的函数调用，计算机语言中的函数调用，仅是一种软件行为，多次调用不会产生附加的电路，而 VHDL 中的函数调用则不同，因为综合器最终将语言综合成具体的电路，因此，随着函数调用次数的增加，综合结果所占用资源将不断增加。

函数的执行类似于进程，一个函数的整体可以放在一个并发语句中，但函数内部的语句与语句之间却是顺序的，即函数的运行是自上向下一条一条执行的。

【例4-19】 自定义函数的使用（重载操作符）。

```
library ieee;
use    ieee.std_logic_1164.all;
use    ieee.std_logic_unsigned.all;
use    ieee.std_logic_arith.all;
entity    tfunction is
port (a,b,c : in std_logic_vector(3 downto 0);
        m,n    : in integer range 0 to 255;
        f      : out integer range 0 to 255;
        d      :out std_logic_vector(4 downto 0);
        e , g  : out std_logic_vector(7 downto 0);
     );
end tfunction;
architecture atfun of tfunction is
        signal mn: std_logic_vector(7 downto 0);
        function "+"(x,y: std_logic_vector) return std_logic_vector is
        variable result: std_logic_vector;
begin
        result:=x+y;
        return result;
  end "+";
function "-"(x, y: integer) return integer is
        variable result: integer;
begin
        result:=x-y;
        return result;
  end "-";

function "+"(x,y: integer) return std_logic_vector is
        variable result: std_logic_vector;
begin
        result:=conv_std_logic_vector(x+y,8);
        return result;
  end "+";
begin
        d <=a+b;
        e <=m+n;
        f <=m-n;
        mn<=m+n;
        g<=mn+c;
end atfun;
```

2．过程语句

过程是子程序的另一种形式，与函数类似，过程也可以用于计算、类型转换、运算符重载、逻辑元件设计等高层设计结构。

（1）过程语句的结构

在 VHDL 中，过程语句结构如下：

```
procedure    过程名 （参数 1，参数 2，……) is
```

```
        [定义语句：（变量等定义）]      --过程的说明部分
        begin
        [顺序处理语句]；              --过程的描述部分
        end   过程名；
```

在 procedure 结构中，如果将过程放入程序包中，则还应有过程首，过程首的结构如下：

```
        procedure   过程名（参数表）    --过程首
```

（2）过程首

过程首由过程名和参数表组成，参数表可以对常数、变量和信号 3 类数据目标对象做出说明，并用关键字 in、out 和 inout 定义这些参数的模式，即信号的流向，如下面语句所示：

```
        procedure   p1(variable   m,n : inout   integer );
        procedure   p2(constant   a1 : in   integer;
                variable   b1 : out std_logic_vector);
        procedure   p3(signal   ma : inout   b );
```

一般可以在参量表中定义 3 种参量模式，即 in、out 和 inout。如果只定义 in 模式而未定义目标参数类型，则默认为常量；若只定义了 inout 或 out，则默认目标参数类型是变量。

（3）过程体

过程和函数一样是由顺序语句组成，过程调用即启动过程的执行过程。但与函数不同，过程的参数表中既可以是输入参数，又可以是输出或双向参数。过程体中的说明部分只是局部的，其中的各种定义只能适用于过程体内部。过程体的顺序语句可以是包含任何执行顺序的语句，包括 wait 语句。但要注意的是，如果一个过程是在进程中调用的，且这个进程已列出了敏感参数量，则不能在此过程中使用 wait 语句，因为在过程中使用 wait 语句与在进程中使用 wait 语句一样，而进程如果包含了敏感表，则不允许在进程中使用 wait 语句。

在不同的调用环境中，可以有两种不同的语句方式对过程进行调用：顺序语句方式或并行语句方式。对于前者，在一般的顺序语句自然执行过程中，一个过程被执行，则属于顺序语句调用，因为这时它只相当于一条顺序语句的执行；对于后者，一个过程相当于一个小的进程，当这个过程处于并行语句环境时，其过程体中定义的 in 或 inout 的目标参量（即数据对象、变量、信号、常数）发生改变时，将启动过程的调用，这时的调用是属于并行语句的。过程与函数一样可以重复调用或嵌入式调用。

【例 4-20】 过程的定义与调用。

```
        library ieee;
        use ieee.std_logic_1164.all;
        entity tproc is port
                (a,b: in b_vector(3 downto 0);
                c,d: out b_vector(3 downto 0));
            end tproc;

        architecture aproc of tproc is
            procedure   prg1 (variable ma: inout   b_vector(3 downto 0))is
            begin
                case   ma   is
                when   "0000" => ma :="0101";
```

```
            when    "0101" => ma :="0000";
            when    others  => ma :="1111";
                end   case;
    end    procedure    prg1;
    procedure    prg2 (signal max: in b_vector(3 downto 0))is
        variable md: b_vector(3 downto 0);
        begin
                md:=max;
        case    md    is
        when    "0000" => md :="0101";
        when    "0101" => md :="0000";
        when    others   => md:="1111";
        end    case;
        c<=md;
    end    procedure    prg2;
begin
    prg2(a);
process (a,b)
    variable mb: b_vector(3 downto 0);
    begin
        mb:=b;
        prg1(mb);d<=mb;
    end process;
end aproc;
```

上例中，在构造体的说明部分定义了两个过程，即 prg1 和 prg2，其中 prg1 的参数是变量，因此，该过程的调用只能出现在像进程等包含顺序语句的结构中，只有在这样的结构中才有变量与之匹配，如上例中定义的变量 mb。prg2 中的参数是信号，因此，可以并发调用。

（4）过程的重载

两个或两个以上有相同的过程名而参数或数据类型不相同的过程称为重载过程。如下面的两个过程即构成过程重载。

```
procedure    mup (x1, x2 : in   std_logic_vector;
                signal   out1: inout   integer);
procedure    mup (v1,v2 : in   integer;   signal   out1 : inout integer );
mup('1100'  ,'0010',   sign1 )      --调用第一个
mup (23 , 20 , sign2)               --调用第二个
```

【例 4-21】 利用过程进行数据类型转换。

```
library ieee;
use ieee.std_logic_1164.all;
entity tprocx is port
        (a,b:in b_vector(3 downto 0);
        c  :in std_logic_vector(3 downto 0);
        d,e:   out integer);
end tprocx;

architecture aproc of tprocx is
    signal   m,n,s: integer;
```

```
                    procedure   vector_to_int
                      ( z : in   std_logic_vector;
                          x_flag : out   boolean;
                              q :     inout   integer ) is
                      begin
                      q := 0;   x_flag :=false;
                      for  I  in  z 'range  loop
                      q :=q *2;
                      if ( z ( I )='1')   then
                      q := q + 1;
                      elsif   (z(i)/='0')   then
                      x_flag := true;
                      end   if;
                      end   loop;
                      end   vector_to_int;
              procedure vector_to_int ( z : in   b_vector; signal q : inout    integer ) is
                  variable mq: integer;
                  begin
                    mq := 0;
                  for  I  in  z 'range  loop
                  mq :=mq *2;
                  if ( z ( I )='1')   then
                  mq := mq + 1;
                  end   if;
                  end   loop;
                      q<=mq;
                  end   vector_to_int;
          begin
                  vector_to_int(a,m);
                  vector_to_int(b,n);
                  vector_to_int(c,s);
                  d<=m+n;
          end aproc;
```

在第一个程序中，z 是 std_logic_vector 类型，该过程调用后，如果 x_flag = true，则说明变量 z 中包含了非"0"、"1"的其他数值，因此，转换失败，不能得到正确的转换整数值。在第二个程序中，由于 z 是 b_vector 类型，只包含"0"和"1"两种类型，因此，程序中没有 x_flag 的判断。在没有特别指定的情况下，in 作为常数，而 out 和 inout 则看做变量进行复制。当过程的语句执行结束后，在过程内所传递的输出和输入输出参数值，将复制到调用者的信号或变量中。如果使用信号，则需特别指定。

4.2.5 库、程序包及配置

除了实体和构造体之外，程序包、库及配置也是构成 VHDL 的 3 个重要组成部分。虽然这 3 部分内容不是 VHDL 必需的，但如果没有库和程序包，将没有预函数可以调用，无法进行数据类型转换，VHDL 的功能将会大打折扣。

1. 库

在 VHDL 设计中，为了提高设计效率以及使设计遵循某些统一的语言标准或数据格式，有必要将有用的信息汇集在一个或几个库中以供调用。这些有用的信息主要包括预先定义好的数据类型、子程序设计单元的集合体（程序包），或预先设计好的各种设计实体。

库的功能类似于 ms_dos 操作系统中的子目录，库的说明总是放在设计单元的最前面。使用格式如下：

Library　　库名；--打开了某一库

（1）库的种类

1）IEEE 库：在 IEEE 库中有 std_logic_1164 的程序包集合，它是 IEEE 正式认可的标准程序包。还有一些程序包是 EDA 软件商为了配合其 EDA 软件的使用而提供的程序包，synopsys 公司在 VHDL 综合方面提供了一些程序包，如 std_logic_unsigned，尽管它们没有得到 IEEE 的承认，但因为比较有用，仍汇集在 IEEE 库中。其他还有 std_logic_signed、std_logic_arith 等程序包也汇集在 IEEE 库中。

2）STD 库：STD 库是 VHDL 的标准库，在库中有 standard 的包集合。在 STD 库中 standard 包集合主要定义了 b、boolean 以及预定义字符（128 个）。

STD 库中还包含有 textio 的程序包，在使用 textio 程序包中的数据时，应首先说明库和程序包名。

library　　std;
use　　std_textio.all;

STD 库中的 textio 程序包，一般作为 VHDL 仿真使用，CPLD/FPGA 综合器一般不支持文件的读写。

3）面向 ASIC 的库：主要包括与 ASIC 设计有关的工艺库，该部分主要用于板图级的布局布线和仿真。由于本书的内容主要讨论 VHDL 在可编程技术方面的应用，因此，与 ASIC 有关的内容可以参考有关 ASIC 设计方面的资料。

4）work 库：work 库是现行作业库，即当前设计描述所在的目录（路径）。设计所描述的 VHDL 语句不需要任何说明，都将存放在 work 库中。使用该库时，也无须任何说明，但在具体使用库中的程序包时，还要使用 use 语句打开具体的程序包。例如：

use work.xyz.all；--其中 xyz 是当前库中由用户自定义的函数或程序包

5）用户自定义库：根据用户程序需要所开发设计的程序包和实体等，也可以汇集在一起定义成一个库，这样的库称为用户自定义库。用户库在程序中使用时，同样要先用关键字 library 说明要引用的库名，然后用 use 语句打开库中程序包。不过在不同的软件中，还需要做一些特殊的设定。在 Quartus II 中，使用 IEEE 库、work 库，以及 STD 库等标准库不需要特殊设定，只要遵循 VHDL 规则即可。但使用用户自定义库在 Quartus II 中需做如下设定。

设定一：在计算机的硬盘（软盘、U 盘也可以）上新建一文件夹，并将文件夹重命名为用户自定义"库名"，如 mylib，此文件夹即可作为一个用户自定义的库使用。

设定二：将编辑的程序包等以文件的形式存在该文件夹下，此时该文件夹即为用户自定义库。假设库中含有两个文件分别为 xyz.vhd 和 xyzb.vhd，是一个程序包的包首和包体，在一个库中程序包的包首和包体可以以不同的文件名存储，但程序包的名称必须一致。

【例 4-22】 文件 xyz.vhd 程序包的包首。

```
library ieee;
use ieee.std_logic_1164.all;
use ieee.std_logic_arith.all;
package    xyz is              --xyz 程序包名
function "-"(l: std_logic_vector; r: std_logic) return std_logic_vector ;
function "+"(l: std_logic_vector; r: std_logic) return std_logic_vector;
 end xyz;
```

【例 4-23】 文件 xyzb.vhd 程序包的包体。

```
library ieee;
use ieee.std_logic_1164.all;
use ieee.std_logic_arith.all;
package body    xyz is              --xyz 程序包名
function "-"(l: std_logic_vector; r: std_logic) return std_logic_vector is
     variable result    : std_logic_vector (l'range);
begin
result    := unsigned(l) - r;
return     std_logic_vector(result);
end;
   function "+"(l: std_logic_vector; r: std_logic) return std_logic_vector is
     variable result    : std_logic_vector (l'range);
begin
     result    := unsigned(l) + r;
     return     std_logic_vector(result);
   end;
end xyz;
```

程序包的包首中描述了重载函数的原形，包体中描述了重载函数的具体功能。

（2）库的使用

VHDL 允许在一个实体设计时，同时打开多个不同的库，但库与库之间必须是相互独立的。例如：

```
library   ieee;
use   ieee.std_logic_1164.all;
use   ieee.std_logic_unsigned.all;
library abc;
use abc.xyz.all;
```

library 指定库名，use 语句指明库中的程序包，一旦说明了库和程序包，整个实体都可以访问或调用，但其作用范围仅限于说明的设计实体。

VHDL 要求在一项含多个设计实体的更大系统中，每个设计实体都必须有自己完整的库说明语句和 use 语句。

use 语句有两种常用格式：

1）use 库名.程序包名.项目名;。这种格式使用库中某个程序包中某个具体的项目。

2）use 库名.程序包名.all;。这种格式使用库中某个程序包中所有的项目。

结合上面介绍的用户库及库的使用，举例如下：

【例 4-24】 用户库的使用。

```
library ieee;
use ieee.std_logic_1164.all;
--use ieee.std_logic_unsigned.all;
library abc;
use abc.xyz.all;
entity tminus is port
    (a : in std_logic_vector(3 downto 0);
     b:   in std_logic;
     c:   out std_logic_vector(4 downto 0);
     d:   out std_logic_vector(3 downto 0)
     );
    end tminus;
architecture aminus of tminus is
    begin
        c<=a+b;
        d<=a-b;
    end aminus;
```

从例中可以看出，其中并没有使用 ieee.std_logic_unsigned.all 程序包，而是利用用户自定义的库 abc 以及库中的程序包 xyz.vhd 以达到同样的目的。这是因为用户自定义库中同样定义了支持本程序的运算符重载函数。

2. 程序包

在设计实体（设计实体是指一个包含实体与构造体的完整的 VHDL 程序）中定义的数据类型、子程序或数据对象对于其他的设计实体是不可见的，为了使已定义的常数、数据类型、元件定义以及子程序等能被多个 VHDL 设计实体方便地访问和共享，可以将它们收集在一个 VHDL 程序包中。程序包的内容主要由如下 4 种基本结构组成。

常数定义：在程序包中的常数定义主要用于预定义系统总线的宽度，或数组矢量的长度等。

VHDL 数据类型定义：主要用于在整个设计中通用的数据类型。

元件定义或说明：在程序包中定义一些元件，或对已经存在的元件进行说明，以便不同的设计共享。如下面的两段程序。

【例 4-25】 利用程序包对元件说明。

```
library ieee;
use ieee.std_logic_1164.all;
library   altera;              --打开 altera
use   altera.maxplus2.all;     --使用 altera.maxplus2 程序包
    entity t7400 is port
        (a,b :in std_logic;
         c :out std_logic);
    end t7400;
architecture   a7400   of   t7400   is
        begin
    u1: a_7400 port map(a,b,c);      --调用程序包中的 7400 元件
end a7400;
```

altera. Quartus 5.0 程序包中含有元件 7400 的说明，其名称为 a_7400，打开程序包后，程序就可以直接对元件进行调用。

【例4-26】 利用构造体的说明部分，对元件说明。

```
library ieee;
use ieee.std_logic_1164.all;
--library    altera;                    --不使用 altera 库
--use    altera.maxplus2.all;           --不使用 altera.maxplus2 程序包
entity t7400 is port
      (a,b :in std_logic;
          c    :out std_logic);
end t7400;

architecture a7400 of t7400 is
component a_7400                        --引用元件声明
      port ( a_2: in STD_LOGIC;
                a_3: in STD_LOGIC;
                a_1: out STD_LOGIC);
      end component;
begin
u1: a_7400 port map(a,b,c);
end a7400;
```

由于没有打开程序包，因此，引用元件需在构造体的说明部分对元件进行说明，但这种使用方式仅限于在 Altera 公司提供的 EDA 软件环境中进行，如果在其他系统中综合，还需要所引用元件的原形。

子程序定义：在程序包中定义各种处理函数或过程。

程序包一般分为包首和包体两个部分，语句定义格式一般如下。

--程序包包首的定义：

　　[库的引用]

　　[打开程序包]

　package   程序包名   is

　程序包包首说明部分；

　end   程序包名；

--程序包包体的定义：

　　[库的引用]

　　[打开程序包]

　package   body   程序包名   is

　程序包包体说明部分；

　包体内具体的功能语句；

　end   程序包名：

程序包的包首名和包体名应一致，它们可以放在一个程序里，此时程序包的包体紧跟在程序包的包首后面，如下面的程序。

【例4-27】 程序包的定义与使用。

```
library ieee;
use ieee.std_logic_1164.all;
use ieee.std_logic_arith.all;


    package    xyz    is            --程序包的包首
    function "-"(l: std_logic_vector; r: std_logic) return std_logic_ vector ;
    function "+"(l: std_logic_vector; r: std_logic) return std_logic_ vector;
end xyz;

package body    xyz is            --以下是程序包的包体
function "-"(l: std_logic_vector; r: std_logic) return std_logic_vector is
        variable result   : std_logic_vector (l'range);
    begin
        result   := unsigned(l) - r;
        return    std_logic_vector(result);
    end;
function "+"(l: std_logic_vector; r: std_logic) return std_logic_vector is
        variable result   : std_logic_vector (l'range);
    begin
        result   := unsigned(l) + r;
        return    std_logic_vector(result);
    end;
end xyz;
```

程序包的包首和包体也可以作为两个程序单独存在，并以不同的文件名进行存储，参见用户自定义库部分内容的介绍。

（1）包首

包首主要收集子程序说明、元件说明以及定义的数据对象和类型等，如果程序包中只有数据类型定义，则包首是可以单独使用和编译的。

【例 4-28】 程序包包首的编辑。

```
package    pack    is
type    byte    is    rang    0 to 255;
subtype    hex    is    byte    range    0   to   15;
constant    byte_ff : byte : =255;
signal    addend   : hex;
component    byte_adder is
port (a    b : in    byte;
        c : out    byte;
overflow : out    Boolean);
end    component;
function    my_function ( a : in byte ) return    byte;
end    pack;
```

【例 4-29】 自定义程序包的使用。

```
package    seven    is
subtype    segments    is b_vector ( 0 to 6 );
type    bcd    is    range    0 to 9;
end    seven;
```

```
use  work .seven.all;
entity  decoder  is
port   (input: bcd;
    drive  :  out   segment);
end   decoder;
architecture  simple  of  decoder  is
begin
with  input  select
drive <= b"1111110" when   0;
        b"0110000"  when  1;
        b"1101101"  when  2;
        b  "1111001"  when  3;
        b  "0110011"  when  4;
        b  "1011011"  when  5;
        b  "1011111"  when  6;
        b  "1110000"  when  7;
        b  "1111111"  when  8;
        b  "1111011"  when  9;
        b  "0000000"  when  others;
end  simple;
```

（2）包体

包体由说明部分和语句描述部分组成，包体中的说明专为该包体使用，不能在实体中通用。如果在包首中有子程序的说明，则程序包包体中必须同时进行描述。

【例4-30】 程序包包体的描述。

```
library ieee;
use ieee.std_logic_1164.all;
package body std_logic_arith is
    function max (l, r: integer) return integer is
    variable result :integer;
begin
    if l > r then
    result := l;
    else
    result := r;
end if;
    return result;
end;
function min(l, r: integer) return integer is
variable result :integer;
begin
if l < r then
    result := l;
else
    result := r;
end if;
    return result;
end;
end std_logic_arith;
```

VHDL 中常用的预定义程序包：STD 库（VHDL 的标准库）中有 standard 和 textio 程序包，IEEE 库中有 std_logic_1164、std_logic_arith、std_logic_signed、std_logic_unsigned 等。std_logic_1164 程序包中定义和解释了 std_logic 数据类型及其逻辑运算方法，std_logic_unsigned 程序包对 std_logic 和 std_logic_vector 数据类型与 integer 等数据类型的各种运算符定义了重载函数。textio 程序包仅供仿真描述使用。

3. 配置（configuration）

配置语句描述层与层之间的连接关系，以及实体与结构体之间的连接关系。设计者可以利用配置语句来选择不同的构造体，使其与要设计的实体相对应。在仿真某一个实体时，可以利用配置来选择不同的构造体，进行性能对比实验，以获得性能最佳的构造体。在一个设计实体中，如果只有一个构造体，则配置方式是默认的。

配置语句的基本书写格式：

```
configuration 配置名 of 实体名 is
    [语句说明];
end 配置名;
```

配置语句根据不同情况，其说明语句有简有繁。

最简单的默认配置格式结构：

```
configuration 配置名 of 实体名 is
    for 选配构造体名
    end for;
end 配置名;
```

【例 4-31】 配置语句的使用（1）。

```
library    ieee;
use    ieee.std_logic_1164.all;
entity counter    is
    port (load ,clear ,clk : in std_logic;
        data_in : in integer;
        data_out : out integer);
    end counter;
architecture count_255 of counter is
  begin
   process (clk)
        variable count : integer :=0;
   begin
        if    clear ='1' then
            count:=0;
        elsif    load ='1' then
            count :=data_in;
        elsif (clk' event) and (clk='1')    then
            if (count =255) then
            count:=0;
            else
             count:=count+1;
            end if;
```

```
                    end if;
                data_out <=count;
                end process;
                end count_255;
                architecture   count_64k of counter is
                begin
            process (clk)
            variable   count : integer :=0;
             begin
                  if (clear='1') then
                  count:=0;
                  elsif   load ='1' then
                   count :=data_in;
                   elsif (clk' event )and (clk='1') then
                   if (count=65535) then
                       count:=0;
                   else
                       count :=count+1;
                       end if;
                end if;
                   data_out <=count;
            end process;
            end count_64k;
            configuration   small_count of counter is
                for count_255
                 end for;
            end small_count;
            configuration big_count of counter is
                for   count_64k
                end   for;
                end big_count;
```

【例4-32】 配置语句的使用（2）。

```
            library ieee;
            use ieee.std_logic_1164.all;
            entity nandor is
                 port (a : in std_logic;
                         b: in std_logic;
                         c: out std_logic);
                end(entity)   nandor;
            architecture nand1 of nandor is
                begin
                   c<=not (a and b);
                end (architecture) nand1;
            architecture or of nandor is
                begin
                   c<=a or b;
                end (architecture) or;
            configuration con_nd of nandor is
                for nand1
```

```
        end for;
     end con_nd;
     configuration con_or of nandor is
         for or
         end for;
     end con_or;
```

上面两个例子中，都是一个实体带两个或多个构造体，实体具体执行哪一个构造体，由具体的配置决定。

4.3 VHDL 顺序语句

由于 VHDL 中语句主要分为两种：一种是在并行执行环境下的语句，称为并行语句（Concurrent Statement），另一种是在顺序执行环境下的语句，称为顺序语句。从语法结构上看，有些语句既能在顺序语句中使用，又能在并行语句中使用；有些则只能在顺序语句中使用，不能在并行语句中使用；有些只能在并行语句中使用，不能在顺序语句中使用。

顺序语句只能出现在进程、子程序和过程中。VHDL 有 6 类基本顺序语句结构。

语句一：赋值语句。
语句二：流程控制语句。
语句三：等待语句。
语句四：子程序调用语句。
语句五：返回语句。
语句六：空操作语句。

4.3.1 赋值语句

1. 信号赋值

赋值符号为 "<="，该赋值符号可以在顺序语句中使用，也可以在并行语句中使用。但只能对信号进行赋值。

2. 变量赋值

赋值符号为 ":="，该赋值符号只能在顺序语句中使用，且只能对变量进行赋值。

3. 赋值目标

（1）标识符赋值目标

以简单的标识符作为信号或变量名。

例如：

```
    variable   a, b: std_logic;
        signal      c1: std_logic_vector(1 to 4);
          a:='1';
          b:='0';
          c1:="1100";
```

（2）数组中单个元素赋值

数组中单个元素赋值的表示方式：标识符（下标名）。其中，"下标名"可以是一个具体的数字，也可以是一个以文字表示的数字。但程序在综合时，要求该文字有确定的数字含义。

例如：

```
signal    a,b :std_logic_vector(0 to 3);
signal    i    : integer    range 0 to 3;
signal    y,z : std_logic;
        ⋮
a<="1010";
b<="1000";
a(i)<=y;            --这时要求 i 有确定的值
b(3)<=z;
```

（3）段下标元素赋值

段下标元素赋值表示形式：标识符（下标 1 to（或 downto）下标 2），其中，括号中的"下标 1"和"下标 2"必须用具体数值表示，并且其数值范围必须在所定义的数组下标范围内。

例如：

```
variable    a,b    : std_logic_vector(1 to 4);
        ⋮
a(1 to 2):="10";            --a(1)='1',a(2)='0'
a(1 to 4):="1011";
```

（4）集合块赋值

【例 4-33】 关联方式赋值。

```
signal a,b,c,d    : std_logic;
signal    s            :std_logic_vector(1 to 4);
        ⋮
variable    e,f        :std_logic;
variable    g          :std_logic_vector(1 to 2);
variable    h          :std_logic_vector(1 to 4);
        ⋮
s<=('0','1','0','0');
(a,b,c,d)<=s;                          --位置关联方式赋值
(3=>e, 4=>f,2=>g(1),1=>g(2)):=h;      --名字关联方式赋值
```

结果等效于：

```
g(2):=h(1); g(1):=h(2);    f:=h(4);    e:=h(3);
```

4.3.2 if 语句

流程控制语句通过判断条件来决定程序的流向。流程控制语句共有 5 种：if 语句、case 语句、loop 语句、next 语句和 exit 语句。

1. if 语句

if 语句又称条件语句，指根据所设定条件，有条件地执行相应的语句。if 语句的结构有如下 3 种。

（1）if 条件 then

顺序语句；
end if;

（2）if 条件 then

顺序语句
else
顺序语句
end if;

（3）if 条件1 then

顺序语句
elsif 条件2 then
顺序语句
…
else
顺序语句
end if;

if 语句中的条件值必须是类型。

例如：

```
if(a > b) then
output<='1';
end if;
```

如果条件（a>b）的结果为 true，则 output=1，否则 output 维持原数据不变，且跳到 end if 后面语句执行。

```
function nand_func(x,y:in b) return b is
begin
if x='1' and y='1' then
 return '0';
 else
 return '1';
  end if;
end and_func;
```

【例 4-34】 条件语句布尔量的使用。

```
entity control is
port (
          a: in boolean;
          b: in boolean;
          c: in boolean;
          output: out boolean
          );
end control;
architecture control_arch of control is
     begin
```

```
                    process(a,b,c)
                    variable n:boolean;
        begin
            if   a   then
            n:=b;
                else
            n:=c;
                end if
            output<=n;
        end process;
        end control_arch;
        --第三种 if 语句通过 elsif 设定多个判定条件，可以实现多分支流程
        signal a,b,c,p1,p2,z : b;
            ┆
        if (p1='1') then
        z<=a;
        elsif(p2='0') then
        z<=b;
        --该语句的执行条件是 p1='0'and    p2='0'
        else
        z<=c;
        end if;
```

2. if 语句用法特点

if…then 语句不仅能实现条件分支处理，而且在条件判断上有优先级，因此，特别适合于处理含有优先级的电路描述。

【例 4-35】 用 if…then 语句实现 8 线-3 线优先编码器。

```
        library ieee;
        use ieee.std_logic_1164.all;
        entity 8_3coder is
            port (
                    in: in std_logic_vector (0 to 7);
                    output: out std_logic_vector (0 to 2)
            );
        end 8_3coder;

        architecture 8_3coder_arch of 8_3coder is
        begin
            process(in)
            begin
            if   ( in(7) ='0' )then
                output<="000";
            elsif ( in(6)='0' )then
                output<="100";
            elsif ( in(5)='0' ) then
                output<="010";
            elsif (in(4)='0') then
                output<="110";
            elsif (in(3)='0' )then
```

```
            output<="001";
        elsif (in(2)='0')then
            output<="101";
        elsif (in(1)='0')then
            output<="011";
        else
            output<="111";
        end if;
    end process;
end 8_3coder_arch;
```

4.3.3　case 语句

case 语句也是分支语句的一种，case 语句不同于 if 语句，它是根据所满足的条件直接执行多项顺序语句中的一项，没有优先级。case 语句的结构如下：

```
case    表达式    is
when    选择值[| 选择值]=>顺序语句;
when    选择值[| 选择值]=>顺序语句;
    ⋮
end    case;
```

1. case 语句的特点

特点一：表达式可以是一个整数类型或枚举类型的值，也可以是由这些数据类型的值构成的数组（注：符号"=>"不是操作符，只相当于 if⋯then 语句中的 then）。

特点二：选择值[| 选择值]

选择值可以有 4 种不同的表达式：

1）单个普通数值，如 4。

2）数值选择范围，如（2 to 4），表达式取值为 2、3、4。

3）并列数值，如 3|5，表示取值 3 或 5。

4）混合方式，以上 3 种方式的混合。

2. 使用 case 语句需注意事项

1）选择值必须在表达式的取值范围内。

2）最后一条语句总是用"when   others=>顺序语句"结束。这是因为在使用 std_logic 数据类型时，除了"0、1、X"等之外，还有"H、L、W、U"等数据类型，选择值不可能全部覆盖表达式的所有取值，所以最后总使用 when   others 语句。

3）在不同的"when"引导的选择值中，不能含有相同的数据。

【例 4-36】　利用 case 语句实现条件赋值。

```
library ieee;
use ieee.std_logic_1164.all;
entity mux41 is
    port (
        s1: in std_logic;
        s2: in std_logic;
        a: in std_logic;
```

```vhdl
            b: in std_logic;
            c: in std_logic;
            d: in std_logic;
            z: out std_logic
        );
end mux41;
architecture mux41_arch of mux41 is
    signal s: std_logic_vector(1 downto 0);
begin
    s<= s1 & s2;
    process( s,a,b,c,d)
    begin
    case  s  is
    when "00"=>z<=a;
    when "01"=>z<=b;
    when "10"=>z<=c;
    when "11"=>z<=d;
    when others =>z<='x';
    end case;
    end process;
  end mux41_arch;
```

【例4-37】 利用case语句实现并列数值选择。

```vhdl
library ieee;
use ieee.std_logic_1164.all;
entity mux41 is
    port (
            s1,s2,s3,s4: in std_logic;
            z4,z3,z2,z1: out std_logic
        );
end mux41;
architecture mux41_arch of mux41 is
    begin
    process( s4,s3,s2,s1)
    variable sel: integer range 0 to 15;
    begin
        sel <='0';
        if (s1='1') then sel:=sel+1;
        elsif(s2='1')then sel:=sel+2;
        elsif(s3='1')then sel:=sel+4;
        elsif(s4='1')then sel:=sel+8;
        else
        null;
        end if;
        --z1<='0';z2<='0';z3<='0';z4<='0';
        case sel is
            when 0=>z1<='1';
            when 1|3=>z2<='1';
            when 4 to 7|2=>z3<='1';
            when others =>z4<='1';
```

138

```
            end case;
        end process;
    end mux41_arch;
```

上例中采用变量 sel 作为中间变量进行传递，由于变量赋值立即生效，因此，得到比较稳定的输出，如果 sel 换成 signal，则综合后的结果并不稳定，即结果是不可预期的。

3．if 语句和 case 语句的比较

1）if 语句描述功能更强，有些 case 语句无法描述的内容（如描述含有优先级的内容时，if 语句可以描述。

2）case 语句描述比 if 语句更直观。

3）if 语句具有利用无关项"—"化简的功能。

【例 4-38】 复杂计数器的设计。

```
        entity counters is
            port
            (
                    d           : in integer range 0 to 255;
                    clk         : in bit;
                    clear       : in bit;
                    ld          : in bit;
                    enable      : in bit;
                    up_down     : in bit;
                    qa          : out  integer range 0 to 255;
                    qb          : out  integer range 0 to 255;
                    qc          : out  integer range 0 to 255;
                    qd          : out  integer range 0 to 255;
                    qe          : out  integer range 0 to 255;
                    qf          : out  integer range 0 to 255;
                    qg          : out  integer range 0 to 255;
                    qh          : out  integer range 0 to 255;
                    qi          : out  integer range 0 to 255;
                    qj          : out  integer range 0 to 255;
                    qk          : out  integer range 0 to 255;
                    ql          : out  integer range 0 to 255;
                    qm          : out  integer range 0 to 255;
                    qn          : out  integer range 0 to 255
            );
            end counters;
        architecture a of counters is
        begin
            --含有使能端控制的计数器
            process (clk)
            variable     cnt  : integer range 0 to 255;
            begin
                    if (clk'event and clk = '1') then
                            if enable = '1' then
                                    cnt := cnt + 1;
                            end if;
                    end if;
```

```
                qa     <= cnt;
end process;
--异步置数计数器
process (clk)
variable cnt: integer   range   0   to   255;
begin
        if (clk'event and clk = '1') then
                if ld = '0' then
                        cnt := d;
                else
                        cnt := cnt + 1;
                end if;
        end if;
        qb     <=    cnt;
end process;
--同步清零计数器
process (clk)
variable cnt : integer range 0 to 255;
begin
        if (clk'event and clk = '1') then
                if clear = '0' then
                        cnt := 0;
                else
                        cnt := cnt + 1;
                end if;
        end if;
        qc     <=    cnt;
        end process;
--加减计数器设计
process (clk)
        variable       cnt        : integer range 0 to 255;
        variable direction         : integer;
begin
        if (up_down = '1') then
                direction := 1;
        else
                direction := -1;
        end if;
        if (clk'event and clk = '1') then
                cnt := cnt + direction;
        end if;
        qd     <=    cnt;
        end process;
--带使能端的同步计数器
process (clk)
variable       cnt   : integer range 0 to 255;
begin
        if (clk'event and clk = '1') then
                if ld = '0' then
                        cnt := d;
```

140

```vhdl
        else
            if enable = '1' then
                cnt := cnt + 1;
            end if;
        end if;
    end if;
    qe    <=    cnt;
end process;
```

--带使能端的加减计数器

```vhdl
process (clk)
variable cnt: integer range 0 to 255;
variable direction        : integer;
begin
    if (up_down = '1') then
        direction := 1;
    else
        direction := -1;
    end if;
    if (clk'event and clk = '1') then
        if enable = '1' then
            cnt := cnt + direction;
        end if;
    end if;
    qf    <=    cnt;
    end process;
```

--带使能端的同步清零计数器

```vhdl
process (clk)
variable cnt: integer range 0 to 255;
begin
    if (clk'event and clk = '1') then
        if clear = '0' then
            cnt := 0;
        else
            if enable = '1' then
                cnt := cnt + 1;
            end if;
        end if;
    end if;
    qg    <=    cnt;
    end process;
```

--带同步置数端、同步清零端的计数器

```vhdl
process (clk)
variable cnt: integer range 0 to 255;
begin
    if (clk'event and clk = '1') then
        if clear = '0' then
            cnt := 0;
        else
            if ld = '0' then
                cnt := d;
```

```
                            else
                                cnt := cnt + 1;
                            end if;
                        end if;
                end if;
            qh      <=      cnt;
            end process;
--带同步置数端的加减计数器
process (clk)
        variable        cnt : integer range 0 to 255;
        variable direction : integer;
begin
        if (up_down = '1') then
                direction := 1;
        else
                direction := -1;
        end if;
        if (clk'event and clk = '1') then
                if ld = '0' then
                        cnt := d;
                else
                        cnt := cnt + direction;
                end if;
        end if;
        qi      <=      cnt;
        end process;
--具有同步置数功能且带使能端的加减计数器
process (clk)
        variable        cnt : integer range 0 to 255;
        variable        direction : integer;
begin
        if (up_down = '1') then
                direction := 1;
        else
                direction := -1;
        end if;
            if (clk'event and clk = '1') then
                if ld = '0' then
                        cnt := d;
                else
                        if enable = '1' then
                                cnt := cnt + direction;
                        end if;
                end if;
            end if;
        qj      <=      cnt;
end process;
--带使能端且具有同步清零、同步置数功能的计数器
process (clk)
        variable        cnt : integer range 0 to 255;
```

```vhdl
begin
    if (clk'event and clk = '1') then
        if clear = '0' then
            cnt := 0;
        else
            if ld = '0' then
                cnt := d;
            else
                if enable = '1' then
                    cnt := cnt + 1;
                end if;
            end if;
        end if;
    end if;
    qk    <=    cnt;
end process;
```
--带同步清零端的加减计数器
```vhdl
process (clk)
    variable cnt: integer range 0 to 255;
    variable direction        : integer;
begin
    if (up_down = '1') then
        direction := 1;
    else
        direction := -1;
    end if;
    if (clk'event and clk = '1') then
        if clear = '0' then
            cnt := 0;
        else
            cnt := cnt + direction;
        end if;
    end if;
    ql    <=    cnt;
end process;
```
--带使能端和同步清零功能的加减计数器
```vhdl
process (clk)
    variable cnt        : integer range 0 to 255;
    variable direction        : integer;
begin
    if (up_down = '1') then
        direction := 1;
    else
        direction := -1;
    end if;
    if (clk'event and clk = '1') then
        if clear = '0' then
            cnt := 0;
        else
            if enable = '1' then
```

```
                                cnt := cnt + direction;
                        end if;
                    end if;
                end if;
                qm      <=      cnt;
                end process;
        --定模计数器（模为 100）
        process (clk)
                variable cnt: integer range 0 to 255;
                constant        modulus   : integer := 99;
            begin
                if (clk'event and clk = '1') then
                        if cnt = modulus then
                                cnt := 0;
                        else
                                cnt := cnt + 1;
                        end if;
                end if;
                qn      <=      cnt;
                end process;
        end a;
```

【例4-39】 数字钟设计（六十进制、十二归一）。

```
    --六十进制、十二归一电路设计
    library ieee;
    use ieee.std_logic_1164.all;   --use ieee.std_logic_arith.all;
    use ieee.std_logic_unsigned.all;
    entity cont60 is
        port (
                inclk: in std_logic;
                outa: out std_logic_vector (6 downto 0);
                outb: out std_logic_vector (6 downto 0);
                outc: out std_logic_vector (6 downto 0);
                oute: out std_logic_vector (6 downto 0)
                );
    end cont60;
    architecture cont60_arch of cont60 is
    signal ma,mb,mc, me: std_logic_vector(3 downto 0);
    signal f :std_logic;
    signal md: std_logic_vector(23 downto 0);
    begin
    p1:process(inclk)
    begin
    if inclk'event and inclk='1' then
        if md=9999999 then
         md<="000000000000000000000000";
         f<= not f;
        else
         md<=md+1;
        end if;
```

```
        end if;
    end process p1;
    p2: process(f)
        begin
            if f'event and f='1' then
                if ma=9 then
                    ma<="0000";
                    if mb=5 then
                        mb<="0000";
                        if me=1    then
                            if mc=2 then
                                mc<="0001";
                                me<="0000";
                            else
                                mc<=mc+1;
                            end if;
                        else
                            if mc=9 then
                                mc<="0000";
                                me<=me+1;
                            else
                                mc<=mc+1;
                            end if;
                        end if;
                    else
                        mb<=mb+1;
                    end if;
                else
                    ma<=ma+1;
                end if;
            end if;
        end process p2;
```
--例中 p1 进程为分频器的设计，将 10MHz 的时钟分频至秒脉冲，秒脉冲从 f 输出
--译码电路设计
--HEX-to-seven-segment decoder
--   hex: in   std_logic_vector (3 downto 0);
--   led: out   std_logic_vector (6 downto 0);
--
-- segment encoding
--   0
--   ---
--   5| |1
--   ---   <- 6
--   4| |2
--   ---
--   3

```
    process(ma)
    begin
    case ma   is
    when "0001"=>  outa<="0110000";    --1
```

```vhdl
    when "0010"=>    outa<="1101101";      --2
    when "0011"=>    outa<="1111001";      --3
    when "0100"=>    outa<="0110011";      --4
    when "0101"=>    outa<="1011011";      --5
    when "0110"=>    outa<="1011111";      --6
    when "0111"=>    outa<="1110000";      --7
    when "1000"=>    outa<="1111111";      --8
    when "1001"=>    outa<="1111011";      --9
    when "1010"=>    outa<="1110111";      --a
    when "1011"=>    outa<="0011111";      --b
    when "1100"=>    outa<="1001110";      --c
    when "1101"=>    outa<="0111101";      --d
    when "1110"=>    outa<="1001111";      --e
    when "1111"=>    outa<="1000111";      --f
    when others=>    outa<="1111110";      --0
    end case;
    end process;
    process(mb)
    begin
    case mb   is
    when "0001"=>    outb<="0110000";      --1
    when "0010"=>    outb <="1101101";     --2
    when "0011"=>    outb<="1111001";      --3
    when "0100"=>    outb<="0110011";      --4
    when "0101"=>    outb<="1011011";      --5
    when "0110"=>    outb<="1011111";      --6
    when "0111"=>    outb<="1110000";      --7
    when "1000"=>    outb<="1111111";      --8
    when "1001"=>    outb<="1111011";      --9
    when "1010"=>    outb<="1110111";      --a
    when "1011"=>    outb<="0011111";      --b
    when "1100"=>    outb<="1001110";      --c
    when "1101"=>    outb<="0111101";      --d
    when "1110"=>    outb<="1001111";      --e
    when "1111"=>    outb<="1000111";      --f
    when others=>    outb<="1111110";      --0
    end case;
    end process;
    process(mc)
    begin
    case mc   is
    when "0001"=>    outc<="0110000";      --1
    when "0010"=>    outc<="1101101";      --2
    when "0011"=>    outc<="1111001";      --3
    when "0100"=>    outc<="0110011";      --4
    when "0101"=>    outc<="1011011";      --5
    when "0110"=>    outc<="1011111";      --6
    when "0111"=>    outc<="1110000";      --7
    when "1000"=>    outc<="1111111";      --8
    when "1001"=>    outc<="1111011";      --9
```

```
            when "1010"=>    outc<="1110111";      --a
            when "1011"=>    outc<="0011111";      --b
            when "1100"=>    outc<="1001110";      --c
            when "1101"=>    outc<="0111101";      --d
            when "1110"=>    outc<="1001111";      --e
            when "1111"=>    outc<="1000111";      --f
            when others=>    outc<="1111110";      --0
                end case;
                end process;
                process(me)
                begin
                case me is
            when "0001"=>    oute<="0110000";      --1
            when "0010"=>    oute<="1101101";      --2
            when "0011"=>    oute<="1111001";      --3
            when "0100"=>    oute<="0110011";      --4
            when "0101"=>    oute<="1011011";      --5
            when "0110"=>    oute<="1011111";      --6
            when "0111"=>    oute<="1110000";      --7
            when "1000"=>    oute<="1111111";      --8
            when "1001"=>    oute<="1111011";      --9
            when "1010"=>    oute<="1110111";      --a
            when "1011"=>    oute<="0011111";      --b
            when "1100"=>    oute<="1001110";      --c
            when "1101"=>    oute<="0111101";      --d
            when "1110"=>    oute<="1001111";      --e
            when "1111"=>    oute<="1000111";      --f
            when others=>    oute<="1111110";      --0
                end case;
                end process;
            end cont60_arch;
```

4.3.4 loop 语句

loop 语句是一种循环语句，其主要结构有如下几种。

1. 单 loop 语句语法格式

```
[标号：]  loop
顺序语句
end   loop  [标号]；
```

这种循环方式语句是一种最简单的语句形式，单 loop 语句时，需要有其他控制语句（如 if…then，when）及退出语句（如 exit）等配合使用才能正常地运行，否则将会出现死循环。例如：

```
l2:   loop       --标号 l2 是可选项,可以省略
a:=a+1;
exit l2 when   a>10;
end   loop    l2;
```

2. for…loop 语句语法格式

```
[标号：] for 循环变量 in  循环次数范围  loop
        顺序语句；
    end  loop [标号]；
```

for 后的循环变量是一个临时变量，属于 loop 语句的局部变量，不必事先定义。该变量不能被赋值，它由 loop 语句自动定义。使用时应当注意，在 loop 语句范围内不允许再有其他变量与此循环变量同名。

循环次数：每执行完一个循环后，循环变量递增 1，直至达到循环次数范围最大值。

【例 4-40】 利用 for…loop 循环语句实现判奇电路。

```
library ieee;
use ieee.std_logic_1164.all;
entity p_check is
        port ( a: in std_logic_vector (7 downto 0);
               y: out std_logic
               );
end p_check;
architecture p_check_arch of  p_check  is
    begin
          process(a)
           variable   tmp: std_logic;
           begin
        tmp:='0';
            for n in 0 to 7 loop
        tmp:=tmp xor a(n);
        end loop;
        y<= tmp;
        end   process;
    end p_check_arch;
```

利用循环判断输入总线 a 中为 "1" 的个数是否为奇数，如果为奇数输出为 "1"，否则为 "0"。

3. while…loop 语句的语法格式

```
[标号：]  while   循环控制条件   loop
        顺序语句
        end    loop  [标号]；
```

while…loop 语句没有给出循环次数范围，没有自动递增循环变量的功能，而是只给出了循环执行顺序语句的条件。

循环控制条件可以是任何布尔表达式，如 a=0，或 a>b。当条件为 true 时，继续循环；为 false 时，跳出循环，执行 end loop 语句。

【例 4-41】 while…loop 语句结构的使用。

```
shift1：process (inputx)
        variable n ： positive;
        begin
```

```
l1:  while  n<=8  loop
    outputx(n)<=inputx(n+8);
    n:=n+1;
    end loop  l1;
  end  process  shift1;
```

在 while…loop 语句的顺序语句中，增加了一条循环次数的计算语句，用于循环语句的控制。在循环执行中，当 n 的值等于 9 时，将跳出循环。

以上 3 种循环语句都可以加入 next 和 exit 语句，控制循环的方式。

【例 4-42】 利用循环实现初始化。

```
entity  loop_stmt  is
 port (a : in bit_vector (0 to 3);
    outl  : out bit_vector(0 to 3));
 end  loop_stmt;
architecture  example  of  loop_stmt  is
   begin
    process (a)
   variable : b;
   begin
     b:= 1;
     for  i  in 0 to 3 loop
     b := 1;
    outl ( i ) <=b;
   end  loop;
   end  process;
  end  example;
```

【例 4-43】 while 循环逐位运算。

```
entity  while_stmt  is
port   (a: in bit_vector (0 to 3);
     outl : out bit_vector (0 to 3));
end   while_stmt;
architecture  example  of  while_stmt  is
begin
  process (a)
    variable b : b;
    variable i : integer;
  begin
    i := 0 ; b :="1";
    while  i<=4  loop
   b:=a(3-i) and b;
  outl ( i ) <=b ; i:=i+1;
  end  loop;
  end  process;
end  example;
```

4.3.5 next 语句

next 语句主要用在 loop 语句执行中，进行有条件的或无条件的转向控制。它的语法格式有 3 种。

```
next    ;                                    --第一种
next   "loop 标号" ;                        --第二种
next   "loop 标号" when 条件表达式 ;       --第三种
```

对于第一种语句格式，当 loop 内的顺序语句执行到 next 语句时，立即无条件终止当前的循环，跳回到本次循环 loop 语句处，开始下一次循环。

对于第二种语句格式，即在 next 旁加 "loop 标号" 后的语句功能，与未加 loop 标号的功能基本相同，只是当有多重 loop 语句嵌套时，前者可以跳到指定标号的 loop 语句处，重新开始执行循环操作。

对于第三种语句格式，用 "when 条件表达式" 加以限制。

同样，next 和 when 之间的 "loop 标号" 可以省略，此时当条件成立时，就跳到本次循环 loop 语句处，开始下一次循环。如下面的程序所示：

```
L1 :    FOR cnt_value in   1  to   8   loop
s1 :    a (cnt_value):='0';
          next   when   (b=c);
s2 :    a (cnt_value+8):='0';
s3 :    while a(i)=b loop
        I:=I+1;
        next  s3
        end   loop   L1;
```

在多重循环中，next 语句必须加上 "loop 标号"，以便区分是跳出哪一个循环，如下面的程序所示。

【例 4-44】 多重循环的使用。

```
l_x :  for cnt_value  in 1  to  8  loop
  s1 : a(cnt_value):='0';
        k:=0;
l_y : loop
  s2 : b(k):='0';
         next  l_x   when   (e>f);
  s3 : b(k+8):='0';
        k:=k+1;
        next   loop l_y;
        next   loop l_x;
        end   loop;
```

当 e>f 时，执行 next L_x，跳到 L_x 执行，使 cnt_value 加 1，若为 false 则执行 s3 后，使 k 加 1。

4.3.6 exit 语句

exit 语句与 next 语句具有十分相似的功能，它们都是 loop 语句的内部循环控制语句，exit 语句格式也有 3 种：

```
        exit;
        exit  loop  标号;
        exit  loop  标号  when  条件表达式 ;
```

exit 语句和 next 语句的区别与联系如下所述。

1. 联系

exit 语句和 next 语句非常相似，都是内部循环控制语句，都可以终止当前的循环。

2. 区别

next 语句跳转到 loop 语句处，当没有标号时，跳转到 loop 语句的开始处。exit 语句的跳转方向为"loop 标号"指定的 loop 循环语句的结束处，即完全跳出指定的循环。

【例 4-45】 exit 语句的使用。

```
        signal    a, b : std_logic_vector (1 downto 0);
           …
        variable    a_less_then_b : boolean;
           …
        a_less_then_b<= false;
        for   i   in 1 down to  0   loop
        if   (a (i) ='1' and    b(i) ='0' )    then
          a_less_then_b:=false;
          exit;
           elseif    (a(i) ='0' and    b(i)='1') then
            a_less_then_b := true;
             exit;
             else
             null;
           end   if;
        end   loop;
```

【例 4-46】 用循环语句设计 $y=1+2+3+4+\cdots+n$ 与 $y=1^2+2^2+3^2+\cdots+n^2$ 的算法。

```
            library ieee;
            use ieee.std_logic_1164.all;
            use ieee.std_logic_unsigned.all;
            entity tfor is port
            (clk : in std_logic;
                    data: in integer range 0 to 100;
                    ma,mb:    out integer range 0 to 1000000);
            end tfor;
            architecture afor of tfor is
              begin
                process(clk,data)
                variable md,mc: integer range 0 to 1000000;
            begin
                md:=0;mc:=0;
                if clk='1'   then
            for i in   data'range loop
          if i>data then
          exit;
          else
```

```
    mc:=i+mc;
    md:=i*i+md;
    end if;
    end loop;ma<=mc;mb<=md;
    end if;
    end process;
  end architecture;
```

4.3.7   wait 语句

在进程中（包括过程中），当执行到 wait 语句时，运行程序将被挂起（Suspension），直到满足此语句设置的结束挂起条件后，继续执行 wait 后的语句。语句格式如下：

```
    wait;
    wait   on  信号表 ；
    wait   until  条件表达式；
    wait   for   时间表达式；
```

第一种：表示永远挂起。

第二种：类似于 process（敏感表格式）。

第三种：需满足下列条件。

条件一：在条件表达式中的信号发生了变化。

条件二：此信号变化后，仍满足 wait 语句所设的条件。两个条件同时满足，才能解除挂起，继续执行 wait 后的顺序语句。

注：一般只有 wait…until 格式的等待语句，可以被综合器接受（其余语句格式在 VHDL 语句中使用，只能用于仿真）。

wait   until   语句有以下 3 种表达方式：

```
    wait   until   信号=value ；
    wait   until   信号' event and  信号=value；
    wait   until not  信号  stable and  信号=value；
```

例如：

```
    wait   until   clock ='1';
    wait   until   rising_edge   (clock);
    wait   until   not   clock stable and clock='1';
    wait   until   clock='1' and clock' event;
```

第四种：满足布尔函数式。

上述 4 个语句描述同一个类型条件，都是 clock 的上升沿。

注：在 Quartus II 下，wait 语句只能用在 process 的开始处，因此，也就限制了在一个进程中多处使用 wait 语句的情况。

【例 4-47】 wait 语句在进程中的使用。

```
    process
     begin
    wait until clk='1';
```

```
            ave:=a;
        wait   until    clk='1';
        ave:=ave+a;
        wait until clk='1';
        ave :=(ave+a)/4;
        end process;
```

该语句的使用方法明确指出了 ave 的求值变化量是随时钟的变化而变化的，每一个时钟周期执行一步，因此，在进程中，ave 也可以是 signal，同样能得到正确结果。但综合器只能对含有一个 wait 语句的 process 综合。

【例 4-48】 多 wait 语句的使用。

```
        library ieee;
        use ieee.std_logic_1164.all;
        use ieee.std_logic_unsigned.all;
        use ieee.std_logic_arith.all;
        entity twn is port
            (   a: in std_logic_vector(5 downto 0);
                clk: in std_logic;
                s: out std_logic_vector(5 downto 0));
            end twn;
        architecture atwn of twn is
            signal ave: std_logic_vector (5 downto 0);
        begin
         process
            begin
                wait until clk='1';    ave<=a;
                wait until clk='1';    ave<=a+ave;
                wait until clk='1';    ave<=a+ave;
                wait until clk='1';    ave<=a+ave;
                wait until clk='1';
                    s<=conv_std_logic_vector(conv_integer(ave/4));
            end process;
                process
                    begin
                    rst_loop: loop
                    wait until clock='1' and clock'event;
                    next rst_loop when (rst='1');
                    x<=a;
                    wait until clock='1' and clock'event;
                    next rst_loop when (rst='1');
                    y<=b;
                    end loop rst_loop;
                    end process;
                end atwn;
```

【例 4-49】 奇偶判断。

```
        library ieee;
```

153

```
use ieee.std_logic_1164.all;
entity pari  is
    port ( clock.set_parity.new_correct_parity: in std_logic;
           data: in std_logic_vector (0 to 3);
      parity_ok: out boolean);
  end pari;
architecture behav of pari is
    signal correct_parity: std_logic;
  begin
      process(clock)
      variable temp: std_logic;
      begin
        if clock'event and clock='1' then
          if set_parity='1' then
first : correct_parity<=new_correct_parity;
          end if
          temp:='0';
                    for i in data   range loop
        temp:=temp xor data(i);
        end loop;
    second : parity_ok<=(temp=correct_parity);
      end if ;
    end process;
end behav;
```

4.3.8　顺序语句中子程序调用语句

在进程中允许对子程序进行调用，对子程序进行调用的语句是顺序语句的一部分。子程序包括过程和函数，可以在 VHDL 的结构体或程序包中的任何位置对子程序进行调用。

过程调用就是用实参代替过程中的形参并执行的过程，格式如下：

过程名 ([形参名=>]实参表达式, [形参名=>] 实参表达式)；

括号中的实参表达式称为实参，它可以是一个具体的数值，也可以是一个标识符，是事前调用程序中过程形参的接受体。在此调用格式中，形参名即为当前欲调用的过程在定义时所引用的参数名，即与实参表达式相联系的形参名。被调用过程的形参名与调用语句中的实参表达式的对应关系有位置关联法和名字关联法两种。位置关联法可以省去形参名，但需要注意形参与实参在参数表中位置的对应关系；名字关联法不需要形参与实参在位置上的对应关系，但形参名与实参名需要同时写出并通过"=>"关联。

一个过程的调用将分如下 3 个步骤进行。

步骤一：将 in 和 inout 模式的实参值赋予欲调用的过程中与它们对应的形参。

步骤二：执行这个过程。

步骤三：将过程中 out 和 inout 模式的形参值赋予对应的实参，并带回调用过程的程序中。

【例 4-50】 顺序语句中过程的调用。

154

```
package    data_types  is
subtype    data_element is integer range 0 to 15;
type    data_array   is    array    (1 to 3) of   data_element;
end    data_types;

use   work.data_types.all;
entity   sort   is
  port   (in_array :   in   data_array;
          out_array : out   data_array);
end   sort;
architecture   examp   of   sort   is
    begin
          process (in_array)
    procedure   swap (data :inout   data_array; low , high : in   integer) is
    variable   temp:data_element;
begin
    if   (data(low) > data(high)) then
  temp :=data(low);
  data(low) :=data(high);
  data(high) := temp;
  end   if;
end   swap;
variable   my_array   : data_array;
    begin
        my_array    := in_array;
        swap (my_array, 1, 2);
        swap (my_array, 2, 3);
        swap (my_array, 1, 2);
        out_array    <= my_array;
    end   process;
end   examp;
```

上例中用到了过程调用。如果过程不是在程序体包中定义，则需要在构造体或进程的开始部分定义，本例即采用在进程的开始部分定义，定义格式如下：

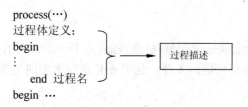

```
process(…)
过程体定义；
begin
⋮
    end  过程名
begin …
```

过程描述

过程调用时，参数的关联方式采用位置关联。

4.3.9 返回（return）语句

返回语句有以下两种语句格式：

```
return               --第一种语句格式
return   表达式 ；     --第二种语句格式
```

第一种语句格式只能用于过程，它只是结束过程，并不返回任何值。第二种语句格式只能用于函数，并且必须返回一个值。执行返回语句将结束上述程序的执行，无条件地转跳至子程序的结束处。

return 之后的表达式提供函数返回值。每一函数必须至少包含一个返回语句，并可以拥有多个返回语句，在函数调用时，只有其中一个返回语句可以将值带出。

【例4-51】 return 语句的使用。

```
procedure  is  (signal  s , r :  in  std_logic;
                signal  q ,nq : inout  std_logic ) is
begin
    if   (s = '1' and  r = '1') then
        report  "forbidden  state : s  and  r  are  equal  to  '1'";
return;
    else
    q <= s  and  nq   after  5ns;
    nq <= s  and  q   after  5ns;
    end  if;
end  procedure;
```

注：该例中，report 语句只能用于仿真，不能用于综合。

【例4-52】 利用 return 语句返回函数值。

```
function  opt (a, b, opr: std_logic) return  std_logic  is
    begin
    if  (opr  = '1') then
        return  (a  and  b);
            else
        return  (a  or  b);
        end  if;
    end  function opt;
```

4.3.10 空操作（null）语句

null 语句不完成任何操作，它唯一的功能就是使逻辑执行流程跨入下一步语句的执行。

null 语句常用于 case 语句中，为满足所有可能的条件，利用 null 语句来实现某条件的操作行为。

【例4-53】 NULL 语句的使用。

```
case  opcode  is
    when   "001"  => tmp  : = rega  and  regb;
    when   "101"  => tmp  : = rega  or   regb;
    when   "110"  => tmp  : = NOT  rega;
    when  others  => NULL;
end  case;
```

4.4 VHDL 并行语句

在 VHDL 中的并行语句有进程语句（Process）、信号带入语句（<=）、条件信号带入语句（Conditional Signal Assignment）、选择信号带入语句（Select Signal Assignment）、并行过程调用（Concurrent Procedure Call）以及块语句（Block）等。顺序语句和并行语句的主要区别是，并行语句是同时执行的，即语句和书写的顺序无关。其实在构造体中，如前面介绍的进程语句，其进程内部的各语句之间具有顺序性，但对整个构造体来说，各个进程之间却是并行的，因此，进程语句作为一个整体在构造体中的行为可以看做是并行语句。

4.4.1 条件信号代入语句

条件信号代入语句是根据不同条件将多个表达式之一的值赋给端口或信号，其书写格式如下：

```
输出端口（或信号）<=表达式 1 when 条件 1 else
              表达式 2 when 条件 2 else
              表达式 3 when 条件 3 else
                    ⋮
                                    else
              表达式 n;
```

从书写格式可以看出，条件信号代入语句虽然有时可以写地很长，实际上是一条语句，因此，只有最后一个表达式有分号，其他的表达式后面没有标点符号；条件信号代入语句中，条件判断语句 when⋯else 是含有优先级的，在多个条件中只要条件 1 成立，不管其他条件是否成立，则赋值语句的结果总是表达式 1，只有表达式 1 不成立时，才会判断条件 2，其他判断遵循同样的规律。

【例 4-54】 条件信号代入语句的使用。

```
library ieee;
use ieee.std_logic_1164.all;
entity condsig is
    port
    (input0, input1, sel    : in std_logic;
     output                 : out std_logic
    );
end condsig;
architecture maxpld of condsig is
    begin
        output <= input0 when sel = '0' else
                input1;
    end maxpld;
```

【例 4-55】 含优先级的条件赋值语句。

```
library ieee;
use ieee.std_logic_1164.all;
entity condsigm is
```

```
port
    (high, mid, low: in std_logic;
        q: out integer
    );
    end condsigm;
architecture maxpld of condsigm is
    begin
    q      <=3     when  high = '1' else  -- when high
           2     when  mid  = '1' else  -- when mid but not high
           1     when  low  = '1' else  -- when low but not mid or high
           0;                           -- when not low, mid, or high
        end maxpld;
```

上例中，条件 high='1'的优先级最高，其次是 mid，各条件功能列表如表 4-4 所示。

表 4-4 各条件功能列表

输入			输出	输入			输出
high	mid	low	Q	'0'	'1'	'X'	2
'1'	'X'	'X'		'0'	'0'	'1'	1

【例 4-56】 含优先级的数据选择器。

```
library ieee;
use ieee.std_logic_1164.all;
use ieee.std_logic_unsigned.all;
entity tcondition is port
    (a,b,clk:    in std_logic;
        ina,inb,inc: in std_logic_vector(3 downto 0);
        outa:out std_logic_vector(3 downto 0)
    );
    end tcondition;
architecture acond of tcondition is
    begin
                outa<= ina when a='1' else
                inb when b='1' else
                inc when clk='1';
        end acond;
```

4.4.2 选择信号代入语句

选择信号代入语句也是并行语句的一种，其功能与条件信号代入语句很类似，实际上也是一条语句，因此，只有最后一个表达式有分号，其他的表达式后面标点符号为逗号。其书写格式如下：

```
with 条件（条件表达式）   select
目标信号<= 表达式 1 when   条件 1,
           表达式 2 when   条件 2,
                ⋮
           表达式 n  when   条件 n,
```

表达式 n+1 when   others;

由于使用标准数据 std_logic 时，条件一般很难覆盖全部的条件数据范围，因此，一般情况下在最后都加一条语句：表达式 n+1 when   others ；

【例 4-57】　选择信号代入语句的使用。

```
library ieee;
use ieee.std_logic_1164.all;
entity selsig is
    port
            (d0, d1, d2, d3   : in std_logic;
            s                               : in   integer   range   0 to 3;
            output                        : out std_logic
            );
end selsig;
architecture maxpld of selsig is
    begin
        with  s   select               -- creates a 4-to-1 multiplexer
            output <=   d0   when 0,
                        d1 when 1,
                        d2 when 2,
                        d3 when 3;
            end maxpld;
```

【例 4-58】　枚举类型在选择信号代入语句中的使用。

```
package meals_pkg is
type meal is (breakfast, lunch, dinner, midnight_snack);
    end meals_pkg;
    use work.meals_pkg.all;
    entity selsigen is           port
        (     previous_meal     : in meal;
            next_meal           : out meal
            );
end selsigen;
architecture maxpld of selsigen is
    begin
        with previous_meal    select
            next_meal <=breakfast  when dinner | midnight_snack,
                        lunch       when breakfast,
                        dinner      when lunch;
        end maxpld;
```

【例 4-59】　利用选择信号代入语句实现七段译码显示（共阴极数码管）。

```
--    hex:  in    std_logic_vector (3 downto 0);
--    leda: out   std_logic_vector (6 downto 0);
-- segment encoding
--       0
--      ---
-- 5|   |1
```

```
--        ---      <- 6
--   4|   |2
--        ---
--         3
   with hex   select
   leda<=  "0110000" when "0001",      --1
           "1101101" when "0010",      --2
           "1111001" when "0011",      --3
           "0110011" when "0100",      --4
           "1011011" when "0101",      --5
           "1011111" when "0110",      --6
           "1110000" when "0111",      --7
           "1111111" when "1000",      --8
           "1111011" when "1001",      --9
           "1110111" when "1010",      --a
           "0011111" when "1011",      --b
           "1001110" when "1100",      --c
           "0111101" when "1101",      --d
           "1001111" when "1110",      --e
           "1000111" when "1111",      --f
           "1111110" when others;      --0
```

4.4.3　元件例化语句

元件例化即引入一种连接关系，将预先设计好的设计实体定义为一个元件，然后利用特定的语句将此元件与当前设计实体中的端口相连接，从而为当前设计实体引入一个新的低层的设计单元。

元件例化语句由两部分组成，前一部分是将一个现成的设计实体定义为一个元件，后一部分是此元件输入、输出与当前设计实体中端口或信号相连接的说明。其格式如下：

```
第一部分
component  元件名
generic (类属表)
port   (端口名表);
end   component;
第二部分
例化名：元件名   port map( [端口名=> ]连接端口名, ……);
```

以上两部分在元件例化中都是必须存在的。第一部分语句是元件定义语句，相当于对一个现有的设计实体进行封装，使其只留出对外的接口界面，就像一个集成芯片只留几个引脚在芯片外围一样，它的类属表可列出端口的数据类型和参数。

元件例化语句中所定义的元件端口名与当前设计实体的连接端口名的接口有两种表达方式：一种是名字关联方式，在这种关联方式下，例化元件的端口名和关联（连接）符号"=>"都必须存在，这种关联方式，在实体信号与元件端口名的关联中已明确指出，因此，在 port map 语句中的位置可以是任意的；另一种是位置关联方式，在这种方式下，元件端口名和关联连接符号都可以省略，但要求代入到元件的信号在元件中的排列方式与例化元件的端口定义在前后位置上，按要求一一对应。

【例 4-60】 元件例化及应用。

```
library    ieee;
use    ieee.std_logic_1164.all;
entity    mand2 is
    port ( a,b : in std_logic;
                  c:    out    std_logic);
end    mand2;
architecture    mand2b of mand2 is
    begin
        c<= a and b;
end mand2b;


library    ieee;
use    ieee.std_logic_1164.all;
entity ord    is
        port( a1,b1,c1,d1: in    std_logic;
                  z1:    out std_logic);
end ord;
    use work.mand2.all;
architecture ordb of ord is
component:mand2
    port( a,b : in std_logic;
          c    : out std_logic);
end component;
    signal x,y: std_logic;
    begin
    u1: mand2 port map(a1,b1,x);                --位置关联方式
    u2: mand2 port    map(a=>c1,c=>y,b=>d1);    --名字关联方式
    u3: mand2 port    map(x,y,c=> z1);          --混合关联方式
end    [architecture] ordb;
```

4.4.4　并行赋值语句（信号代入语句）

前面已经介绍了信号与变量的赋值语句，而且介绍了它们之间的区别。这里介绍信号代入语句，主要强调赋值的并发性。信号代入语句既可以在进程内部使用，作为顺序语句形式；也可以在进程之外使用，作为并发语句形式。一个并发信号代入语句实际上是一个进程的缩写。

【例 4-61】 结构体中赋值语句的使用。

```
architecture    mand2b    of mand2    is
    begin
    c<= a and b;
end mand2b;
--可以等效为：
architecture    mand2b of mand2 is
    begin
    process(a,b)
    begin
```

```
            c<= a and b;
        end process;
    end mand2b;
```

4.4.5 生成语句

生成语句具有复制作用，用来产生多个相同的结构，它有 for…generate 和 if…generate 两种形式。格式如下：

```
[标号：]  for  变量 in 取值范围 generate
            说明部分；
            并行语句
            End generate [标号]
[标号：]  if  条件 generate
            说明部分
            并行语句
            End generate [标号]
```

for 语句主要用来描述设计中的一些有规律的单元，其生成参数、取值范围的含义及运行方式与 loop 语句十分相似。需注意从软件运行的角度看，虽然 for 语句生成参数（循环变量）有顺序性，但最终结果是完全并行的。

生成参数是一个局部变量，在使用时不需要预先声明，它会根据取值范围自动递增或递减。例如：

```
for  i  in  1 to 5 generate          --递增方式
for  i  in  5 downto 1 generate      --递减方式
```

【例 4-62】 利用 for…generate 实现多个元件的匹配。

```
component   comp
port( x:  in  std_logic;
      y:   out std_logic);
end component;
signal a, b: std_logic_vector(0 to 7);
m1:  for  i  in a range generate
u1:  comp   port map(x=>a(i);y=>b(i));
end   generate   m1;
```

【例 4-63】 8 位锁存器的描述。

```
library   ieee;
use  ieee.std_logic_1164.all;
entity latch is     port
    ( d,ena : in std_logic;
        q  :out std_logic);
    end   latch;
    architecture blatch of latch is
        signal  ma  : std_logic;
            begin
            process (d,ena)
```

```
begin
        if ena='1' then
        ma<=d;
        end   if;
    q<=ma;
    end process;
    end   blatch;
    library   ieee;
        use   ieee.std_logic_1164.all;
        entity   ls74373 is
    port( d              :  in std_logic_vector(8 downto 1);
                one, g    :   in std_logic;
                q         :   out std_logic_vector(8 downto 1));
    end   ls74373;
    architecture   b373 of   ls74373 is
    component latch
        port( d, ena    : in std_logic;
                q    : out std_logic);
    end component;
        signal   md : std_logic_vector(8 downto 1);
        begin
          device : for i in 1 to 8 generate
          u1:        latch port map (d(i),g,md(i));
          end generate;
        q<=md   when   oen='0' else "zzzzzzzz";
        end   b373;
        end awf;
```

习　　题

1．什么是库？在 VHDL 中有哪几种库？如何使一个库设计可见？

2．简述库说明语句的作用范围。

3．VHDL 为什么提出程序包结构，共有哪几种结构？在什么情况下，需要用到程序包 std_logic_1164 和 std_logic_unsigned？如何使用这些程序包，需要书写的命令是什么？这些命令应放在 VHDL 程序段的哪个部分？

4．VHDL 中的 entity 实体描述，主要是为了描述数字系统的何种信息？

5．VHDL 中的 architecture 结构体描述，主要是为了描述数字系统的何种信息？

6．VHDL 中配置的作用是什么？请举例说明。

7．说明信号和变量的使用及功能特点，以及在应用时有哪些不同。

8．时序电路的复位和清零有哪两种不同方式？在 VHDL 程序设计中，应如何描述这两种方式？

9．在 VHDL 程序设计中，如何描述时钟信号的上升沿或下降沿？

10．首先设计一个十进制计数器，再利用元件说明语句 component 和元件例化语句 port map 调用十进制计数器，完成百进制计数器的设计。

11. 判断下面两段程序是否有错。如果有错，请指出错误所在位置，并给出正确的程序。

程序1:

```
architecture  one  of  example  is
variable  a,b,c;std_logic
begin
c<=a+b;
end one;
```

程序2:

```
signal a,b:std_logic
process(a, b)
    variable  c:std-logic;
begin
  if  a=1thenc<=b;
end   if;
end   process;
```

12. 请说明有关 bit 和 boolean 两种数据类型的几个问题。

1）给出 bit 和 boolean 数据类型的定义。

2）对于逻辑操作应使用哪种类型的数据？

3）关系操作的结果为哪种数据类型？

4）if 语句测试的条件表达形式是哪种数据类型？

第3部分：创新设计应用篇

第5章 数字系统设计与实现

随着生产工艺的逐步提高以及 CPLD 开发系统的不断完善，CPLD 器件的容量也由几百门飞速发展到百万门以上，使得一个复杂数字系统完全可以在一个芯片上实现。HDL 的使用，以及强大的 EDA 综合仿真工具的应用，使 CPLD 的开发形象、快捷，特别是 Quartus II 1.0 和 Quartus II 2.0 以上版本，其图形输入和文本输入可以方便地结合在一起，而且错误定位使用方便，极大地提高了开发速度。因此，CPLD 在数字系统、微机系统、控制系统以及通信系统中获得了广泛应用。由于 CPLD 器件本身是一种纯数字器件，因此，中小规模数字器件完成的设计可以完全由一片 CPLD 器件所取代。CPLD 在数字系统中的典型应用主要有数字钟的设计、数字频率计的设计、A/D 及 D/A 转换时序设计、键盘扫描与消抖设计等。

5.1 模为 60 的计数器设计与实现

数字计数电路是基本的电子电路，在人们的日常生活与家电产品方面有非常广泛的应用，如微波炉、洗衣机等。这里以模为 60 的计数器设计为例进行介绍。Quartus II 5.0 支持图形和文本两种编辑方法，下面介绍的模为 60 的计数器采用的是图形编辑方法。它由两个74160、一个三输入"与非"门（nand3）、一个"非"门（not）、电源和地信号组成。

5.1.1 建立图形文件

打开 Quartus II 5.0 编辑器，选择 File/New 命令，在 Device Design File 选项卡下选择Block Digram /Schematic File，单击 OK 按钮。打开图形输入对话框后即可调入元件，在图形编辑区双击即可以打开 Enter symbol 对话框，执行主菜单的 Edit/Insert symbol 命令，或者在工作区右击 Insert symbol，在对应的对话框中输入需要的元件或符号。这里选择的是两个74160、一个三输入"与非"门（nand3）、一个"非"门（not）组以及 I/O 接口。所需要的器件 74160 位于宏功能库中，所以选择对应库的文件路径为 Altera/Quartus II 4.2/Libraries/Others、Primities、Magefunction，按照所给的图形进行元件符号输入、对应逻辑信号的连接和 I/O 接口的定义（定义为 INPUT、OUTPUT），在本例中，3 个输入引脚分别被命名为 en、clear、clk，分别作为计数使能、清零、时钟输入。输出引脚命名为 ql0、ql1、ql2、ql3、qh0、qh1、qh2、cout，分别作为计数器输出、进位输出。输入完成之后保存设计文件，选择 File/Save 命令出现文件保存对话框，单击 OK 按钮，此处保存的文件名为

countm60.gdf，项目名为 countm60，扩展名为*.qpf（Quartus II Project File），图形文件扩展名为*.gdf（Graphic Design File），块文件扩展名*.bdf（Block Design File）。

如图 5-1 所示是对应的模为 60 的计数器原理图。

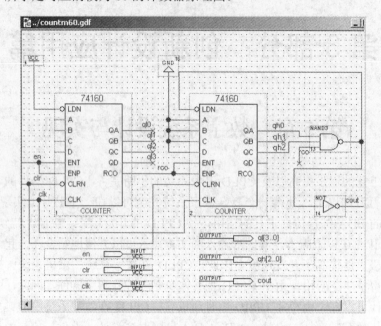

图 5-1　模为 60 的计数器原理图

5.1.2　项目编译

完成设计文件输入后，可以开始对其进行编译。在 Quartus II 5.0 菜单中选择 Tool\Compiler Tool 命令，即可打开对话框，单击 Start 按钮就可以开始编译。编译成功后，可生成时序模拟文件及器件编程文件。若有错误，编译器将停止编译，并在下面的信息框中给出错误信息，双击错误信息条，一般可给出错误之处。编译器对话框由多个部分组成，如图 5-2 所示。

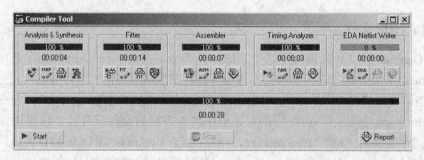

图 5-2　编译器对话框

5.1.3　项目仿真

正确编译完工程后，可以对工程进行仿真，检验其是否能够完成预定的功能。仿真之前先建立一个用于仿真的波形文件。选择 File/New 命令或单击工具栏的新建文件按钮，弹出对应的 3 个对话框，选择 Others File 选项卡下的 Vector Waveform Editor file 来建立扩展名为 *.vwf 的文件，单击 OK 按钮。此时会弹出波形文件编辑窗口。在节点 Name 区单击鼠标右键，弹出对话框，选择 Insert Node or Bus，在弹出的对话框中输入想要仿真的信号（节点）。设置端口接点对话框如图 5-3 所示。

在 Filter 下拉列表框中选择 Pins:all，单击右上角 List 按钮，在左边的 Nodes Found 栏中将列出所有信号（节点），选择所需的信号，再单击 ≥ 按钮输入到右侧 Selected Nodes 中，单击 OK 按钮。此时在波形编辑文件中加入了多个信号，既有 I/O 引脚信号，也有内部寄存器信号。

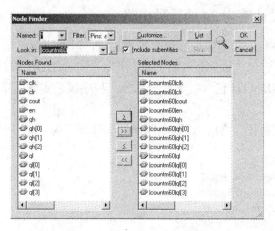

图 5-3　设置端口接点对话框

调整显示网格的大小，设定为 10ns。在 File 中选择 End Time 可以设置仿真时间，在此设定为 2μs，输入 clk 设置为 20ns，en、clr 设置为高电平。利用图 5-4 左侧工具栏中的波形绘制图标，可以很方便地对波形文件进行编辑，波形文件保存为 countm60.vwf。

接下来就可以进行仿真了。在 Quartus II 菜单中选择 Tool/Simulator Tool 命令，即可打开仿真器对话框，单击 Start 按钮开始仿真，仿真结束后选择 Report 命令得到结果。如图 5-4 所示是仿真波形显示对话框，可以看到 countm60 进位输出刚好对应 60 个时钟周期。

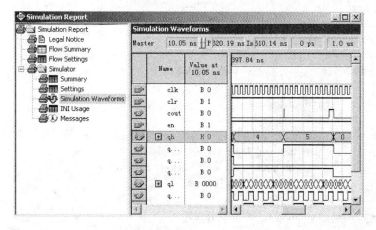

图 5-4　仿真波形显示对话框

5.2 时钟电路的设计与实现

数字系统一般采用自顶向下的层次化设计方法，在 Quartus II 5.0 中可利用层次化设计方法来实现自顶向下的设计。在电路的具体实现时，一般先组建低层设计，然后再进行顶层设计。下面以图形和文本混合输入为例，介绍层次设计的过程。设计题目是一个时钟电路，具体采用前面设计的模为 60 的计数器构成秒、分电路，利用文本编辑法重新设计模为 24 的小时电路，然后生成符号文件，最后完成时、分、秒的时钟电路设计。

5.2.1 文本编辑法设计模为 24 的计数电路

VHDL 的设计风格与现代高级编程语言基本相似，但要注意采用文本编辑方法的 VHDL 设计是硬件描述语言，它包含许多硬件特有的结构。一个 VHDL 设计由若干个 VHDL 文件组成，一个完整的 VHDL 设计包含以下几个部分：程序包、实体、结构体。

1．实体端口定义

对于文本编辑法设计模为 24 的计数电路，其实体端口为：

```
entity cntm24v is
        port(en: in std_logic;
            clr:in std_logic;
            clk:in   std_logic;
            cont:out   std_logic;
            qh:buffer   std_logic_vector(3 downto 0);
                ql: buffer   std_logic_vector(3 downto 0));
            end ;
```

输入端口 en、clr、clk 的数据类型为 std_logic 标准逻辑类型；输出端口 cont 的数据类型为 std_logic 标准逻辑类型；小时信号 qh、ql 的数据类型为 std_logic_vector（3 downto 0）向量标准逻辑类型。

2．模为 24 的计数器 VHDL 设计

```
library ieee;                      --定义程序包
use ieee.std_logic_1164.all;
use ieee.std_logic_unsigned.all;
--------------------
entity cntm24v is                  --定义实体端口
        port(en: in std_logic;
            clr:in std_logic;
            clk:in   std_logic;
            cont:out   std_logic;
            qh:buffer   std_logic_vector(3 downto 0);
                ql: buffer   std_logic_vector(3 downto 0));
end;
----------------------------
architecture beh of cntm24v is   --结构体设计
  begin
    cont<='1'when (qh="0010" and ql="0011" and en='1') else '0';
```

```
process(clk,clr)
    begin
        if(clr='0') then
            qh<="0000";
            ql<="0000";
          elsif (clk'event and clk='1')then
        if(en='1') then
            if(ql=3)then
                ql<="0000";
                if(qh=2)then
                qh<="0000";
                  else
                    qh<=qh+1;
                  end if;
                else
                ql<=ql+1;
                end if;
            end if;
        end if;
    end process;
end beh;
```

完成模为 24 的计数器设计且仿真通过后，执行菜单 File/Create/Update 下的 Create Symbol Files for currut File 命令，可生成符号 cntm24v.sym 文件，该文件将已设计好的模为 24 的计数器编译成库中的一个元件。

5.2.2 建立顶层 clock 文件与时钟电路设计

执行菜单命令 File/New，新建立 clock.gdf 图形文件、clock.bdf 块文件。同时指定一个新的项目文件，保存项目文件为 clock.qpf。在图形编辑区单击打开对话框，选择需要输入的符号文件，在元件列表区可看到刚才生成的两个元件 cntm24v 和 countm60，调入 cntm24v 一次、countm60 两次，经适当连接构成顶层设计文件。如图 5-5 所示为建立顶层 clock 文件。

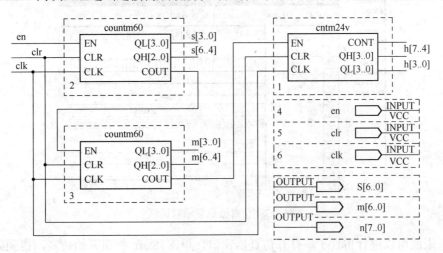

图 5-5　建立顶层 clock 文件

现在已完成全部设计，此时，可通过菜单 Quartus II 5.0 下的 Hierarchy 窗口（如图 5-6 所示）显示 clock 文件层次结构。

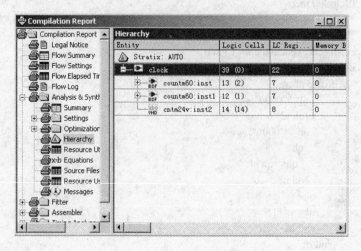

图 5-6　clock 文件层次结构

最顶层 clock.gdf 调用了一个 cntm24v 符号，它是由文本编辑生成的符号文件；两个 countm60 符号是由图形编辑生成的符号文件。cntm24v 和 countm60 又各自调用了两个 LMP-ADD-SUB：120 可调参数文件和两个 74160。在图 5-6 中双击任何一个小图标，可打开相应的 .rpt 文件。从 .rpt 文件中可获得关于设计的引脚的锁定信息、逻辑单元内连情况、资源消耗及设计方程等其他信息。

对顶层设计文件 clock.gdf 构成的项目 clock 进行编译，可以调整显示网格的大小，在此设定为 10ns。通过 End Time 可以设置仿真时间，在此设定为 20μs，输入 clk 设置为 5ns，en、clr 设置为高电平。利用图 5-7 左侧工具栏中的波形绘制图标，可以很方便地对波形文件进行编辑，波形文件保存为 clock .vwf。

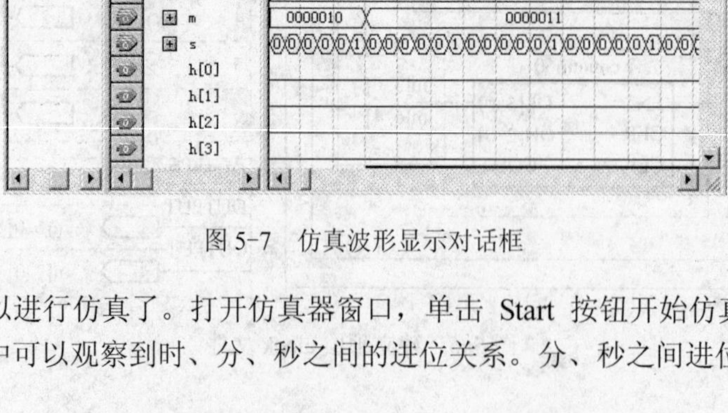

图 5-7　仿真波形显示对话框

接下来就可以进行仿真了。打开仿真器窗口，单击 Start 按钮开始仿真，得到的结果如图 5-7 所示，从中可以观察到时、分、秒之间的进位关系。分、秒之间进位输出时，刚好对应 60 个时钟计数周期，时、分之间是 24 时钟关系。最后配置完成此设计。

由于仿真的时间相对于输入时钟周期来说比较长，因此，不能完全看到仿真结果，此时可以通过操作界面放大或缩小按钮🔍或者左右滚动条◁ ▢ ▷来调整输出显示大小。

5.3 有限状态机电路设计与实现

有限状态机电路是一种重要的数字逻辑电路，同时又属于时序逻辑电路的范畴，通常用来描述数字系统的控制单元，是大型控制电路设计的基础。根据其输出与当前输入是否有关，可以把有限状态机分为 Mealy 型和 Moore 型两大类。Moore 型输出仅是当前状态的函数，Mealy 型不仅输出当前状态的函数，而且还与输入信号有关。

5.3.1 有限状态机的编码规则

在 VHDL 设计过程中，对有限状态机没有特定的描述格式，但是为了使高层次的综合工具能识别一般的有限状态机描述程序，必须要求在有限状态机描述程序中，包含以下几个方面：

1）状态变量。用于定义有限状态机描述的状态。
2）时钟信号。用于为有限状态机状态转换提供时钟信号。
3）状态转换指定。用于有限状态机状态转换逻辑关系。
4）输出指定。用于有限状态机两个状态转换结果。
5）状态复位。用于有限状态机任意状态复位转换。

状态变量用于定义有限状态机的状态，可以使用枚举类型的数据，但不可以是端口信号，状态机编码可以是顺序码、随机码、顺序格雷码和优先转移码等。根据两种比较的操作"="和"/="的判断结果，决定对状态变量的操作，可以在进程或块语句中指定时钟和复位信号，但只能在进程中指定状态转移。

5.3.2 有限状态机的设计

因为有限状态机的描述较为复杂，而且没有固定的描述格式，这里给出一个 Moore 型 4 状态有限状态机的转换电路进行设计，图 5-8 所示是 Moore 型有限状态机结构。

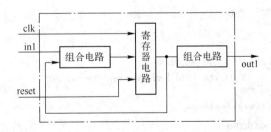

图 5-8　Moore 型有限状态机结构

此处定义 4 个状态分别是 S0、S1、S2、S3，4 个状态对应的数据编码为"0000"、"1001"、"1100"、"1111"。要求在时钟 clk 信号的作用下，S0 向 S1 转移和 S2 向 S3 转移的条件为 in1 逻辑 "1"，S3 向 S0 转移和 S1 向 S2 转移的条件为 in1 逻辑 "0"，同时要求在复位信号 reset 为逻辑 "1" 时，复位到 S0。图 5-9 所示是对应的状态转移图。

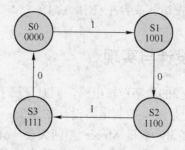

图 5-9　状态转移图

5.3.3　有限状态机的 VHDL 程序设计

对于有限状态机的设计，采用一般的 IEEE 库，输入端口 in1、clk、reset 的数据类型为 std_logic 标准逻辑类型，输出端口 out1 数据类型为 std_logic_vector（3 downto 0）向量标准逻辑类型。

1. 实体端口的程序设计

```
entity demo is
                port(
                clk,in1,reset: in    std_logic;
                                out1: out      std_logic_vector(3 downto 0));
end demo;
```

2. 结构体部分程序设计

结构体部分采用 "case…is" 双进程设计，第一个进程内实现 4 个状态的转换，第二个进程内实现 4 个状态编码的转换。结构体命名为 moore，项目名为 demo。以下是有限状态机的 VHDL 设计程序。

```
--moore 状态机设计--
library ieee;
use ieee.std_logic_1164.all;
--********************
entity demo is
            port(
            clk,in1,reset: in    std_logic;
                        out1: out     std_logic_vector(3 downto 0));
end demo;
--**************************
architecture moore of demo is
    type state_type is (s0,s1,s2,s3);
    signal state:state_type;
                        begin
      demo_process:process(clk,reset)          --第一进程设计
    begin
```

```
            if reset='1'then
                state<=s0;                        --状态复位
            elsif(clk'event and clk='1')then
            case state is                         --状态转化列表
                when s0=>if in1='1'then
                            state<=s1;
                        end if;
                when s1=>if in1='0'then
                            state<=s2;
                        end if;
                when s2=>if in1='1'then
                            state<=s3;
                        end if;
                when s3=>if in1='0'then
                            state<=s0;
                        end if;
            end case;
            end if;
        end process;                              --结束第一进程
    output_p:process(state)                       --第二进程开始
    begin
    case state is                                 --状态编码转换列表
        when s0 =>out1<="0000";
        when s1 =>out1<="1001";
        when s2 =>out1<="1100";
        when s3 =>out1<="1111";
        when others =>out1<="xxxx";
    end case;
    end process;                                  --结束第二进程
    end moore;
```

3．程序仿真分析

程序正确编译完成后，可以对工程进行仿真，检验其是否能完成预定的功能。仿真之前先建立一个用于仿真的波形文件。具体过程可以按上面的实例进行。通过 Grid Size 可以调整显示网格的大小，在此设定为 10ns。通过 End Time 可以设置仿真时间，在此设定为 1μs，输入 clk 设置为 80ns, reset 设置为高逻辑"0"，in1 在对应的时间段内设置对应的逻辑值。利用图 5-10 左侧工具栏中的波形绘制图标，可以很方便地对波形文件进行编辑，波形文件保存为 demo.vwf。

接下来就可以进行仿真了。打开仿真器窗口，单击 Start 按钮开始仿真，得到的结果如图 5-10 所示。

从中可以观察到 4 个状态 S0、S1、S2、S3 及其对应的数据编码"0000"、"1001"、"1100"、"1111"。在时钟 clk 信号的作用下，转移的条件为 in1 的逻辑值，根据 in1 逻辑值转移变化的过程。图 5-10 所示的结果和图 5-9 对应的状态转移图是吻合的。具体状态转移为 S0 向 S1 转移和 S2 向 S3 转移的条件为 in1 逻辑"1"，S3 向 S0 转移和 S1 向 S2 转移的条件为 in1 逻辑"0"，同时在复位信号 reset 为逻辑"1"时，复位到 S0。

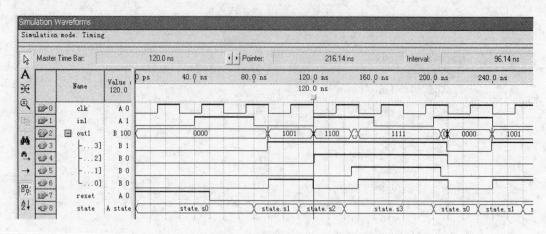

图 5-10　仿真波形显示对话框

5.4　半整数分频器的设计

在数字逻辑电路设计中，分频器是一种基本电路。通常用它来对某个给定频率进行分频，以得到所需的频率。整数分频器的实现非常简单，可采用标准的计数器，也可以采用 PLD 设计实现。但在某些场合下，时钟源与所需的频率不成整数倍关系，此时可采用小数分频器进行分频，如分频系数为 2.5、3.5、7.5 等半整数分频器。在模拟设计频率计脉冲信号时，就应用了半整数分频器电路。由于时钟源信号为 50MHz，而电路中需要产生一个 20MHz 的时钟信号，其分频比为 2.5，因此，整数分频将不能胜任。为了解决这一问题，可利用 VHDL 硬件描述语言和原理图输入方式，通过 Quartus Ⅱ 5.0 开发软件和 Altera 公司的 MAX 7000S 系列 EPM 型 FPGA 方便地完成半整数分频器电路的设计。

5.4.1　小数分频的基本原理

小数分频的基本原理是采用脉冲吞吐计数器和 PLL 技术，先设计两个不同分频比的整数分频器，然后通过控制单位时间内两种分频比出现的不同次数，获得所需要的小数分频值。如设计一个分频系数为 10.1 的分频器时，可以将分频器设计成 9 次 10 分频，1 次 11 分频，这样总的分频值为：F=（9×10+1×11）/（9+1）=10.1。

从这种实现方法的特点可以看出，由于分频器的分频值不断改变，因此，分频后得到的信号抖动较大。当分频系数为 N−0.5（N 为整数）时，可控制扣除脉冲的时间，以使输出成为一个稳定的脉冲频率，而不是上一次 N 分频，下一次 N−1 分频。

5.4.2　电路组成

分频系数为 N−0.5 的分频器电路可由一个异或门、一个模 N 计数器和一个二分频器组成。在实现时，模 N 计数器可设计成带预置的计数器，这样可以实现任意分频系数为 N−0.5 的分频器。图 5-11 给出了通用半整数分频器的电路组成。

采用 VHDL 硬件描述语言，可实现任意模 N 的计数器（其工作频率可以达到 160MHz 以上），并可以产生模 N 逻辑电路。之后，用原理图输入方式将模 N 逻辑电路、异或门和 D

174

触发器连接起来，便可以实现半整数（N－0.5）分频器以及（2N－1）的分频。

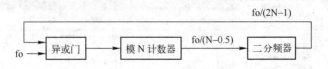

图 5-11　通用半整数分频器的电路组成

5.4.3　半整数分频器的设计

1. 模 3 计数器 VHDL 描述设计

该计数器可产生一个分频系数为 3 的分频器，并产生一个默认的逻辑符号 COUNTER3。其输入端口为 RESET、EN 和 CLK；输出端口为 QA 和 QB。下面给出模 3 计数器的 VHDL 描述代码：

```
library ieee;
use ieee.std-logic-1164.all;
use ieee.std-logic-unsigned.all;
   entity counter3 is
      port(clk,reset,en:in std-logic;
               qa,qb:out std-logic);
   end counter3;
architecture behavior of counter3 is
        signal count:std_logic_vector(1 downto 0);
   begin
        process(reset,clk)
   begin
        if reset='1'then
            count(1 downto 0)<="00";
            else
            if(clk 'event and clk='1')then
            if(en='1')then
            if(count="10")then
        count<="00";
        else
        count<=count+1v
            end if;
            end if;
          end if;
        end if;
        end process;
        qa<=count(0);
        qb<=count(1);
   end behavior;
```

任意模数的计数器与模 3 计数器的描述结构完全相同，所不同的仅仅是计数器的状态数。上面的程序经编译、时序模拟后，在 Quartus II 5.0 中可得到如图 5-12 所示的仿真波形。

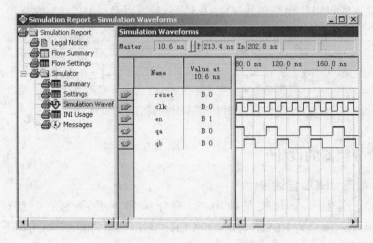

图 5-12　模 3 计数器仿真波形

2．半整数分频器设计

现在通过设计一个分频系数为 2.5 的分频器，给出用 FPGA 设计半整数分频器的一般方法。该 2.5 分频器由前面设计的模 3 计数器、异或门和 D 触发器组成，利用图形设计方法构造如图 5-13 所示的 2.5 分频器电路原理图。

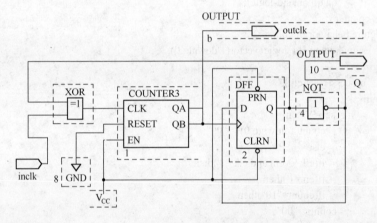

图 5-13　2.5 分频器电路原理图

3．电路波形仿真

将 COUNTER3、异或门和 D 触发器通过如图 5-13 所示的电路建立逻辑连接关系，并用原理图输入方式调入图形编辑器，然后经逻辑综合即可得到如图 5-14 所示的仿真波形。由图中 outclk 与 inclk 的波形可以看出，outclk 会在 inclk 每隔 2.5 个周期处产生一个上升沿，从而实现分频系数为 2.5 的分频器。设 inclk 为 50MHz，则 outclk 为 20MHz。因此，可见该电路不仅可得到分频系数为 2.5 的分频器（outclk），而且还可得到分频系数为 5 的分频器（q）。

选用 Altera 公司 MAX 7000S 系列 EPM7032LSC44-5 型 FPGA 器件实现半整数分频后，经逻辑综合后的适配分析结果如表 5-1 所示。本例中的计数器为 2 位宽的位矢量，即分频系数为 4 以内的半整数值。若分频系数大于 4，则需增大 count 的位宽。

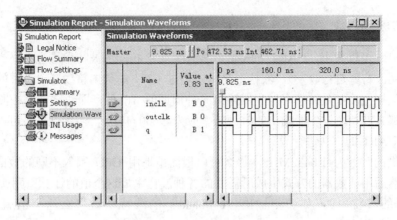

图 5-14　2.5 分频器仿真波形

表 5-1　半整数分频器适配分析结果

选用器件	I/O 延迟时间	使用引脚数	工作频率
EPM7032LSC44-5	13.5ns	5/44（11.36%）	53.19MHz

5.5　UART 数据接收发送电路设计与实现

UART（Universal Asynchronous Receiver Transmitter）的含义是通用异步数据接收发送方式。

串行外设都会用到 RS-232 串行接口，传统上采用专用的集成电路即 UART 实现，如 TI、EXAR、EPIC 的 550、452 等系列，一般不需要使用完整的 UART 的功能，而且对于多串行接口的设备或需要加密通信的场合，使用 UART 也不是最合适的。如果设计中用到了 FPGA/CPLD 器件，那么就可以将所需要的 UART 功能集成到 FPGA 内部，使用 VHDL 将 UART 的核心功能集成，从而使整个设计更加紧凑、小巧、稳定、可靠。分析 UART 的结构，可以看出 UART 主要由数据总线接口、控制逻辑和状态接口、波特率发生器、发送和接收等部分组成，各部分之间关系如图 5-15 所示。

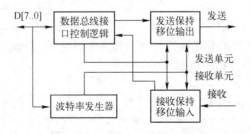

图 5-15　UART 主要结构框图

了解 UART 的各部分组成结构后，下面对各部分的功能进行详细的分析。假定所要设计的 UART 为：数据位为 7 位、8 位可选，波特率可选，校验方式为奇、偶、无等校验方式，下面的分析都是在这个假定的基础上进行的。

5.5.1 波特率的设定

从图 5-15 可以看出，UART 的接收和发送是按照相同的波特率进行的（当然也可以实现成对的不同波特率进行收发），波特率是可以通过 CPU 的数据总线接口设置的。UART 收发的每一个数据宽度都是波特率发生器输出时钟周期的 16 倍，即假定当前按照 9600baud/s 进行收发，那么波特率发生器输出的时钟频率应为 9600×16Hz，当然这也是可以改变的，我们只是按照 UART 的方法进行设计。

假定提供的时钟为 1.8432MHz，那么可以很简单地用 CPU 写入不同的数值到波特率保持寄存器，然后用计数器的方式生成所需要的各种波特率，这个值的计算原则就是 1843200/（16×所期望的波特率），如希望输出 9600baud/s 的波特率，那么这个值就是 1843200/（16×9600）=12（0CH）。

5.5.2 数据发送

何时 CPU 可以向发送保持寄存器（THR）写入数据？也就是说，CPU 要写数据到 THR 时，必须判断一个状态，即当前是否可写？很明显如果不判断这个条件，发送的数据会出错，除非 CPU 写入 THR 的频率低于当前传输的波特率，而这种情况是极少出现的。其次是 CPU 写入数据到 THR 后，THR 的数据何时传送到发送移位寄存器（TSR）并何时移位？即如何处理 THR 和 TSR 的关系？再次是数据位有 7 位、8 位两种，校验位有 3 种形式，这样发送 1B 可能有 9、10、11 位 3 种串行长度，所以必须按照所设置的传输情况进行处理。数据位、校验方式可以通过 CPU 写一个端口来设置，发送和接收都根据这个设置进行。根据上面的分析，引入了以下几个信号。

1）txhold：定义为数据发送保持信号，类型为标准逻辑向量型 std_logic_vector(0 to 7)。

2）txreg：定义为数据发送存储器，类型为标准逻辑向量型 std_logic_vector(0 to 7)。

3）txtag2：定义为查找数据标志位，类型为标准逻辑型 std_logic。

4）txtag1：定义为清空寄存器，类型为标准逻辑型 std_logic。

5）txparity：定义为存储器产生奇偶校验，类型为标准逻辑型 std_logic。

6）txclk：定义为数据发送时钟信号，类型为标准逻辑型 std_logic。

7）txdone：定义为数据发送结束，类型为标准逻辑型 std_logic。

8）paritycycle：定义为数据发送位校验，类型为标准逻辑型 std_logic。

9）txdatardy：定义为数据发送读操作，类型为标准逻辑型 std_logic。

图 5-16 给出了一个奇校验 8 位数据的发送时序图。

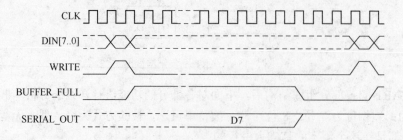

图 5-16　奇校验 8 位数据发送时序

5.5.3 数据接收

对于接收同样存在 9、10、11 位 3 种串行数据长度的问题，必须根据所设置的情况而将数据完整地取下来。接收还有一个特别的情况，那就是它的移位的时钟不是一直存在的，这个时钟必须在接收到起始位的中间开始产生，到停止位的中间结束。接收到停止位后，必须给出中断，并提供相应的校验出错、帧出错以及溢出等状态。

这样需引入 hunt 和 idle 两个信号，其中 hunt 为高表示捕捉到起始位，idle 为高表示不在移位状态，利用这两个信号就可以生成接收所需要的移位时钟。根据上面的分析，引入了以下几个信号。

1）rxhold：定义为数据接收保持信号，类型为标准逻辑向量型 std_logic_vector(0 to 7)。

2）rxreg：定义为数据接收存储器，类型为标准逻辑向量型 std_logic_vector(0 to 7)。

3）rxparity：定义为数据接收校验位，类型为标准逻辑型 std_logic。

4）paritygen：定义为产生数据接收校验位，类型为标准逻辑型 std_logic。

5）rxstop：定义为数据接收停止位，类型为标准逻辑型 std_logic。

6）rxclk：定义为数据接收时钟，类型为标准逻辑型 std_logic。

7）rxidle：定义为数据接收空操作，类型为标准逻辑型 std_logic。

8）rxdatardy：定义为数据接收准备读操作，类型为标准逻辑型 std_logic。

图 5-17 所示是一个奇校验 8 位数据的接收时序图（假定接收正确，所以没有给出校验、溢出、帧出错信号）。

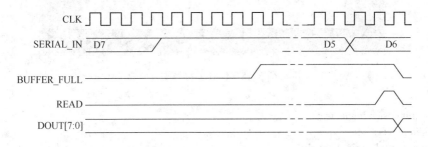

图 5-17 奇校验 8 位数据接收时序

5.5.4 UART 程序设计

1. 库与实体端口的定义

对于 UART 的设计，采用一般的 IEEE 库，程序包采用.std_logic_1164、std_logic_arith 和 std_logic_unsigned。实体端口部分定义如下：

```
port (clkx16 : in    std_logic;        -- 定义时钟
            read : in      std_logic;        -- 接收数据读操作
            write : in      std_logic;        -- 发送数据写操作
                            rx : in      std_logic;    -- 接收数据
                        reset : in     std_logic;      -- 复位清零
                            tx : out     std_logic;    -- 发送数据
      rxrdy : out     std_logic;        -- 准备接收数据
```

```
         txrdy : out      std_logic;                          -- 准备发送数据
       parityerr : out      std_logic;                        -- 接收数据校验错误
     framingerr : out      std_logic;                         --接收帧数据错误
        overrun : out      std_logic;                         --接收溢出错误
           data : inout std_logic_vector(0 to 7)); -- 双向数据总线
```

2．UART 程序设计

结构体部分采用 if…then…else（elsif）顺序语句设计，分为 5 大部分设计完成。第一部分是 CLOCK 时钟设计，第二部分是发送数据设计，第三部分是接收数据设计，第四部分是异步控制设计，第五部分是发送与接收异步控制设计。结构体命名为 exemplar，项目名为 UART。下面提供的是 UART 的 VHDL 设计参考程序，图 5-18 所示是利用 UART 的 VHDL 设计参考程序生成的 UART 符号文件。

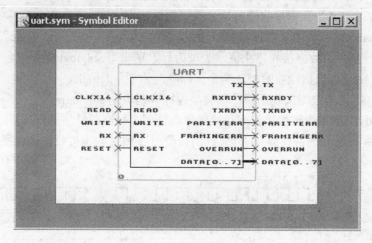

图 5-18　UART 符号文件

```
-- this design implements a uart
library ieee;
use ieee.std_logic_1164.all;
use ieee.std_logic_arith.all;
use ieee.std_logic_unsigned.all;
entity uart is
    port (clkx16 : in     std_logic; -- input clock. 16x bit clock
              read : in      std_logic; -- received data read strobe
              write : in     std_logic;  -- transmit data write strobe
                            rx:in     std_logic; -- receive data line
                    reset : in     std_logic;    -- clear dependencies
                             tx:out    std_logic;-- transmit data line
            rxrdy : out     std_logic;-- received data ready to be read
            txrdy : out      std_logic;-- transmitter ready for next byte
        parityerr : out     std_logic;   -- receiver parity error
      framingerr : out      std_logic;   -- receiver framing error
         overrun : out      std_logic;   -- receiver overrun error
           data : inout std_logic_vector(0 to 7)); -- bidirectional data bus
    end uart;
```

```vhdl
architecture exemplar of uart is
    -- transmit data holding register
    signal          txhold : std_logic_vector(0 to 7);
    -- transmit shift register bits
    signal          txreg : std_logic_vector(0 to 7);
    signal          txtag2 : std_logic;        -- tag bits for detecting
    signal          txtag1 : std_logic;        -- empty shift reg
    signal          txparity : std_logic;-- parity generation register
    -- transmit clock and control signals
    signal          txclk : std_logic;         -- transmit clock: 1/16th of clkx16
    signal          txdone : std_logic;        -- '1' when shifting of byte is done
    signal paritycycle : std_logic; -- '1' on next to last shift cycle
    signal          txdatardy : std_logic;-- '1' when data is ready in txhold
    -- receive shift register bits
    signal          rxhold : std_logic_vector(0 to 7);-- holds received data for read
    signal          rxreg : std_logic_vector(0 to 7);-- receive data shift register
    signal          rxparity : std_logic;-- parity bit of received data
    signal          paritygen : std_logic;-- generated parity of received data
    signal          rxstop : std_logic;        -- stop bit of received data
    -- receive clock and control signals
    signal          rxclk : std_logic;         -- receive data shift clock
    signal          rxidle : std_logic;        -- '1' when receiver is idling
    signal          rxdatardy : std_logic;     -- '1' when data is ready to be read
begin
make_txclk:
    process (reset, clkx16)
                                    variable cnt    : std_logic_vector(2 downto 0);
        begin
        -- toggle txclk every 8 counts, which divides the clock by 16
            if reset='1' then
                txclk <= '0' ;
                    cnt := (others=>'0') ;
                    elsif clkx16'event and clkx16='1' then
                        if (cnt = "000") then
                            txclk <= not txclk;
                        end if;
    cnt := cnt + "001"; -- use the exemplar_1164 "+" on std_logic_vector
            end if;
        end process;
make_rxclk:
    process (reset, clkx16)
                    variable rxcnt : std_logic_vector(0 to 3); -- count of clock cycles
                    variable rx1    : std_logic;   -- rx delayed one cycle
                    variable hunt    : boolean;    -- hunting for start bit
        begin
        if reset='1' then
            -- reset all generated signals and variables
            hunt := false ;
            rxcnt := (others=>'0') ;
            rx1 := '0' ;
```

```vhdl
                rxclk <= '0' ;
        elsif clkx16'event and clkx16 = '1' then
                -- rxclk = clkx16 divided by 16
                rxclk <= rxcnt(0);
-- hunt=true when we are looking for a start bit:
-- a start bit is eight clock times with rx=0 after a falling edge
            if (rxidle = '1' and rx = '0' and rx1 = '1') then
-- start hunting when idle and falling edge is found
                hunt := true;
            end if ;
            if rxidle = '0' or rx = '1' then
-- stop hunting when shifting in data or a 1 is found on rx
                    hunt := false;
            end if;
            rx1 := rx;-- rx delayed by one clock for edge detection
            -- (must be assigned after reference)
            -- increment count when not idling or when hunting
            if (rxidle = '0' or hunt) then
            -- count clocks when not rxidle or hunting for start bit
                    rxcnt := rxcnt + "0001";
            else
                    -- hold at 1 when rxidle and waiting for falling edge
                    rxcnt := "0001";
            end if;
        end if ;
    end process;
-- transmit shift register:
txshift:
    process (reset, txclk)
    begin
    if reset='1' then
            txreg <= (others=>'0') ;
            txtag1 <= '0' ;
            txtag2 <= '0' ;
        txparity <= '0' ;
            tx <= '0' ;
    elsif txclk'event and txclk = '1' then
            if (txdone and txdatardy) = '1'   then
                    -- initialize registers and load next byte of data
        txreg      <= txhold;    -- load tx register from txhold
        txtag2     <= '1';       -- tag bits for detecting
        txtag1     <= '1';       -- when shifting is done
        txparity <= '1';         -- parity bit.initializing to 1==odd parity
            tx         <= '0';   -- start bit
        else
                -- shift data
                txreg <= txreg(1 to 7) & txtag1;
                txtag1         <= txtag2;
                txtag2     <= '0';
                -- form parity as each bit goes by
```

```vhdl
            txparity          <= txparity xor txreg(0);
            -- shift out data or parity bit or stop/idle bit
            if txdone = '1' then
        tx <= '1';     -- stop/idle bit
            elsif paritycycle = '1' then
        tx <= txparity;     -- parity bit
            else
             tx <= txreg(0);      --shift data bit
            end if;
        end if ;
      end if;
    end process;
    -- paritycycle = 1 on next to last cycle (when txtag2 has reached txreg(1))
    -- (enables putting the parity bit out on tx)
    paritycycle <= txreg(1) and not (txtag2 or txtag1 or
                        txreg(7) or txreg(6) or txreg(5) or
                        txreg(4) or txreg(3) or txreg(2));
    -- txdone = 1 when done shifting (when txtag2 has reached tx)
    txdone <= not (txtag2 or txtag1 or
             txreg(7) or txreg(6) or txreg(5) or txreg(4) or
             txreg(3) or txreg(2) or txreg(1) or txreg(0));
rx_proc:     -- shift data on each rxclk when not idling
    process (reset, rxclk)
    begin
                    if reset='1' then
                        rxreg <= (others=>'0') ;
            rxparity <= '0' ;
            paritygen <= '0' ;
            rxstop <= '0' ;
                elsif rxclk'event and rxclk = '1' then
                    if rxidle = '1' then
                        -- load all ones when idling
                        rxreg <= (others=>'1');
                        rxparity <= '1';
                        paritygen <= '1';-- odd parity
                        rxstop <= '0';
                else
                        -- shift data when not idling
                        -- bug in assigning to slices
                        -- rxreg (0 to 6) <= rxreg (1 to 7);
                        -- rxreg(7) <= rxparity;
    rxreg <= rxreg (1 to 7) & rxparity;
    rxparity <= rxstop;
    paritygen <= paritygen xor rxstop;-- form parity as data shifts by
                    rxstop <= rx;
                end if ;
        end if;
    end process;
async:   -- rxidle requires async preset since it is clocked by rxclk and
            -- its value determines whether rxclk gets generated
```

```
            process ( reset, rxclk )
            begin
                    if reset = '1' then
                        rxidle <= '0';
                    elsif rxclk'event and rxclk = '1' then
                        rxidle <= not rxidle and not rxreg(0);
                    end if;
            end process async;
    txio:  -- load txhold and set txdatardy on falling edge of write
                    -- clear txdatardy on falling edge of txdone
            process (reset, clkx16)
            variable wr1,wr2: std_logic;   -- write signal delayed 1 and 2 cycles
            variable txdone1: std_logic;   -- txdone signal delayed one cycle
            begin
                    if reset='1' then
                        txdatardy <= '0';
                        wr1 := '0';
                        wr2 := '0';
                        txdone1 := '0';
                    elsif clkx16'event and clkx16 = '1' then
                        if wr1 = '0' and wr2= '1' then
    -- falling edge on write signal. new data in txhold latches
                            txdatardy   <= '1';
                        elsif txdone = '0' and txdone1 = '1' then
    -- falling edge on txdone signal. txhold has been read.
                            txdatardy   <= '0';
                        end if;
    -- delayed versions of write and txdone signals for edge detection
                        wr2 := wr1;
                        wr1 := write;
                        txdone1 := txdone;
                    end if ;
            end process;
    rxio:

            process (reset, clkx16)
            variable rd1, rd2 : std_logic;  -- read input delayed 1 and 2 cycles
            variable rxidle1    : std_logic; -- rxidle signal delayed 1 cycle
            begin
                    if reset='1' then
                        overrun <= '0';
                        rxhold <= (others=>'0');
                        parityerr <= '0';
                    framingerr <= '0';
                        rxdatardy <= '0';
                        rd1 := '0';
                    rd2 := '0';
                        rxidle1 := '0';
                    elsif clkx16'event and clkx16 = '1' then
                    -- look for rising edge on idle and update output registers
                        if rxidle = '1' and rxidle1 = '0' then
```

184

```
                if rxdatardy = '1' then
                    -- overrun error if previous data is still there
            overrun <= '1';
                else
    -- no overrun error since holding register is empty
                overrun <= '0';
        -- update holding register
                rxhold <= rxreg;
    -- paritygen = 1 if parity error
                parityerr <= paritygen;
                -- framingerror if stop bit is not 1
                framingerr <= not rxstop;
                -- signal that data is ready for reading
                rxdatardy <= '1';
                    end if;
            end if;
        rxidle1 := rxidle; -- rxidle delayed 1 cycle for edge detect
            -- clear error and data registers when data is read
            if (not rd2 and rd1) = '1' then
                rxdatardy    <= '0';
                parityerr    <= '0';
                framingerr <= '0';
                overrun      <= '0';
            end if;
            rd2 := rd1;  -- edge detect for read
            rd1 := read; -- (must be assigned after reference)
            if reset = '1' then
                rxdatardy <= '0';
            end if;
        end if ;
        end process;
    -- drive data bus only during read
    data <= rxhold when read = '1' else (others=>'z');
    -- latch data bus during write
    txhold <= data when write = '1' else txhold;
    -- receive data ready output signal
    rxrdy <= rxdatardy;
    -- transmitter ready for write when no data is in txhold
    txrdy <= not txdatardy;
    -- run-time simulation check for transmit overrun
    assert write = '0' or txdatardy = '0'
            report "transmitter overrun error" severity warning;
    end exemplar;
```

　　下面是编译通过的 UART 程序的仿真过程，图 5-19 所示是已打开的仿真 UART.vwf 文件的波形对话框。从图中可以看出，输入 rx 端口设置逻辑时钟周期信号数据（20μs）、clkx16 端口设置逻辑时钟周期信号数据（40μs）、reset 端口设置逻辑"1"、read 端口设置逻辑"0"、data 端口设置逻辑对应的逻辑数据为"01、02、03、04、05、06、…"，仿真通过后可以看到对应输出端口 data 数据发生对应的变化。

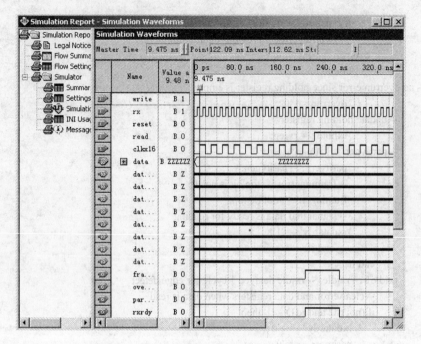

图 5-19   仿真 UART.vwf 文件波形对话框

下面再用 Altera 系列集成电路 FPGA 的 MAX 7000SEPM7128SLC84-6 完成项目设计，通过对 UART.rpt 文件的观测，可以了解更为详细的集成电路资源利用与分配情况。表 5-2 所示是 EPM7128SLC84-6 基本情况列表。

表 5-2   EPM7128SLC84-6 基本情况列表

IC	Input Pins	Output Pins	Bidir Pins	LCs	Shareable Expanders	% Utilized
EPM7128SLC84-6	5	6	8	74	2	57 %

5.6   CPLD 在人机接口中的设计与实现

人机接口电路在微机系统中应用非常广泛，其主要接口是键盘（KBC）和显示器（VGA）等。在 CPLD 系统的开发中，人机接口电路的开发与应用也是一个重要的环节，数码管的显示（包括静态和串行扫描显示）已经在前面基本的数字电路中进行了详细的介绍。本设计内容主要讨论矩阵排列方式的键盘的扫描、按键消抖、键码识别等内容。

5.6.1   接口电路分析与设计

下面介绍 4×4 矩阵扫描、消抖、键码识别及显示。主要原理是先将系统时钟 inclk（22MHz）分频至 5ms 作为键查询时钟 keyclkout，keyclkout 十分频后得到 50ms 时钟 chuclkout 作为触发时钟，在该时钟高电平期间送出列扫描数据，然后将行扫描数据送到消抖电路进行消抖后读入，根据行、列扫描数据之间的关系确定键值。键盘布局如图 5-20 所示，图 5-21 所示是设计项目电路 KEY2 编译通过生成的符号文件。

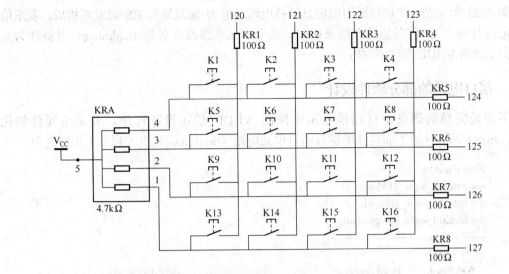

图 5-20　键盘布局示意图

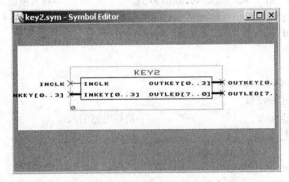

图 5-21　设计项目电路 KEY2 编译通过生成的符号文件

下面进行消抖电路的设计，具体采用图形设计方法。如图 5-22 所示是消抖电路的原理图。在该电路中采用 5ms 的时钟接收输入数据，如果连续 3 次数据为零，则可以确认数据是稳定的并可以接收。

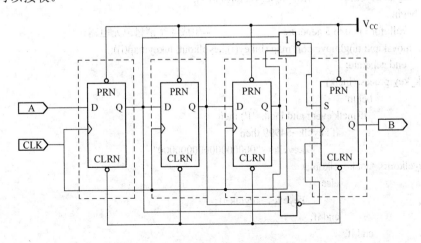

图 5-22　键盘消抖电路原理图

图 5-22 所示是一个比较通用的键盘消抖电路，由 D 触发器与 RS 触发器构成。要求信号稳定的时间由 D 触发器的个数来决定。这个单元电路被命名为 tinglmove，并被作为元件，在下面的 VHDL 程序中引用。

5.6.2　接口电路的部分软件设计

下面是完整的键盘串行扫描显示电路的 VHDL 描述设计程序，并采用元件例化（port…map）的方法把上面设计的键盘消抖单元电路（tinglmove）引入到本主程序之中。

```vhdl
library ieee;
use ieee.std_logic_1164.all;
use ieee.std_logic_arith.all;
use ieee.std_logic_unsigned.all;
----------------------------------------
entity key2 is
  port (inclk    :in std_logic;                         --输入时钟信号
         inkey : in    std_logic_vector(0 to 3);        --输入按键信号
         outkey       : out std_logic_vector( 0 to 3);  --输出键盘扫描信号
         outled : out std_logic_vector(7 downto 0)      --led 显示
      );
end key2;
--------------------------------------------
architecture art of key2 is
  component tinglmove                    --消抖电路引入
port (a,clk: in std_logic;
                  b   : out std_logic);
  end component;
      signal keyclk          :std_logic_vector(16 downto 0);
   signal chuclk          :std_logic_vector (2 downto 0);
  signal keyclkout,chuclkout :std_logic;      --键盘消抖脉冲，串行扫描产生脉冲
   signal chuout :std_logic_vector(0 to 3);     --扫描信号
   signal inkeymap :std_logic_vector(0 to 3); --按键消抖后的信号
   signal keyout          :std_logic_vector(0 to 7);
  begin
    roll: for i in 0 to 3 generate           --生成 4 个消抖单元电路
  movskipx: tinglmove port map (inkey(i),keyclkout, inkeymap(i));
    end generate;
clk_key:process(inclk)
            begin
               if(inclk'event and inclk='1') then
                      if keyclk=54999 then
                                keyclk<="00000000000000000";
keyclkout<=not keyclkout;
                      else
                                keyclk<=keyclk+1;
                      end if;
               end if;
            end process clk_key;
```

```vhdl
clk_chu:process(keyclkout)
        begin
            if (keyclkout'event and keyclkout = '1' )   then
                    if   chuclk=4 then
                            chuclk<= "000";
chuclkout<=not chuclkout;
                    else
                            chuclk<=chuclk+1;
                    end if;
            end if;
        end process clk_chu;
clk_chu_out:process(chuclkout)
        begin
            if (chuclkout'event   and   chuclkout='1') then
                if chuout="1110" then
                        if inkeymap/="1111" then
                            keyout<=chuout&inkeymap;
                        end if;
                        chuout<="1101";
                elsif chuout="1101" then
                        if inkeymap/="1111" then
                            keyout<=chuout&inkeymap;
                        end if;
                        chuout<="1011";
                elsif chuout="1011" then
                            if inkeymap/="1111" then
                            keyout<=chuout&inkeymap;
                            end if;
                        chuout<="0111";
                elsif chuout="0111"    then
                            if inkeymap/="1111" then
                            keyout<=chuout&inkeymap;
                            end if;
                        chuout<="1110";
                else
                        chuout<="1110";
                end if;
            end if;
        end process clk_chu_out;
        outkey<=chuout;
out_led:process(keyout)
        begin
            case keyout(0 to 3)   is
                when "0111" => case   keyout(4 to 7) is
                        when "0111"=> outled<=x"7e";
                        when "1011"=> outled<=x"33";
                        when "1101"=> outled<=x"7f";
                        when "1110"=> outled<=x"4e";
```

```
                          when others=> outled<=x"00";
                    end case;
        when "1011" => case    keyout(4 to 7) is
                    when "0111"=> outled<=x"30";
                    when "1011"=> outled<=x"5b";
                    when "1101"=> outled<=x"7b";
                    when "1110"=> outled<=x"3d";
                    when others=> outled<=x"00";
                end case;
        when "1101" => case    keyout(4 to 7) is
                    when "0111"=> outled<=x"6d";
                    when "1011"=> outled<=x"5f";
                    when "1101"=> outled<=x"77";
                    when "1110"=> outled<=x"4f";
                    when others=> outled<=x"00";
                end case;
        when "1110" => case    keyout(4 to 7) is
                    when "0111"=> outled<=x"79";
                    when "1011"=> outled<=x"70";
                    when "1101"=> outled<=x"1f";
                    when "1110"=> outled<=x"47";
                    when others=> outled<=x"00";
                end case;
        when others => outled<=x"00";
    end case;
end process out_led;
end art;
```

图 5-23 所示是 key2.vhd 源文件编译后的层次结构。

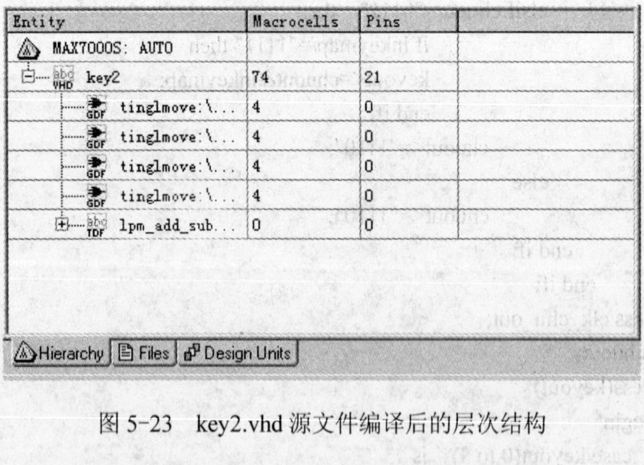

图 5-23　key2.vhd 源文件编译后的层次结构

　　下面是对地址控制逻辑子程序的仿真过程，图 5-24 所示是打开仿真 key2.vwf 文件的波形对话框。从图中可以看出把输入 clk 端口设置逻辑时钟周期为 40μs，inkey 端口设置逻辑对应的逻辑数据为"01、02、03、04、05、06、…"，仿真通过后可以看出对应输出端口 outkey 数据发生对应的变化。

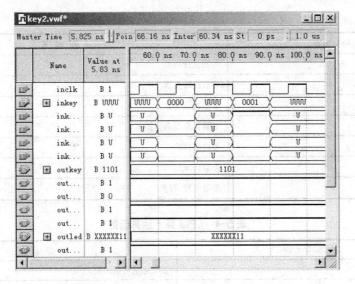

图 5-24　仿真 key2.vwf 文件的波形对话框

5.7　存储器模块电路设计与实现

FPGA 系统中能够作为高速缓存的有静态 RAM、动态 RAM、ROM 等几种，其中动态 RAM 又分为 SDRAM 和 DDR 两种。在存储器设计中，根据设计的性价比，可自由采用作为高速缓存和存储，实现数据的高速传输。

存储器按类型可分为只读存储器 ROM 和随机存储器 RAM，它们的功能有较大的区别，因此，在描述上也有较大区别，但更多的是共同之处。从应用的角度出发，各个公司的编译器都提供了或多或少的库文件，可以帮助减轻编程的难度，并加快编译进度，这些模块符合工业标准，有伸缩性，应用非常方便。

集成开发工具的 LPM 库中包含先进先出寄存器 LPM_FIFO、乘法器 LPM_MULT、双口随机存储器 LPM_RAM_DQ 和移位寄存器 LPM_SHIFTREG 等。LPM 宏单元库是参数化的模块库，是为不同的设计者针对不同的电路设计要求而制定的，是优秀的版图设计和软件设计的结晶。采用 LPM 器件，只要修改其中的某些参数就能达到设计要求。LPM 宏单元库中，各种类型的器件比较丰富，目前该库中包含 25 种器件，基本涵盖不同设计的各种用途。用 LPM 宏单元进行设计和其他方法设计一样，都和具体器件无关。具体的 LPM 函数如表 5-3～表 5-6 所示。

表 5-3　LPM 门单元函数

门单元函数	功能描述
lpm_and	参数化与门
lpm_bustri	参数化三态缓冲器
lpm_clshift	参数化逻辑移位器
lpm_constant	参数化常量产生器

门单元函数	功能描述
lpm_decode	参数化译码器
lpm_inv	参数化取反器
lpm_mux	参数化选择器
busmux	参数化总线选择器
mux	多路选择器
lpm_or	参数化或门
lpm_xor	参数化异或门

表 5-4 LPM 算术运算函数

算术运算函数	功能描述
lpm_abs	参数化绝对值函数
lpm_add_sub	参数化加减函数
lpm_compare	参数化比较器
lpm_counter	参数化计数器
lpm_mult	参数化乘法器

表 5-5 LPM 存储功能函数

存储功能函数	功能描述
lpm_ff	参数化触发器
lpm_latch	参数化锁存器
lpm_ram_dq	参数化 RAM（输入、输出分开）
lpm_ram_io	参数化单端口 RAM
lpm_rom	参数化 ROM
lpm_shiftreg	参数化移位寄存器

表 5-6 用户定制函数

用户定制函数	功能描述
csfifo	参数化先进先出队列
csdpram	参数化双口 RAM

本节将讲述如何使用 LPM 部件 lpm_rom 和 lpm_ram_dq 的方法，这也是编程者可以思考的一条途径，即如何充分利用现有资源，更快、更好地编制程序。

5.7.1 硬件模块电路结构设计

内嵌 RAM 块 EAB 是 Altera 公司 FPGA 产品中的精华部分，它可以实现 FPGA 其他部分无法完成的工作，由于其具有优越的特性，所以备受设计人员的青睐。模块化宏函数库中大部分函数都可以使用 EAB，但最具典型的当属 lpm_rom 和 lpm_ram 的使用，这里将详细介绍 RAM 和 ROM 的使用。

1. ROM 只读存储器

在 FPGA 集成开发工具中打开编辑图形界面，单击 symbol 区，在弹出的对话框中选择 megafunction/storage 库，在库中选择部件 lpm_rom，lpm_rom 模块如图 5-25 所示。

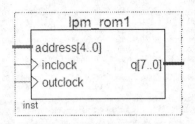

图 5-25　lpm_rom 模块

其中，lpm_rom 各端口信号说明如表 5-7 所示。

表 5-7　lpm_rom 端口信号说明

端　口　名	描　述
address[]	地址输入，宽度为 LPM_WIDTHAD
Inclock	输入时钟，用于地址锁存，此信号可不用
Outclock	输出时钟，用于输出地址锁存，此信号可不用
Memenab	芯片使能，"0" 使能，"1" 高阻
q[]	输出数据，宽度 LPM_WIDTH

lpm_rom 各端口参数说明如表 5-8 所示。

表 5-8　lpm_rom 端口参数说明

参　数　名	描　述
LPM_WIDTH	输出数据 q[] 宽度
LPM_WIDTHAD	输入数据 address[] 宽度
LPM_NUMWORDS	ROM 容量，$2^{(LPM\_WIDTHAD-1)}$
LPM_FILE	初始化文件
LPM_ADDRESS_CONTROL	地址锁存
LPM_OUTDATA	数据锁存
LPM_HINT	特定的文件参数，默认 "unused"
LPM_TYPE	LPM 实体名

参数按设计需求设置完成后，加上输入、输出引脚后编译，在编译过程中，会在编译信息框有一个警告，表示目前给 lpm_rom 指定的文件 "*.mif" 没有找到，这是由于该文件目前并不存在造成的。

解决的办法有两种，第一种是按照 "*.mif" 文件的格式，在参数化框中指定的路径用记事本编辑一个同名的 "*.mif" 文件，或用计算机高级语言根据设计用途生成 "*.mif" 文件；第二种是按照设计要求填写初始化表格，也可以将已有的 mif 文件导入后进行编辑（如图 5-26 所示）。

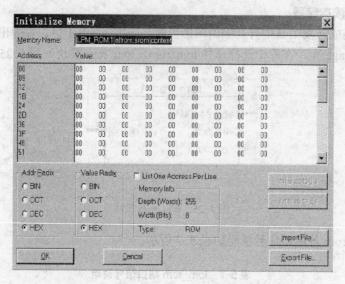

图 5-26　lpm_rom 初始化设置

2. RAM 随机存储器

在 megafunction/storage 库中有 3 种 RAM 模块可以选择，分别是 lpm_ram_io、lpm_ram_dq、lpm_ram_dp。它们的主要区别是 lpm_ram_io 输入、输出为单一的双向 I/O 口，输入、输出公用一套地址线，使用方式与普通 RAM 很类似。

其中，lpm_ram_dq 输入、输出公用双向 I/O 口，但地址线是两套，即数据输入时使用输入地址线，输出时使用输出地址线，由于地址线分开使用，因此，可以提高读写速度，简化设计。lpm_ram_dp 可以构建双端口 RAM，输入、输出完全分开可以充分发挥 CPLD/FPGA 的处理速度高以及并行处理的特点，提高数据的吞吐量。由于 lpm_ram_dp 的读写完全分开处理，因此，在信号发生器、信号处理器等领域获得了广泛应用。

LPM 库中的部件 lpm_ram 如图 5-27a、b 所示。

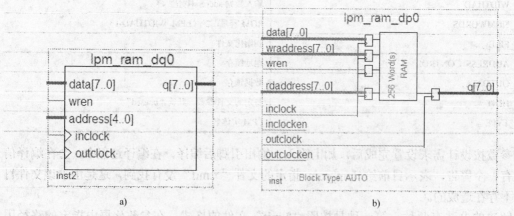

图 5-27　lpm_ram 模块

a) lpm_ram_dq　b) lpm_ram_dq

其中，双口随机存储器 lpm-ram-dq 的端口信号说明如表 5-9 所示。

表 5-9　lpm_ram_dq 端口信号说明

端　口　名	描　　述
data[]	数据输入，宽度为 LPM_WIDTH
address[]	地址输入，宽度为 LPM_WIDTHAD
inclock	输入时钟，用于地址锁存，此信号可不用
outclock	输出时钟，用于输出数据锁存，此信号可不用
memenab	芯片写使能，高电平有效
q[]	输出数据，宽度为 LPM_WIDTH

lpm_ram_dq 各端口参数说明如表 5-10 所示。

表 5-10　lpm_ram_dq 端口参数说明

参　数　名	描　　述
LPM_WIDTH	输入数据 data[]，输出数据 q[]宽度
LPM_WIDTHAD	输入地址 address[]宽度
LPM_NUMWORDS	ROM 容量，2^（LPM_WIDTHAD-1）
LPM_FILE	初始化文件
LPM_INDATA	输入数据锁存
LPM_ADDRESS_CONTROL	地址锁存
LPM_OUTDATA	数据锁存
LPM_HINT	特定的文件参数，默认"unused"
LPM_TYPE	LPM 实体名
USE_EAB	是否使用 EAB

5.7.2　模块电路软件设计与实现

1．VHDL 编程

（1）LPM 定制的 ROM

lpm_rom 是 LPM 库中一个标准程序包文件，它的端口定义如下：

```
component    lpm_rom
   generic   （lpm_width：positive；                      --q 宽度
       lpm_type: string := "lpm_rom";
       lpm_numwords: natural :=0;              --存储字的数量
       lpm_file：  string;                     --初始化文件.mif/.hex
       lpm_address_control:string := "registered";--地址端口是否注册
       lpm_outdata:string:= "registered";    --q 端口是否注册
       lpm_hint:string:= "unused");
   port  (address: in std_logic_vector(lpm_widthad-1  downto  0);
                                        --输入到存储器的地址
       inclock：  in std_logic := '0';
       outclock：in std_logic := '0';           --输入/输出寄存器时钟
       memenab：in std_logic ：= '1';
       q：   out std_logic_vector(lpm_width-1 downto 0));
end component;
```

对于定制的 ROM 模块引用的 VHDL 语句如下：

```vhdl
library ieee;
use ieee.std_logic_1164.all;
use ieee.std_logic_arith.all;
use ieee.std_logic_unsigned.all;
library lpm;
use lpm.lpm_components.all;
library work;
use work.ram_constants.all;
entity rom256x8 is
    port(memenab: in std_logic ;
            address: in std_logic_vector (7 downto 0);
            data:   out std_logic_vector   (7 downto 0);
                we, inclock, outclock:in std_logic;
                q: out std_logic_vector   (data_width – 1 downto 0));
end rom256x8;
architecture example of rom256x8 is
signal inclock,outclock:std_logic;
component lpm_rom
    generic (lpm_width: positive;
                lpm_type: string   := "lpm_rom";
                lpm_widthad: positive;
                lpm_numwords: natural :=0;
                lpm_file: string;
                lpm_address_control: string := "registered";
                lpm_outdata: string := "registered";
                lpm_hint: string := "unused");
    port (address：in std_logic_vector(lpm_widthad-1 downto 0);
            inclock: in std_logic := '0';
            outclock: in std_logic := '0';
            memenab：in std_logic := '1';
            q:  out std_logic_vector(lpm_width-1 downto 0));
end component;
  begin
            inclock<='0';
            outclock<='0';
    inst_1: lpm_rom
        generic
    map(8,"lpm_rom",8,256, "inst_1.mif","unused","unused","unused")
                                    --256*8bit 字节的 rom
            port map （address ，memenab，inclock，outclock，data）;
end example；
```

这个实例中没有使用时钟锁存和地址锁存，所以输入时钟和输出时钟都接收到 "0"。程序中要注意的一点是初始化文件的书写，初始化文件可以有两种类型，"*.mif" 文件和 "*.hex" 文件，本例用到了 "*.mif" 文件。初始化文件名为 "inst_1.mif"，内容如下：

```
depth=256;
width=8;
```

```
address_radix=hex;
data_radix=hex;
content
    begin
[0..ff]:   00;
   1  :   4b 49 4d 4a 49 4e 53 54 55 44 49 4f;
   f  :   4e 41 4e 4b 41 49 45 45;
end ;
```

此文件定义了 ROM 初始化数据为全 0，其中一部分空间存储了 asc2 码数据。

（2）系统行为级实现的 ROM

以下是用两种不同方法实现的 256×8bit 行为级 ROM 存储器。

1）方法一：从 254 和 256 位置读预置值 acca/accb，PACKAGE cpu8pac IS，设置指令（7---4|3---0|7---0），指令码|页|[页偏移量]，一个指令需要占用两个字节地址，其他为单字节。

```
constant lda : bit_vector(3 downto 0) := "0001";
constant ldb : bit_vector(3 downto 0) := "0010";
constant sta : bit_vector(3 downto 0) := "0011";
constant stb : bit_vector(3 downto 0) := "0000";
constant jmp : bit_vector(3 downto 0) := "0100";
constant add:    bit_vector(3 downto 0) := "0101";
constant subr: bit_vector(3 downto 0) := "0110";
constant inc:    bit_vector(3 downto 0) := "0111";
constant dec : bit_vector(3 downto 0) := "1000";
constant land: bit_vector(3 downto 0) := "1001";
constant lor: bit_vector(3 downto 0) := "1010";
constant cmp : bit_vector(3 downto 0) := "1011";
constant lxor : bit_vector(3 downto 0) := "1100";
constant lita : bit_vector(3 downto 0) := "1101";
constant litb : bit_vector(3 downto 0) := "1110";
constant clra : bit_vector(3 downto0) := "1111";
end cpu8pac;
library ieee;
use ieee.std_logic_1164.all;
use work.cpu8pac.all;
entity rom256x8_1 is
        port(address : in std_logic_vector(7 downto 0);
                csbar,oebar : in std_logic;
                data :out std_logic_vector(7 downto 0));
end rom256x8_1;

architecture beh1 of rom256x8_1 is
        type rom_array is array (0 to 255) of bit_vector(7 downto 0);
            constant rom_values : rom_array :=
                                        (0 => clra & x"0",
                                        1 => lda &x"0",        --lda $fe
                                        2 => x"fe",
                                        3 => ldb & x"0",      --ldb $ff
```

```
                                         4=> x"ff",
                                         5=> lxor &x"0",        -- lxor
                                         6=>jmp & x"0",         -- jmp $001
                                         7=>x"01",
                                         254 => x"aa",
                                         255=> x"55",
                                         others=> x"00");
        begin
        process(address, csbar,oebar)
                variable index : integer :=0;
        begin
                if(csbar ='1'or oebar ='1')
                    then data <="zzzzzzzz";
                else
                        index :=0;                              --计算地址值
                        for i in address 'range loop'
                                if address(i) ='1' then
                                index := index + 2** i;
                                end if;
                        end loop;
                    data <=to_stdlogicvector(rom_values(index));   --指定输出
            end if;
        end process;
        end beh1;
```

2）方法二：顺序读取存取单元，PACKAGE cpu8pac IS，设置指令（7---4|3---0|7---0），指令码|页|[页偏移量]，一个指令需要占用两个字节地址，其他为单字节。

```
        constant lda : bit_vector(3 downto 0) := "0001";
        constant ldb : bit_vector(3 downto 0) := "0010";
        constant sta : bit_vector(3 downto 0) := "0011";
        constant stb : bit_vector(3 downto 0) := "0000";
        constant jmp : bit_vector(3 downto 0) := "0100";
        constant add: bit_vector(3 downto 0) := "0101";
        constant subr: bit_vector(3 downto 0) := "0110";
        constant inc: bit_vector(3 downto 0) := "0111";
        constant dec : bit_vector(3 downto 0) := "1000";
        constant land: bit_vector(3 downto 0) := "1001";
        constant lor: bit_vector(3 downto 0) := "1010";
        constant cmp : bit_vector(3 downto 0) := "1011";
        constant lxor : bit_vector(3 downto 0) := "1100";
        constant lita : bit_vector(3 downto 0) := "1101";
        constant litb : bit_vector(3 downto 0) := "1110";
        constant clra : bit_vector(3 downto 0) := "1111";
        end cpu8pac;

        library ieee;
        use ieee.std_logic_1164.all;
        use work.cpu8pac.all;
        entity rom256x8_2 is
```

```vhdl
        port(address : in std_logic_vector(7 downto 0);
                csbar, oebar : in std_logic;
                data : out std_logic_vector(7 downto 0));
    end rom256x8_2;

    architecture beh2 of rom256x8_2 is
        type rom_array is array (0 to 255) of bit_vector(7 downto 0);
            constant rom_values : rom_array :=
                        (0 => clra & x"0",
                         1 => sta & x"1",      --sta $100
                         2 => x"00",
                         3 => lda & x"1",      --lda $100
                         4 => x"00",
                         5 => inc & x"0",      --inc a
                         6 => jmp & x"0",       --jmp $001
                         7 => x"01",
                         others => x"00");
    begin
    process(address, csbar, oebar)
            variable index : integer := 0;
    begin
            if (csbar = '1' or oebar = '1')
                    then data <= "zzzzzzzz";
            else
                    --计算地址值
                    index := 0;
                    for i in address'range loop
                            if address(i) = '1' then
                            index := index + 2**i;
                            end if;
                    end loop;
                                            --指定输出
                            data <= to_stdlogicvector(rom_values(index));
            end if;
    end process;
    end beh2;
```

（3）LPM 定制的 RAM

lpm_ram_dq 是 LPM 库中的一个标准包文件，它的端口定义如下：

```vhdl
component lpm_ram_dq
    generic (lpm_width: positive;
        lpm_type: string := "lpm_ram_dq";
        lpm_widthad: positive;                      --address 宽度
        lpm_numwords: natural := 0;
        lpm_file: string : "unused";
        lpm_indata: string := "registered";
        lpm_address_control : string := "registered";
        lpm_outdata : string := "registered";
        lpm_hint: string := "unused");
```

```
            port (data: in std_logic_vector(lpm_width-1 downto 0);
                address: in std_logic_vector(lpm_widthad-1 downto 0);
                we: in std_logic;
                            inclock: in std_logic := '0';
                            outclock: in std_logic := '0';
                            memenab: in std_logic := '1';
                            q: out std_logic_vector(lpm_width-1 downto 0));
            end component;
```

对于调用该模块的 VHDL 程序如下：

```
        library ieee;
        use ieee.std_logic_1164.all;
        use ieee.std_logic_arith.all;
        use ieee.std_logic_unsigned.all;
        package ram_constants is
            constant data_width : integer := 8;                --数据总线宽度
            constant addr_width : integer := 8;                --地址总线宽度
        end ram_constants;
        library ieee;
        use ieee.std_logic_1164.all;
        library lpm;
        use lpm.lpm_components.all;
        library work;
        use work.ram_constants.all;
        entity ram256x8 is
            port(
                data: in std_logic_vector (data_width-1 downto 0);
                address: in std_logic_vector (addr_width-1 downto 0);
                we, inclock, outclock: in std_logic;
                q: out std_logic_vector (data_width - 1 downto 0));
        end ram256x8;
        architecture example of ram256x8 is
        begin
            inst_1: lpm_ram_dq;
                generic map (lpm_widthad => addr_width,
                    lpm_width => data_width);
                port map (data => data, address => address, we => we,
                    inclock => inclock, outclock => outclock, q => q);
        end example;
```

（4）系统行为级实现的 ROM

以下是 16×8bit 行为级 RAM 存储器的 VHDL 程序：

```
        library ieee;
        use ieee.std_logic_1164.all;
        entity ram16x8 is
                port(address : in std_logic_vector(3 downto 0);
                        csbar, oebar, webar : in std_logic;
                        data : inout std_logic_vector(7 downto 0));
        end ram16x8;
```

```
architecture beh of ram16x8 is
begin
process(address, csbar, oebar, webar, data)
        type ram_array is array (0 to 15) of bit_vector(7 downto 0);
        variable index : integer := 0;
        variable ram_store : ram_array;
begin
        if csbar = '0' then                              --计算地址值
                    index := 0;
                    for i in address'range loop
                            if address(i) = '1' then
                            index := index + 2**i;
                            end if;
                    end loop;
            if rising_edge(webar) then          --在上升沿写数据
                ram_store(index) := to_bitvector(data);
            elsif oebar = '0' then
                data <= to_stdlogicvector(ram_store(index));
            else
                data <= "zzzzzzzz";
            end if;
        else
            data <= "zzzzzzzz";
        end if;
    end process;
    end beh;
```

2．时序仿真分析

1）基于系统行为级的 256×8 位的 ROM 只读存储器的时序仿真分别如图 5-28a、b 所示。

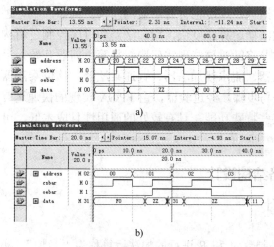

图 5-28　ROM 的时序仿真

a) 行为级方法 1　b) 行为级方法 2

2）定制的 RAM 随机存储器的时序仿真如图 5-29 所示。

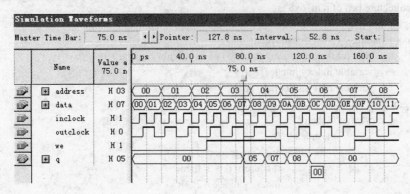

图 5-29　RAM 的时序仿真

在 Altera 公司的集成编译软件中提供了 LPM 库文件，其中包括了很多常用元件的 VHDL 程序包，编程者可以直接调用元件，从而减轻编程强度。本节实例讲述了如何使用其中的 LPM 部件 lpm-rom 和 lpm-ram-dq 进行 FPGA 存储器程序设计的方法，这种方法可以充分利用现有资源，更快、更好地编制程序。

5.8　运算器模块电路设计与实现

运算器是计算系统的核心部件之一，它包括半加器、全加器、乘法器、除法器等逻辑单元电路。如常用的全加器集成电路 74LSl83，它包含两个完全独立的全加器，可实现 2 位二进制数的加法运算；4 位二进制加法器 74LS283，可实现 4 位二进制数的加法运算。

由 FPGA 技术实现的运算可由数学变换、加减运算、乘法累加器等电路构成。运算功能是完成各种其他功能的基础，一个系统中运算单元的速度往往制约着整个系统的速度，所以如何实现硬件运算单元的高速性，是设计运算单元的一项非常重要的任务。想要完成同一种运算，采用不同的硬件结构，速度也会有明显的差别。例如，串行进位加法器（行波进位加法器）不如超前进位加法器运算速度快，用加法器和时序控制逻辑构成的乘法器要比直接的查表乘法器慢得多。本节将针对这些现实问题，从简单问题开始入手，由易至难，分别讲述普通加法器、级联加法器、流水线加法器、普通乘法器、移位乘法器、流水线乘法器，以及移位除法器的设计方法与步骤。经过验证，由 FPGA 实现的快速运算电路，能够较好地满足各方面要求，可实现某些特殊功能，具有较好的通用性且成本低，可方便地应用于各个计算子系统。

5.8.1　硬件模块电路结构设计

1．加法器结构设计

（1）半加器规划

仅对两个 1 位二进制数 A 和 B 进行的加法运算称为"半加"。实现半加运算功能的逻辑部件称为半加器，它的真值表如表 5-11 所示。

表 5-11　半加器真值表

A	B	S_0	进位 C_0
0	0	0	0
0	1	1	0
1	0	1	0
1	1	0	1

由真值表可以直接写出逻辑表达式：

$$S_O = \overline{A}B + A\overline{B} = A \oplus B$$

$$C_O = AB$$

（2）全加器规划

对两个 1 位二进制数 A 和 B 连同低位的进位 C 进行的加法运算称为"全加"。实现全加运算功能的逻辑部件称为全加器，如图 5-30 所示。在多位数加法运算时，除最低位外，其他各位都需要考虑低位送来的进位。

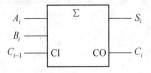

图 5-30　全加器逻辑电路图

逻辑表达式为：

$$S_i = A_i \oplus B_i \oplus C_{i-1}$$

$$C_i = A_i B_i + (A_i \oplus B_i) C_{i-1}$$

（3）多位加法器

多位加法器是半加器和全加器的衍变体，由 4 位加法器级联成 8 位的加法器如图 5-31 所示。

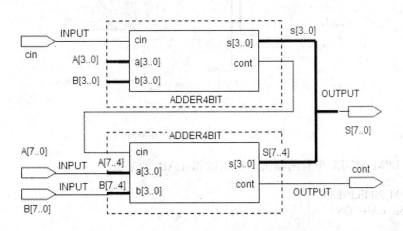

图 5-31　由 4 位加法器级联成 8 位加法器

多位加法器的构成有两种方式：并行进位和串行进位方式。并行进位加法器设有并行进位产生逻辑，运算速度较快；串行进位方式是将全加器级联构成多位加法器。并行进位加法器通常比串行级联加法器占用的资源多，随着位数的增加，相同位数的并行加法器和串行加法器的资源占用差距快速增大。因此，在工程中使用加法器时，要在速度和容量之间寻找平衡。

2．乘法器结构设计

两路 N 位二进制数的乘积用 X 与 A 的累加和 $\sum\limits_{k=0}^{N-1} a^k$ 表示，"手工计算"的方法是 $P=A\times$ $X=\sum\limits_{k=0}^{N-1} a^k \times X$，从中可以看出，只要 a^k 不等于 0，输入 X 就随着 k 的位置连续地变化，然后进行累加。如果 a^k 等于 0，相应的转换相加就可以忽略了。

对于一般的 8 位乘法器，乘法的执行分 3 个阶段完成。首先下载 8 位操作数并重置乘积寄存器；在第 2 阶段中，进行实际的串行—并行乘法运算；在第 3 阶段中，乘积被传输到输出寄存器中。在多位的乘法结构中，如果没有流水线技术，那将是无法想象的。根据流水线的特点，使用片内 EAB 资源。采用局部逻辑分析控制，可以设计一个 3 级流水乘法器，如图 5-32 所示的 8 位流水线乘法器。

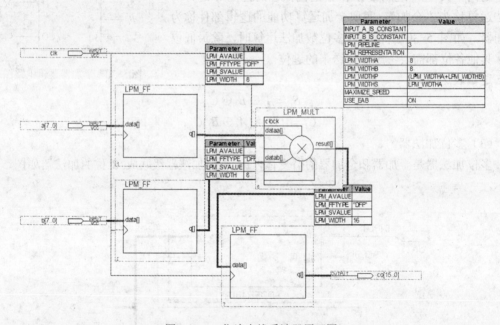

图 5-32　8 位流水线乘法器原理图

其中，LPM_MULT 中有两项关于流水线和 EAB 的参数：

    LPM_PIPELINE=3
    USE_EAB="ON"

局部逻辑分析控制项为：

    STYLE = FAST
    CARRY_CHAIN= AUTO
    CASCADE_CHAIN= AUTO
    MINIMIIZATION=FULL

图 5-32 所示的流水线乘法器结合了硬件和软件方法，可以使乘法器速度得到很大的提升，而且还可以修改局部逻辑分析控制项继续提升其速度。总的来说，利用流水线技术来提

高系统运行速度的前提是这条信号流水线不可以中断。设计的信号流程必须安排这条流水线上不间断有信号的上线和下线，这样才能充分发挥流水线的优势。

3. 除法器结构设计

基本的数学运算在 VHDL 中已经有相应的函数来实现，不用自己编写程序。但某些编译软件对一些算术运算不支持，例如，对除法的支持不全面，它只支持除数是 2 的幂次的除法，除数为其他数的除法则不支持，若要使用此种数学运算，则需自己编写程序。下面是一个除法器的例子，逻辑框图如图 5-33 所示。

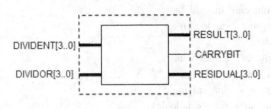

图 5-33　除法器逻辑框图

该电路有两个输入信号 DIVIDENT 和 DIVIDOR，都是 4 位位矢量，DIVIDENT 是被除数，DIVIDOR 是除数。输出信号有 RESULT、RESIIDUAL、CARRYBIT 3 个，RESULT 是结果，RBIDUAL 是余数，CARRYBIT 是溢出标志位。该电路功能比较简单，实现 4 位无符号整数的触发，如果需要还可以进一步完善其功能。

5.8.2　模块电路软件设计与实现

1. VHDL 编程

（1）普通加法器

● 半加器描述，具体设计如下：

```
library  ieee;
use   ieee.std_logic_1164.all;
entity h_adder is
         port  (a, b  :  in  std_logic;
             co, so   :  out  std_logic);
end   h_adder;
architecture fh1 of h_adder is
    begin
             so <= not  ( a  xor  (not  b) );
             co <= a   and   b;
    end   architecture fh1 ;
```

● 全加器中的或门描述，具体设计如下：

```
library ieee ;
use ieee.std_logic_1164.all ;
entity  or2a  is
    port (a：in  bit ；   b：in   bit ；
          c：out   bit ) ；
    end or2a ;
```

```
architecture  rtl  of  or2a  is
  begin
    c< =  a  or  b  after  10  ns;
  end  rtli ;
```

● 1位二进制全加器顶层设计描述，具体设计如下：

```
library   ieee ;
use ieee.std_logic_1164.all ;
  entity  f_adder  is
    port  (ain，bin, cin: in  std_logic;
       cout，sum: out  std_logic);
  end entity f_adder ;
  architecture  fdl  of  f_adder  is
      component h_adder
        port  (a，b ： in  std_logic ;
             co，so ： out  std_logic) ;
      end   component :
      component or2a
           port  (a，b:  in  std_logic;
                   c: out  std_logic);
      end   component;
    signal  d，e，f:      std_logic;
      begin
      ul：h_adder  port   map(a = >ain, b=>bin,
        co=> d, so=> e ) ;
      u2：h_adder  port   map(a=>e, b=>cin;
        co= > f , so= > sum ) ;
      u3：or2a  port map(a=>d, b=>f,c=>cout);
    end architecture fd1 ;
```

在 VHDL 中，function 语句中括号内的所有参数都是输入参数或称为输入信号。因此，在括号内指定端口方向的"in"可以省略。function 的输入值由调用者复制到输入参数中，如果没有特别指定，在 function 语句中按常数处理。例如，以下加法器的 VHDL 程序描述。

● 普通加法器。使用 function 语句实现，具体如下：

```
library   ieee ;
use  ieee.std_logic_1164.all ;
use ieee.std_logic_arith. all;
use ieee.std_logic_unsigned. all ;
package dpl6 is
    function  add(a: std_logic_vector;          --在包集合里声明
                    b: std_logic_vector)
    return  std_logic_vector;
    variable    tmp: stlogic_vector(15  downto  0) ;
begin
    tmp: =a+b;
    return tmp ;
end add ;
```

206

```
end dp16 ;                               --函数体结束
library ieee ;
use ieee.std_logic_1164.all;
use ieee.std_logic_arith.all;
use ieee.std_logic_unsigned.all ;
use work.dp16.all ;
entity myrisc is
     port(instruction：in   std_logic_vector(1   downto   0) ;
                         a:in  std_logic_vector(7   downto   0);
                         b:in  std_logic_vector(7   downto   0);
                         c:out  std_logic_vector(15   downto   0)) ;
end myrisc ;
architecture behav of myrisc is
begin
  process ( instruction, a , b)
     begin
     case   instruction   is
     when"00" =>   c<=add(a，b);                     --调用函数体
     when   others = >c< = "0000000000000000";
       end   case;
     end   process;
   end   behav;
```

（2）级联加法器

以下的实例是用文本、图形结合输入方法设计，由两个并行的 4 位加法器级联而成的 8 位二进制加法器。VHDL 和原理图输入方法的关系可以比作为高级语言和汇编语言的关系。VHDL 的可移植性好，使用方便，但效率不如原理图输入；原理图输入的可控性好、效率高、比较直观，但设计大规模 FPGA 时显得很烦琐，移植性差。在真正的 FPGA 设计中，通常建议采用原理图和 VHDL 结合的方法来设计，在适合用原理图的地方用原理图，适合用 VHDL 的地方用 VHDL，并没有强制性的规定。在短时间内，用自己最熟悉的工具设计出高效、稳定、符合设计要求的电路。

用层次设计概念，一般将一项设计任务分成若干模块，先规定每一模块的功能和各模块的接口，然后再将各模块进行编译生成.sym 文件，最后利用图形输入法设计电路顶层文件，指定 I/O 管脚，编译生成.pof 文件。

以下为设计的 8 位二进制加法器，它由两个并行的 4 位加法器级联而成。其中 4 位加法器的 VHDL 程序描述如下：

● 4 位加法器底层设计，具体如下：

```
library   ieee ;
use ieee.std_logic_1164.all;
use   ieee.std_logic_unsigned.all;
entity adder4bit is
     port(cin：in   std_logic;
           a, b: in   std_logic_vector(3   downto   0) ;
             s: out   std_logic_vector(3   downto   0 );
           cout：out   std_logic);
```

```
    end adder4bit is
    architecture beh of adder4bit is
        signal sint : std_logic_vector ( 4    downto   0 ) ;
        signal   aa,    bb:std_logic_vector( 4    downto    0) ;
    begin
        aa< ='0'   &   a(3    downto    0);              --4 位加数矢量扩为 5 位，提供进位空间
        bb<='0'   &   b(3    downto    0) ;
        sint< =aa+ bb+ cin;
        s（3    downto   0）<=sint(3    downto   0) ;
        cout< =sint (4) ;
    end    beh;
```

在 Quartlls Ⅱ File 菜单中选择 Create Symbol File for Current File 项，即可创建一个设计的符号。结果如图 5-34 所示。

图 5-34　4 位加法器 Symbol 图　　　　　　图 5-35　8 位加法器 Symbol 图

关于图 5-34 例化封装，设计完成具有一定的功能文件后，就相当于"制作"了该元件，可以把该元件当做底层元件，在以后的设计中调用，既可以文本调用，也可以图形调用。图形编辑顶层文件比较直观，且便于修改。这就需要对底层文件进行封装的考虑。

对于*.bdf 的顶层文件，执行菜单 File→Create Symbol File for Current File 即可封装为元件。如果封装后又进行 I/O 管脚的修改，就需要重新进行封装，因为原来生成的 Symbol 不自动更新。

对于 VHDL 文件，进行第一次成功编译后，就自动生成 Symbol。但是如果第一次成功编译后，又进行了 I/O 管脚的修改（port 里面的 in/out），即使再次编译成功，原来生成的 Symbol 也不自动更新，需要进行手工更新。

在图形设计顶层文件时，对使用的 Symbol（元件）双击，可以进入该 Symbol 的底层文件。如果这时对该底层文件 I/O 管脚进行了修改，不仅要进行重新封装，而且在关闭该底层文件返回到顶层文件后，要选择该 Symbol，执行菜单 Symbol→Update Symbol，更新后要注意原来的连线是否正确。

根据图 5-34 所示的接口方式，在一个顶层设计中将以上各模块通过元件例化，连接成一个如图 5-31 所示的完整的设计实体。

编译成功后，还可以再生成一个例化元件，如图 5-35 所示。

图 5-35 所示的设计相当于如下 VHDL 程序描述。

● 基于 4 位加法器的 8 位加法器，具体设计如下：

```
library   ieee;
use   ieee.std_logic_1164.all;
use   ieee.std_logic_unsigned.all;
```

208

```
entity adder8bit is
    port(cin: in      std_logic;
    a, b: in  std_logic_vector (7  downto  0);
    s :out std_logic_vector ( 7 downto 0 ) ;
    cout:  out   std_logic);
end adder8bit ;
architecture beh2 of adder8bit is
    component adder4bit                        --调用 4 位加法器模块
      port(cin:  in   std_logic;
        a, b: in  std_logic_vector(3  downto  0) ;
        s : out std_logic_vector ( 3   down to   0 ) ;
        cout:  out   std_logic);
    end component ;
    signal   carry_out: std_logic;
    begin                                      --匹配参数和端口
    ul: adder4bit port map(cin=>cin,  a=>a(3 downto 0), b=>b(3 downto 0),
        s=>s(3downto 0 ) ,    cout => carry_out ) ;
    u2 : adder4bit   port map ( cin=> carry_out ,   a=> a ( 7 downto 4 ) ,
        b=> b ( 7 downto 4 ) ,s=> s ( 7 downto 4 ) ,      cout => cout ) ;
    end beh2 ;
```

（3）流水线加法器

设计 4 位流水线加法器 add4，只是在先前 adder4bit 的基础上增加一个寄存器，如图 5-36 所示。

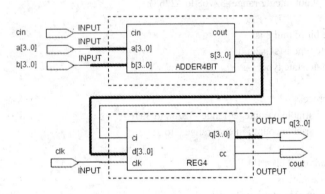

图 5-36 4 位流水线加法器

还可以级联成如图 5-37 所示的 8 位流水线加法器。该加法器由两个 4 位加法器组成，它们的输出寄存在 REG 中。功能块 add4 即 4 位流水线加法器，它的输出位"和"q 及 1 位进位位（Cout）。两个 4 位加法器合并构成的 8 位流水线加法器。8 位加法器的高位 q[7..4]需要从低位进位才能求和。然而输入到加法器的高位数据与进位输入不是同时到达的，因为低位产生进位需要花费时间。设计中采用流水线技术就能保证高位数据与低位产生的进位输出信号同时出现在高位加法器的输入上。两个相加数的低位 q[3..0]是在第一时钟周期相加的. 而高位 q[7..4]是在下一个时钟周期相加的，此时低位 add4 的输出被寄存起来。

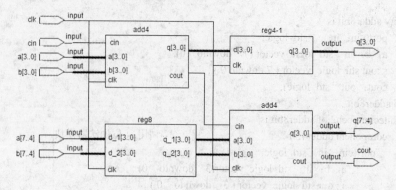

图 5-37　8 位流水线加法器

（4）乘法器

以下 VHDL 程序设计是基于"手工计算"的方法实现一个普通乘法器。

● 方法 1，普通乘法器，具体设计如下：

```
library ieee;
use   ieee.std_logic_1164.all;
use   ieee.std_logic_arith.all ;
entity mul_8 is                                        --接口
    port(clk:in std_logic;
            x:in integer range -128 to 127;
            a:in std_logic_vector(7 downto 0);
            y:out integer range -32768 to 32767);
end mul_8;
architecture bit of mul_8 is
    type state_type is(s1,s2,s3);                      --自定义类型
    signal state:state_type;
begin
    beh:process                                        --行为描述
        variable p,t: integer range -32768 to 32767;
        variable count : integer range 0 to 7;
    begin
        wait until clk='1';
        case state is
        when s1=>state<=s2;                            --第 1 步初始化
                count:=0;
                p:=0;                                 --重置寄存器
                t:=x;                                 --移位
        when s2=>if count=7 then                      --相乘累加
                state<=s3;
                else
                if a(count)='1' then p:=p+1;
                end if;
                t:=t*2;
                count:=count+1;
                state<=s2;
                end if;
        when s3=>y<=p;                                --结果输出
```

```
                    state<=s1;
            end case;
        end process beh;
    end bit;
```

以下是用文本输入 VHDL 程序设计，采用移位相加的方法实现一个 16*16 位乘法器，移位相加乘法器实现起来很简单，它的设计思想是根据乘数的每一位是否为 1 进行计算。若为 1，则将被乘数移位相加，这种方法硬件资源耗用较少。16*16 位乘法器的 VHDL 程序设计如下。

● 方法 2，移位乘法器，具体设计如下：

```
library ieee;
use ieee.std_logic_1164.all;
use ieee.std_logic_unsigned.all;
use ieee.std_logic_arith.all;
entity mul16 is
    port (clk:in std_logic;
            a,b:in std_logic_vector(15 downto 0);
            q:out std_logic_vector(31 downto 0));
end mul16;
architecture beh of mul16 is
    begin
    process (clk)
            variable tmp:std_logic_vector(31 downto 0);
            variable tout:std_logic_vector(31 downto 0);
    begin
            tout:="00000000000000000000000000000000";
            if (clk'event and clk='1') then
             for i in 0 to 15 loop
               tmp:="00000000000000000000000000000000";      --初始化
                if (b(i)='1') then                           --移位相加实现相乘
                    for j in 0 to 15 loop
                            tmp(i+j):=a(j);
                    end loop;
                 end if;
                tout:=tmp+tout;
             end loop;
            end if;
            q<=tout;
    end process;
    end beh;
```

（5）除法器

该电路的 VHDL 实现如下，对于该电路的程序实现主要是采用移位相减，即将除数移位到第一位不为零的位与被除数第一位不为零的数对齐，然后比较两数。若被除数比除数大，则两数相减，差放在被除数中，商的相应位置 "1"；若被除数小于除数，则将除数左移一位，商的相应位置 "0"；然后重复前边的过程，直到除法过程结束。

除法器设计编程如下：

```
library ieee;
use ieee.std_logic_1164.all;
use ieee.std_logic_arith.all;
use ieee.std_logic_unsigned.all;
entity mydivider is
port(divident:in std_logic_vector(3 downto 0);          --被除数
     dividor:in std_logic_vector(3 downto 0);           --除数
     carrybit:out std_logic;                            --进位
     result:out std_logic_vector(3 downto 0);           --商
     residual:out std_logic_vector(3 downto 0));        --余数
end mydivider;
architecture behav of mydivider is
begin
  process(divident,dividor)
     variable counter_1:integer;
     variable c,d,a,b,e,f, sig_1:std_logic_vector(3 downto 0);
begin
   a:=divident;
   b:=dividor;
   e:=a;
   f:=b;
   counter_1:=0;
   if(b="0000")then
        c:="1111";
        d:="1111";
        carrybit<='1';
   else
      if(a<b)then                                       --当 a<b，不需要除
           c:="0000";
           d:=a;
           carrybit<='0';
       else
          if(a="0000")then                              --0 除以任何数都为 0
              c:="0000";
              d:="0000";
          else
             for i in 3 downto 0 loop                   --移位相除
               if(f(3)='0')then
                 for j in 3 downto 1 loop               --将除数移位到第 1 位不为零的位与
                   f(j):=f(j-1);                         --被除数第 1 位不为零的数对齐
                 end loop;
                  f(0):='0';
                  counter_1:=counter_1+1;
               end if;
             end loop;
             for i in 3 downto 0 loop                   --循环体
                    if(i>counter_1)then
                        c(i):='0';
                    elsif (e<f)then
                        for j in 0 to 2 loop
                            f(j):=f(j+1);                --移位
```

212

```
                              end loop;
                              f(3):='0';
                              c(i):='0';
                         else
                              e:=e-f;
                              c(i):='1';
                              for j in 0 to 2 loop
                                   f(j):=f(j+1);
                              end loop;
                              f(3):='0';
                         end if;
                    end loop;
                    d:=e;
               end if;
               carrybit<='0';
          end if;
     end if;
     result<=c;
     residual<=d;                                          --得到商、余数
     end process;
     end behav;
```

2．时序仿真分析

1）半加器、1位全加器和用 function 语句实现的加法器分别如图 5-38a、b、c 所示，它们实现的功能都比较简单，这里就不再赘述。

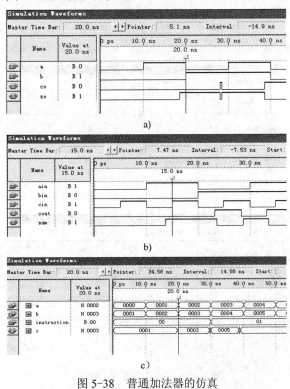

图 5-38　普通加法器的仿真

a) 半加器　b) 1 位全加器　c) function 语句实现的加法器

2）底层 4 位二进制加法器及顶层 8 位二进制加法器的仿真如图 5-39a、b、c 所示，4 位流水线加法器及 8 位流水线加法器的仿真分别如图 5-40a、b 所示，这些仿真都显示 $s=a+b$，结果正确。

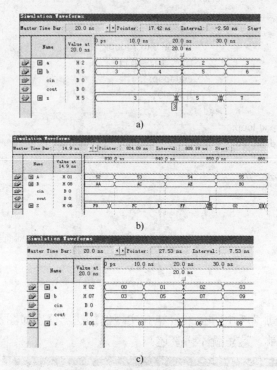

图 5-39　级联加法器的仿真

a) 4 位二进制加法器　b) 8 位二进制加法器（图形级联）　c) 8 位二进制加法器（VHDL 级联）

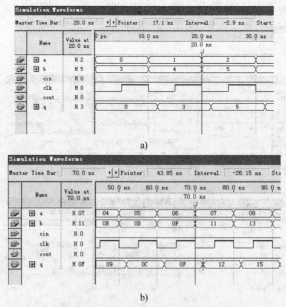

图 5-40　流水线加法器的仿真

a) 4 位流水线加法器　b) 8 位流水线加法器

对比图 5-40 与图 5-39 的结果，可以发现流水线加法器的延时明显小于普通的多位加法器的延时，但这个代价是以使用更多的 FPGA 逻辑单元（LE）来换取的。

3）乘法器。基于"手工计算"的方法实现一个普通乘法器和移位实现的 16 位乘法器的仿真结果如图 5-41a、b 所示。这里需要说明的是，仿真需要设定比较合理的时间区域和输入信号频率。仿真时间区域不能太小，也不能太大；仿真输入信号频率不能太高，也不能小到与器件的延时相比拟。

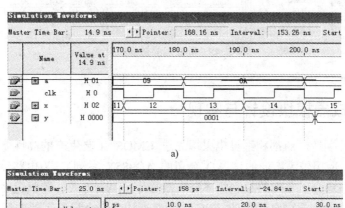

a)

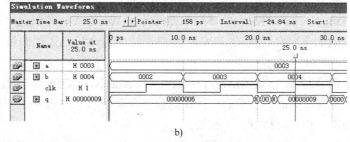

b)

图 5-41 乘法器的仿真

a) 手工计算乘法器   b) 16 位移位乘法器

基于三重流水线方法实现的乘法器的仿真结果如图 5-42 所示。从图中可明显看到乘法的结果是正确的。"流水线"的作用：虽然单独完成一次运算需要 5 个时钟周期，但是当作业按照顺序准备号进入流水线操作时，就相当于一次运算值需要 1 个时钟周期。

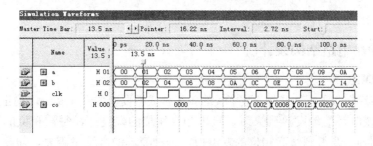

图 5-42   流水线乘法器的仿真结果

4）除法器的仿真结果如图 5-43 所示。

在计算机应用、仪器、仪表等领域的电子系统设计中，FPGA 技术的含量正以惊人的速度增加。运算器是现代计算机中的一个重要组成部分，利用 FPGA 技术，能方便、灵活地设计出各种运算器。本节介绍了各种基于 FPGA 技术的运算器的设计与实现，并描述了采用

VHDL 和原理图方式设计完成多位加法器、乘法器、除法器的方法和步骤。

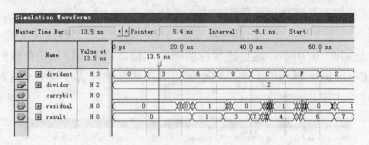

图 5-43　除法器的仿真结果

5.9　频率合成器模块设计与实现

目前各大芯片制造厂商都相继推出采用先进 CMOS 工艺生产的高性能和多功能的频率合成芯片（其中，应用较为广泛的是 AD 公司的 AD985X 系列），为电路设计者提供了多种选择。然而在某些场合，专用的数字频率合成器芯片在控制方式、置频速率等方面与系统的要求差距很大，这时如果用高性能的 FPGA 器件设计出符合自己需要的数字频率合成器电路，就是一个很好的解决方法。

直接数字频率合成器（Direct Digital Frequency Synthesis，DDFS）一般简称 DDS，是从相位概念出发，直接合成所需要波形的一种新的频率合成技术。DDS 的工作原理是以数控振荡器的方式产生频率、相位可控制的正弦波。

DDS 电路一般包括基准时钟、频率累加器、相位累加器、幅度/相位转换电路、D/A 转换器。频率累加器对输入信号进行累加运算，产生频率控制数据（Frequency Data 或相位步进量）。相位累加器由 N 位全加器和 N 位累加寄存器级联而成，对代表频率的二进制码进行累加运算，是典型的反馈电路，产生累加结果。幅度/相位转换电路实质上是一个波形寄存器，以供查表使用。读出的数据送入 D/A 转换器和低通滤波器。

DDS 的优点是易于控制，频率切换速度快。本节实例将通过 ROM 查找法，用 VHDL 分别实现 24 位和 32 位 DDS 的功能。

5.9.1　硬件模块电路结构设计

1. 24 位 DDS

DDS 是数字式的频率合成器，数字式的频率合成器要产生一个 $\sin\omega t$ 的正弦信号的方法是：在每次系统时钟的触发沿到来时，输出相应相位的幅度值，每次相位的增值为 ωT（T 为系统时钟周期）。要得到每次相位的幅度值，一种简单的方法是查表，即将 $0\sim 2\pi$ 的正弦函数值分成 N 份，将各点的幅度值存到 ROM 中，再用一个相位累加器每次累加相位值 ωT，得到相应的相位值，通过查找 ROM 得到当前的幅度值，这种方法的优点是易实现、速度快。其系统框图如图 5-44 所示。

DDS 的几个主要参数为：系统时钟频率、频率控制字长、频率分辨率、ROM 单元数、ROM 字长。24 位的 DDS，可以选取系统时钟频率为 10MHz，频率控制字长为 24 位，ROM

单元数为 2^{12}，ROM 字长为 10 位，并且有如下关系：

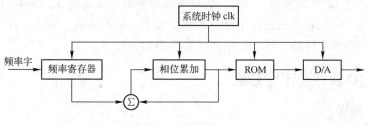

图 5-44　DDS 系统框图

频率分辨率=系统时钟频率/2^{24}。

频率控制字（FTW）$=f \times 2^{24}/T$。

其中，f 为要合成的频率，T 为系统时钟周期。

DDS 工作过程：每次时钟的上升沿到来时，相位累加器（24 位）中的值累加上频率寄存器（24 位）中的值，再用累加器的高 12 位作为地址进行 ROM 查表，查到的值送到 D/A 进行转换。这个过程需要几个时钟周期，但用 VHDL 设计，每个时钟周期每部分都在工作，实现了一个流水线的操作，实际计算一个正弦幅度值只用一个时钟周期，但是会有几个周期的延时。

此系统的性能受到以下两个方面的制约：ROM 单元数、ROM 数值的有限字长。由于 ROM 大小的限制，ROM 的单元地址位数一般都远小于相位累加器的位数，这样只能取相位累加器的高位作为 ROM 的地址进行查询，这相当于引入一个相位误差。而且 ROM 的有限字长不能精确表示幅度值，也相当于引入了一个误差。因此，应根据系统性能的要求合理选择 ROM。

为了解决 ROM 受限的瓶颈，可以采用 ROM 压缩技术。可以将 $0\sim 2\pi$ 的幅度值，只存储 $0\sim \pi/2$ 的部分。因为正弦函数存在以下特性：

$$\sin(x) = \sin(\pi - x) = -\sin(\pi + x) = -\sin(2\pi - x)$$

其中，x 位于区间 $0\sim \pi/2$。可见其他部分均可以用 $0\sim \pi/2$ 的部分表示。这样可将 ROM 的大小压缩到原来的 1/4。在实现时，2^{12} 个 ROM 单元中只用 2^{10} 个 ROM 单元就可以实现了。

2. 32 位 DDS

由于基准时钟一般固定，因此，相位累加器的位数就决定了频率分辨率。如上面的例子，相位累加器为 24 位，那么频率分辨率就可以认为是 24 位。位数越多，分辨率越高，图 5-45 给出了频率分辨率是 32 位的 DDS 主模块结构图。

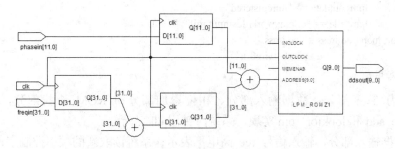

图 5-45　DDS 主模块结构图

这里，为了进一步提高速度，在设计相位累加器模块和加法器模块时，可以不采用FPGA 单元库中的 32 位加法器，尽管它们可以很容易地实现高达 32 位的相位累加器，但当工作频率较高时，它们较大的延时不能满足速度要求，故不可取。因此，在具体实现时，可以用几个累加器以流水线的方式，分别实现累加器和加法器。

5.9.2 模块电路软件设计与实现

1. VHDL 编程

（1）ROM 单元

通过 File 菜单中的 MegaWizard Plug-in Manager 创建一个 lpm_rom，其地址位数和数据位数都设为 10 位。生成 vhd 文件中 ROM 的参数如下：

```
library  ieee;
use   ieee.std_logic_1164.all;

entity  dds_dds_rom  is
    port
    ( address  : in std_logic_vector (9  downto  0);
          q    : out  std_logic_vector (9  downto  0));
end   dds_dds_rom;

architecture  syn  of  dds_dds_rom  is
        signal  sub_wire0   : std_logic_vectqr (9  downto  0);
        component  lpm_rom
        generic ( lpm_width       : natural;
            lpm_widthad       :natural;
            lpm_address_control   :string;
            lpm_outdata       :string;
            lpm_file        :string);
        port (address    : in std_logic_vector (9  downto  0);
            q : out  std_logic_vector (9  downto  0));
        end   component;
    begin
        q   <= sub_wire0(9  downto   0);
    lpm_rom_component : lpm_rom
    generic map ( lpm_width => 10,
        lpm_widthad => 10,
        lpm_address_contral => "unregistered",
        lpm_outdata => "unregistered",
        lpm_file => "c:/maxwork/ddsinput.mif  "    )
    port map ( address => address,
                    q => sub_wire0 );
    end syn;
```

程序分为 3 个部分：数据输入部分、相位累加部分和 ROM 查找部分，分别用进程datain、phase_add 和 lookfor_rom 实现。系统时钟用 clk 表示。

1）在数据输入部分，输入信号 rec 高电平表示让系统读取新的频率控制字，只有在 clk上升沿时，rec 为高电平，才将输入的 ftw 信号读入频率寄存器中。读取后，输出一个周期的 ack 高电平信号表示接受应答。

在结构体中定义的信号 frq_reg:std_logic_vector(23 downto 0)表示频率寄存器，phase_adder:std_logic_vector(23 downto 0)表示相位累加器，address：std_logic_vector(9 downto 0)表示 ROM 的输入地址，rom_out:std_logic_vector(9 downto 0)表示 ROM 的输出数据。

2）在相位累加部分，每次 clk 上升沿到来时，将频率寄存器的值加到相位累加器中，并将上一次的累加值的高 12 位输出作为查找 ROM 地址使用。其中最高两位赋给信号 s_1 和 s_2，用来表示相位的区间，其他 10 位用来生成 ROM 地址。如表 15-12 所示。

表 15-12　信号 s_1、s_2 相位的区间

s_1	s_2	对应的区间
0	0	$0\sim\pi/2$
0	1	$\pi/2\sim\pi$
1	0	$\pi\sim(3\pi)/2$
1	1	$(3\pi)/2\sim2\pi$

3）ROM 查找部分，对 s_1 和 s_2 进行判断，确定相位的区间。将各个区间的地址和 ROM 数据对应到 $0\sim\pi/2$ 区间，因为 ROM 中实际上只存储了 $0\sim\pi/2$ 区间的数据。区间 $\pi/2\sim\pi$ 中与区间 $0\sim\pi/2$ 幅度相同的相位相加为 π，即区间 $\pi/2\sim\pi$ 中地址为 x 的数据对应区间 $0\sim\pi/2$ 中地址 3FF~x 的数据，可由 x 取反得到。区间 $\pi\sim(3\pi)/2$ 的幅度为负，地址为 x 的数据对应区间 $0\sim\pi/2$ 中相同地址的数据取反。区间 $(3\pi)/2\pi\sim2\pi$ 的幅度为负，地址为 x 的数据对应区间 $0\sim\pi/2$ 中 3FF~x 地址的数据取反。

ROM 中的数据均为有符号数据，最高位为符号位，"0"表示正，"1"表示负，负数用二进制补码形式表示。正数取反再加 1，得到相应的负数。

（2）24 位 DDS

频率分辨率为 24 位的 DDS 的 VHDL 程序描述如下：

```
library  ieee;
use   ieee.std_logic_1164.all;
use   ieee.std_logic_unsigned.all;
use   ieee.std_logic_arith.all;
entity  dds_dds  is
    port(ftw: in std_logic_vector(23  downto  0);        --频率控制字
        clk:in std_logic;                               --系统时钟
        rec:in std_logic;                               --接收信号使能
        out_q: out std_logic_vector(9  downto  0);       --幅度值输出
        ack: out std_logic);                            --接收应答信号
    end dds_dds;
    architecture  beh of dds_dds is
    signal phase_adder,frq_reg:std_logic_vector(23  downto  0);
    singal rom_address,address:std_logic_vector(9  downto  0);
    singal rom_out:std_logic_vector(9  downto  0);
    singal s_1,s_2,a_1,a_2:std_logic;
    signal a:std_logic;
    component dds_dds_rom                                ----定义 rom 元件
```

```
            port(address:in std_logic_vector (9   downto   0);
                    q    :out std_logic_vector (9   downto   0)）;
        end component;
        begin
            data: dds_dds_rom port map (address, rom_out);
        datain: process(clk)                              ---数据输入部分
        begin
        if(clk'event and clk='1') then                    --clk 上升沿触发
            if(rec='1') then                              --rec 为 1，则读取 ftw 数据并将应答信号 ack 置 1
                    frq_reg<=ftw;
                    ack<='1';
                    a<='1';                               ---a 与 ack 内容相同在判断时使用
            end if;
            if(a='1') then                                ---检测到上一个周期 ack 为 1，则将其复位
                    ack<='0';
                    a<='0';
            end if;
        end if;
        end process;
        phase_add:process(clk)                            --相位累加部分
        begin
            if(clk'event and clk='1')   then              --clk 上升沿触发
                phase_adder<=phase_adder+frq_reg;         --进行相位累加
                rom_address(0)<=phase_adder(12);
                rom_address(1)<=phase_adder(13);
                rom_address(2)<=phase_adder(14);
                rom_address(3)<=phase_adder(15);
                rom_address(4)<=phase_adder(16);
                rom_address(5)<=phase_adder(17);
                rom_address(6)<=phase_adder(18);
                rom_address(7)<=phase_adder(19);
                rom_address(8)<=phase_adder(20);
                rom_address(9)<=phase_adder(21);
                s_2<= phase_adder(22);
                s_1<= phase_adder(23);                    --将上一个累加器的高 12 位送出
            end if;
        end process;
        lookfor_rom: process(clk)                         --rom 查找部分
        begin
            if(clk'event and clk='1')   then              --clk 上升沿触发
                a_1<=s_1;
                a_2<=s_2;                                 --a_1 和 a_2 比 s_1 和 s_2 落后一个周期
                if(s_1='0'and s_2='0') then               --将各区间的地址对应到 0~π/2 的地址
                    address<=rom_address;
                else if(s_1='0'and s_2='1') then
                    address<=not   rom_address;
                else if(s_1='1'and s_2='0') then
                    address<=rom_address;
                else if(s_1='1'and s_2='1') then
                    address<=not   rom_address;
```

```
        end if;                        --not rom_address=3ff—rom_address
        if(a_1='0'and a_2='0') then    --将各区间的幅度对应到 0~π/2 的幅度
            out_q<=rom_out;            --由于幅度比地址输出慢一个周期，所以用 a_1 和 a_2
                                         进行判断，a_1 和 a_2 比 s_1 和 s_2 落后一个周期
        else if(a_1='0'and a_2='1') then
            out_q <=rom_out;
        else if(a_1='1'and a_2='0') then
            out_q <=not   rom_out+"0000000001";
        else if(a_1='1'and a_2='1') then
            out_q <= not   rom_out+"0000000001";
        end if;                        --负数通过正数取反再加 1 得到
    end if;
    end process;
    end beh;
```

（3）32 位 DDS

频率分辨率为 32 位的 DDS 的 VHDL 程序描述如下，根据具体功能的不同，它有两种不同的实现方法：

● 方法 1，具体编程方法如下：

```
library ieee;
use ieee.std_logic_1164.all;
use ieee.std_logic_unsigned.all;
use ieee.std_logic_arith.all;
library lpm;                                              ---lpm
use lpm.lpm_components.all;
entity dds32_1 is                                        --dds 主模块
    generic( freq_width : integer :=32;                  --输入频率字位宽
             phase_width : integer :=12;                 --输入相位字位宽
             adder_width : integer :=32;                 --累加器位宽
             romad_width : integer :=10;                 --正弦 rom 表地址位宽
             rom_d_width : integer :=10);                --正弦 rom 表数据位宽
        port( clk : in std_logic;                        --dds 合成时钟
freqin : in std_logic_vector (freq_width-1 downto 0);    --频率字输入
phasein : in std_logic_vector(phase_width-1 downto 0);   --相位字输入
ddsout : out std_logic_vector(rom_d_width-1 downto 0));  ---dds 输出
end entity dds32_1;

architecture behave of dds32_1 is
    signal acc    :std_logic_vector(adder_width-1 downto 0);
    signal phaseadd: std_logic_vector(phase_width-1 downto 0);
    signal romaddr   :std_logic_vector(romad_width-1 downto 0);
    signal freqw   :std_logic_vector(freq_width-1 downto 0);
    signal phasew   :std_logic_vector(phase_width-1 downto 0);
begin
    process(clk)
    begin
        if(clk'event and clk='1')    then
            freqw <= freqin;         --频率字输入同步
            phasew <= phasein;       --相位字输入同步
```

```
                    acc <= acc + freqw;      --相位累加器
                end if;
            end process;
        phaseadd <= acc(adder_width-1 downto adder_width-phase_width) + phasew;
        romaddr <= phaseadd(phase_width-1 downto phase_width-romad_width);
        -- sinrom
            i_rom : lpm_rom      --lpm_rom 调用
        generic map ( lpm_width => rom_d_width,
                            lpm_widthad => romad_width,
                    lpm_address_control => "unregistered",
                            lpm_outdata => "registered",
                                lpm_file => "sin_rom.mif" )        --指向 rom 文件
            port map ( outclock => clk,address => romaddr ,q => ddsout );
        end architecture behave;
```

其中，产生 SIN ROM 数据值的 C 程序如下：

```
#include<stdio.h>
#include"math.h"
main()
{
    int i;float s;
    for(i=0;i<1024;i++)
        {   s = sin(atan(1)*8*i/1024);
            printf("%d : %d;\n",i,(int)((s+1)*1023/2));
        }
}
```

把上述 C 程序编译成程序后，在 DOS 命令行下执行就可以生成.mif 文件：

```
romgen > sin_rom.mif;
```

● 方法 2，具体编程如下：

```
library ieee;
use ieee.std_logic_1164.all;
entity dds32_2 is
    port( sysclk : in std_logic;                         --系统时钟
            ddsout : out std_logic_vector(9 downto 0);   --dds 输出
                sel : in std_logic;                      --输入频率字高低 16 位选择
            selok   : in std_logic;                      --选择好信号
            pfsel   : in std_logic;                      --输出频率、相位选择
                                                         --频率/相位字输入（与 sel、selok 配合使用）
            fpin    : in std_logic_vector(15  downto  0));
end dds32_2;
architecture behave of dds32_1 is
    component dds is                                     --dds 主模块
    generic( freq_width : integer :=32;                  --输入频率字位宽
            phase_width : integer :=12;                  --输入相位字位宽
            adder_width : integer :=32;                  --累加器位宽
            romad_width : integer :=10;                  --正弦 rom 表地址位宽
            rom_d_width : integer :=10);                 --正弦 rom 表数据位宽
```

222

```vhdl
port( clk : in std_logic;                                              --dds 合成时钟
    freqin : in std_logic_vector (freq_width-1 downto 0);              --频率字输入
   phasein : in std_logic_vector(phase_width-1 downto 0);             --相位字输入
      ddsout : out std_logic_vector(rom_d_width-1 downto 0));          --dds 输出
end component dds;
    signal clkcnt : integer range 4 downto 0;                         --分频器
    singal clk    : std_logic;
    signal frcqind : std_logic_vector(31 downto   0);                 --频率字
    signal phaseind : std_logic_vector(11 downto   0);                --相位字
begin
    i_dds : dds                                                       --例化 ddsc
        port map(clk => clk, ddsout => ddsout,
            phasein=>phaseind,    freqin=>freqind);
clk<=sysclk;
process(sysclk)                                                       --频率字的输入
begin
        if(sysclk'event and sysclk='l') then
          if(selok='l' and pfsel ='0') then
            if(sel='l') then
                    freqind(31 downto 16) <=fpin;
            else
                    freqind(15 downto 16) <=fpin;
            end if;
          elsif(selok='l' and pfsel ='l') then
            phaseind <=fpin(11   downto 0);
          end if;
        end if;
    end process;
    end behave;
```

2．时序仿真分析

由于功能实现上相差不大，这里仅以 24 位 DDS 的仿真结果分析为例。

仿真时为了便于观察，将 ROM 中的数据设为与地址值相同。clk 设为 10MHz, ftw 设为 65536。rom_address 为相位累加器的 12~21 位，address 为对应的 ROM 地址，out_q 为 ROM 数据的输出。

图 5-46 所示是开始时的仿真图。可以看到第一个 clk 上升沿，rec 为 1，所以 frq_reg 读入了 65536，并且输出了一个周期的 ack 应答信号。此时位于 $0 \sim \pi/2$ 区间，所以 rom_address 和 address 的值相同，输出数据为正值，即与 ROM 中查到的数据相同。计算同一个输出值时，产生的 rom_address、address 和 out_q 依次错后一个时钟周期。

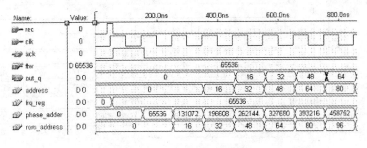

图 5-46　DDS 仿真图

图 5-47 所示为区间 0~π/2 与区间π/2~π交界处的仿真图。从图中可以看出，进入π/2~π后，address 的值为 3FF 减 rom_address 的值，输出的数据为正值，即与 ROM 中查到的数据相同。计算同一个输出值时，产生的 rom_address、address 和 out_q 依次错后一个时钟周期。

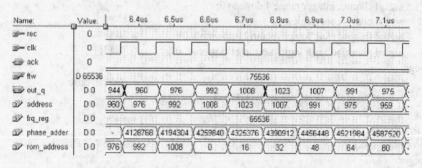

图 5-47　DDS 仿真图：0~π/2 与π/2~π交界

图 5-48 所示为区间π/2~π与区间π~（3π）/2 交界处的仿真图。从图中可以看出，进入π~（3π）/2 后，address 的值与 rom_address 的值相同，输出数据为负值，即输出数据为查到的 ROM 中数据的相反数，通过 ROM 中数据取反后再加 1 得到。计算同一个输出值时，产生的 rom_address、address 和 out_q 依次错后一个时钟周期。

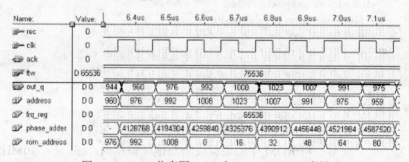

图 5-48　DDS 仿真图：π/2 与π ~ （3π）/2 交界

图 5-49 所示为区间π ~ （3π）/2 与区间π ~2π交界处的仿真图。从图中可以看出，进入（3π）/2~2π后，address 的值为 3FF 减 rom_address 的值，输出的数据为负值，即输出数据为查到的 ROM 中数据的相反数，通过 ROM 中数据取反再加 1 得到。计算同一个输出值时，产生的 rom_address、address 和 out_q 依次错后一个时钟周期。

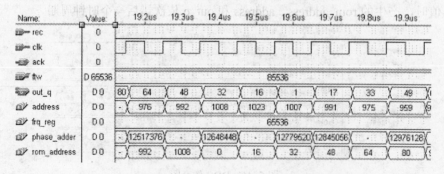

图 5-49　DDS 仿真图：π ~ （3π）/2 与π ~2π交界

从仿真结果可以看出，已经实现了设计要求达到的逻辑功能。将 0～π/2 区间的相位均分成 1024 份，求出其正弦值幅度值，存入 ROM 相应单元中，即可实现 DDS 的功能。

在用 FPGA 设计 DDS 电路时，ROM 一般由 EAB 实现，而相位累加器是决定 DDS 电路性能的一个关键部分，小的累加器可以利用器件的 FPGA 进位链得到快速、高效的 24 位或 32 位 DDS 电路结构。

本例用 VHDL 分别实现了 24 位或 32 位精度的 DDS 逻辑功能，从仿真结果可以看出，程序达到了设计要求，实现了 DDS 的功能。但由于 ROM 单元数和数据字长的限制，输出的正弦波信号会存在杂散信号。在实际应用中，应根据对输出信号的要求，合理配置 ROM 的单元数和数据字长。

习　题

1. 用 VHDL 设计体育比赛用的数字秒表，具体任务如下：

1）设计基本要求：计时精度应大于 1/100s，计时器能显示 1/100s 的时间，提供给计时器内部定时的时钟脉冲频率大于 100Hz，这里选用 1kHz。计时器的最长计时时间为 1h，为此需要一个 6 位的显示器，显示的最长时间为 59min59.99s。

2）设计硬件（复位和启/停开关）要求：复位开关用来使计时器清零，并做好计时准备。启/停开关的使用方法与传统的机械式计时器相同，即按一下启/停开关，启动计时器开始计时，再按一下启/停开关计时终止。复位开关可以在任何情况下使用，即使在计时过程中，只要按一下复位开关，计时进程立刻终止，并对计时器清零。复位和启/停开关应有内部消抖处理。

3）设计软件要求：采用 VHDL 用层次化设计方法设计符合上述功能要求的数字秒表。对电路进行功能仿真，通过有关波形确认电路设计是否正确。完成电路全部设计后，通过系统实验箱下载验证设计课题的正确性。

4）设计参考框图，如图 5-50 所示为数字秒表设计框图。

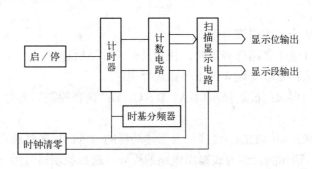

图 5-50　数字秒表设计框图

设计注意事项：计时器作用是控制计时。计时器的输入信号是启动、暂停和清零。为符合惯例，将启动和暂停功能设置在同一个按键上，按第一次是启动，按第二次是暂停，按第三次是继续。所以计时器共有两个开关输入信号，即启动/暂停和清零。计时控制器输出信号为计数允许/保持信号和清零信号。

计时电路的作用是计时，其输入信号为 1kHz 时钟、计数允许/保持和清零信号，输出为 10ms、100ms、1s 和 1min 的计时数据。

时基分频器是一个 10 分频器，产生 10ms 周期的脉冲，用于计时电路的时钟信号。显示电路为动态扫描电路，用以显示 10min、1min、10s、1s、100ms 和 10ms 信号。

2. 用 VHDL 设计完成电子钟，图 5-51 所示为电子钟的原理框图。要求项目文件命名为 clock，小时为二十四进制。按照下面的步骤完成各部分功能的逻辑设计，也可参考第 5 章的设计方法。任务及要求如下所述。

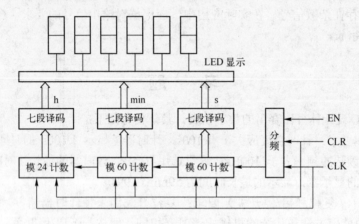

图 5-51　电子钟原理框图

1）使用原理图输入方法完成模 60 和模 24 计数器设计，文件名为 countm60、countm24。

2）使用硬件描述语言（如 VHDL）完成分频器、七段译码器的设计。

3）使用功能仿真，单独仿真验证各模块的功能。

4）产生顶层模块，完成电子钟的顶层设计。

5）选择目标期间，编译顶层设计，在编译报告中查看时序分析结果和器件资源使用情况。

6）在分配编辑器中完成引脚分配。

3. 设计并实现 4 选 1 多路选择电路，任务及要求如下所述。

1）设计基本要求：要求实现 4 选 1 多路选择电路。

2）设计硬件端口要求：被选择端口 A、B、C、D；选择控制信号为 S1、S0；输出端口为 Y0。

3）设计软件要求：用 VHDL 设计符合上述功能的 4 选 1 多路选择电路。分别要求用 if…then 语句和 case 语句的表达方式写出电路的程序，选择控制信号为 S1、S0 的数据类型为 std_logic_vector；s1='0'、s0='0'；s1='0'、s0='1'；s1='1'、s0='0'；s1='1'，s0='1'分别执行 y<=a、y<=b、y<=c、y<=d。完成电路全部设计后，通过系统实验箱下载验证设计课题的正确性。

4）设计参考框图：如图 5-52 所示为 4 选 1 多路选择电路框图。

4. 设计并实现用于竞赛的 4 人抢答器，任务及要求如下所述。

1）设计基本要求：有多路抢答，抢答台数为 4，抢答开始后 20s 倒计时，20s 倒计时后无人抢答显示超时，并报警；能显示超前抢答台号并显示犯规警报。

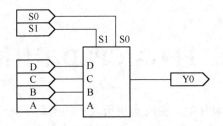

图 5-52　4 选 1 多路选择电路框图

2）设计硬件（复位和启/停开关）要求：系统复位后进入抢答状态，当有一路抢答按键按下，该路抢答信号将其余各路抢答信号封锁，同时铃声响起，直至该按键松开，显示牌显示该路抢答台号。

3）设计软件要求：用 VHDL 设计符合上述功能要求的 4 人抢答器，并用层次化设计方法设计该电路。完成电路全部设计后，通过系统实验箱下载验证设计课题的正确性。

4）设计参考框图，如图 5-53 所示为 4 人抢答器框图。

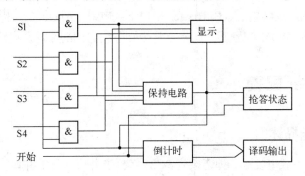

图 5-53　4 人抢答器框图

设计注意事项：系统复位后，反馈信号为一个高电平，使 K1、K2、K3、K4 输入有效，当抢答开始第一个人按键后，保持电路输出低电平，同时送显示电路，让其保存按键的台号并输出，反馈给抢答台，使所有抢答台输入无效，计时电路停止。当在规定时间内无人抢答时，倒计时电路输出超时信号。当主持人未说完，有人抢答时将显示犯规信号。

第6章 FPGA/CPLD 器件的配置

当在 Quartus Ⅱ中完成设计后,就应当将所设计的电路下载到 CPLD 芯片中,结合用户系统进行统一的调试。CPLD 编程下载的方式较多,按计算机的接口可分为:串口下载(BitBlaster 或 MasterBlaster)、并口下载(ByteBlaster)、USB 接口下载(MasterBlaster 或 APU)等方式;按器件可分为:CPLD 编程(MAX 3000、MAX 5000、MAX 7000、MAX 9000)、FPGA 下载(FLEX 6000、FLEX 8000、FLEX 10K、ACEX 1K、APEX 20K)、存储器编程 EPC1、EPC2 等。

针对 CPLD 器件不同的内部结构,Altera 公司提供了不同的器件配置方式。Altera 可编程逻辑器件的配置可通过编程器、JTAG 接口在线编程及 Altera 在线配置 3 种方式进行。

Altera 器件编程的连接硬件包括 ByteBlaster 并口下载电缆、ByteBlasterMV 并口下载电缆、MasterBlaster 串行/USB 通信电缆、BitBlaster 串口下载电缆,Altera 公司提供的 EPC1、EPC2、EPC16 和 EPC1441 等 PROM 配置芯片。本章将分别介绍它们的原理及电路连接关系。

6.1 ByteBlaster 配置

6.1.1 原理与功能描述

ByteBlaster 并口下载电缆是一种连接到 PC25 针标准并口(LPT 并口)的硬件接口产品。它既可以对 FLEX 10K、FLEX 8000 和 FLEX 6000 进行配置,也可以对 MAX 9000(包括 MAX 9000A)、MAX 7000S 和 MAX 7000A 进行编程。ByteBlaster 为在线可编程逻辑器件提供了一种快速而廉价的配置方法。设计人员的最新设计可以通过 ByteBlaster 并口下载电缆随时下载到芯片中去,因此,设计的样品能很快完成。ByteBlaster 并口下载电缆的连接如图 6-1 所示。

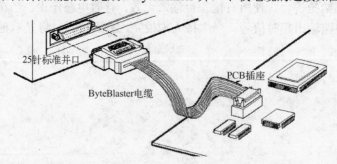

25针标准并口

PCB插座

ByteBlaster电缆

图 6-1 ByteBlaster 并口下载电缆连接示意图

1. 下载模式

ByteBlaster 并口下载电缆提供两种下载模式:

1)被动串行模式(PS 模式)。用于配置 FLEX 10K、FLEX 8000 和 FLEX 6000 器件。

2）JTAG 模式。具有工业标准的 JTAG 边界扫描测试电路（符合 IEEE 1149.1：1990 标准），用于配置 FLEX 10K 或对 MAX 9000、MAX 7000S 和 MAX 7000A 器件进行编程。

2．连接

ByteBlaster 并口下载电缆与 PC 并口相连的是 25 针插头，与 PCB 相连的是 10 针插座。数据从 PC 并口通过 ByteBlaster 并口下载电缆下载到 PCB。

利用 ByteBlaster 并口下载电缆配置/编程 3.3V 器件（如 FLEX 10KA、MAX 7000A 器件）时，要将电缆的 V_{CC} 引脚连接到 5.0V 电源，而器件的 V_{CC} 引脚连接到 3.3V 电源，FLEX 10KA 和 MAX 7000A 器件能够耐压到 5.0V，因此，ByteBlaster 并口下载电缆的 5.0V 输出不会对 3.3V 器件造成损害，但 5.0V 电源中应该连接上拉电阻。

（1）25 针插头

ByteBlaster 并口下载电缆与 PC 并口相连的是 25 针插头，在 PS 模式下和在 JTAG 模式下的引脚信号名称是不同的，如表 6-1 所示。ByteBlaster 并口下载电缆原理图如图 6-2 所示。

表 6-1　ByteBlaster 并口下载电缆 25 针插头的引脚信号名称

引　脚	PS 模式下的信号名称	JTAG 模式下的信号名称
2	DCLK	TCK
3	nCONFIG	TMS
8	DATA0	TDI
11	CONF_DONE	TDO
13	nSTATUS	NC
15	GND	GND
18～25	GND	GND

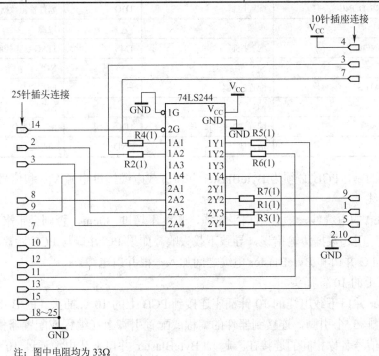

注：图中电阻均为 33Ω

图 6-2　ByteBlaster 并口下载电缆原理图

（2）10 针插座

10 针插座是与包含目标器件的 PCB 上的 10 针插头连接的，其尺寸示意图如图 6-3 所示。表6-2 列出了在 PS 模式下和在 JTAG 模式下的引脚信号名称。

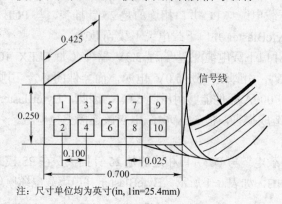

注：尺寸单位均为英寸(in, 1in=25.4mm)

图 6-3 ByteBlaster 并口下载电缆 10 针插头尺寸示意图

表 6-2 ByteBlaster 并口下载电缆 10 针插座的引脚信号名称

引　脚	PS 模式下的信号名称		JTAG 模式下的信号名称	
	信 号 名 称	描　　述	信 号 名 称	描　　述
1	DCLK	时钟	TCK	时钟
2	GND	信号地	GND	信号地
3	CONF_DONE	配置控制	TDO	器件输出数据
4	V_{CC}	电源	V_{CC}	电源
5	nCONFIG	配置控制	TMS	JTAG 状态控制
6	—	NC（引脚悬空）	—	NC
7	nSTATUS	配置的状态	—	NC
8	—	NC	—	NC
9	DATA0	配置到器件的数据	TDI	配置到器件的数据
10	GND	信号地	GND	信号地

需要指出的是，PCB 必须为 ByteBlaster 并口下载电缆提供电源 V_{CC} 和信号地 GND。

（3）电缆线

ByteBlaster 的电缆线一般使用扁平电缆，长度不超过 30cm，否则会带来干扰、反射及信号过冲问题，引起数据传输错误，导致下载失败。如果 PC 并口与 PCB 距离较远，需要加长电缆，可在 PC 并口和 ByteBlaster 电缆之间加入一根并口电缆。

（4）PCB 上的 10 针插头

ByteBlaster 并口下载电缆的 10 针插座连接到 PCB 上的 10 针插头。PCB 上的 10 针插头排成两排，每排 5 个引脚，连接到器件的编程或配置引脚上（编程或配置器件的引脚与 10 针插座的引脚信号名称相同的连接在一起）。ByteBlaster 并口下载电缆通过 10 针插头获得电源并下载数据到器件。10 针插头的尺寸示意图如图 6-4 所示。

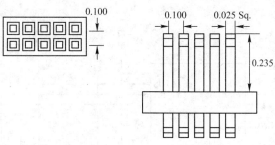

注：尺寸单位均为英寸

图 6-4　10 针插头尺寸示意图

6.1.2　PS 模式

本节主要讨论 PS 模式对单个与多个 FLEX 器件的配置。在 PS 模式下，配置数据从数据源通过 ByteBlaster 并口下载电缆串行地送到 FLEX 器件，配置数据的同步时钟由数据源提供。

1．PS 模式对单个 FLEX 器件的配置

Quartus Ⅱ编程器能够对单个 FLEX 10K、FLEX 8000 或 FLEX 6000 器件在 PS 模式下进行配置。器件配置文件为 SRAM 目标文件（.sof），该文件是 Quartus Ⅱ编译器在项目编译时自动产生的。单个 FLEX 10K 器件与 ByteBlaster 并口下载电缆的连接如图 6-5 所示，FLEX 8000 或 FLEX 6000 器件与 ByteBlaster 并口下载电缆的连接与图 6-5 相似。如果 DATA0 引脚在用户状态（User Mode）中被用到，则在配置过程中，该引脚应与用户电路隔离。

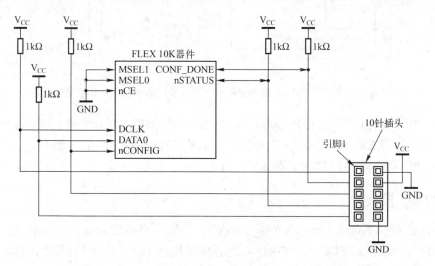

图 6-5　PS 模式下用 ByteBlaster 并口下载电缆对单个 FLEX 10K 器件的配置

2．PS 模式对多个 FLEX 器件的配置

Quartus Ⅱ编程器能够使用 ByteBlaster 并口下载电缆对多个 FLEX 10K、FLEX 8000 或 FLEX 6000 器件在 PS 模式下进行配置。多个 FLEX 10K 器件与 ByteBlaster 并口下载电缆的连接如图 6-6 所示，FLEX 8000 或 FLEX 6000 器件与 ByteBlaster 并口下载电缆的连接与图 6-6 相似。

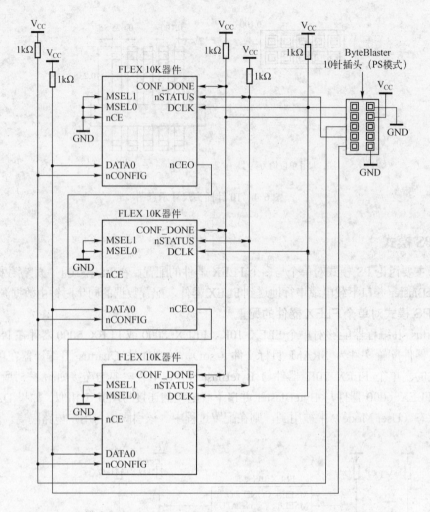

图 6-6　PS 模式下用 ByteBlaster 并口下载电缆对多个 FLEX 10K 器件配置

FLEX 10K 器件可以与 FLEX 6000 器件在相同的配置链中进行配置。FLEX 10K 器件的 nCEO 引脚与 FLEX 6000 器件的 nCE 引脚连接在一起。在配置链中，所有器件的 CONF_DONE 引脚和 nSTATUS 引脚都应各自连接在一起。

6.1.3　JTAG 模式

在 JTAG 模式下可以实现在线可编程和在线可配置，ByteBlaster 并口下载电缆一端可通过任何标准并口连接到 PC，另一端的 10 针插座连接到 PCB 上的目标器件。这部分的主要内容如下：

1）在 JTAG 模式下对单个 FLEX 10K 器件的配置。

2）在 JTAG 模式下对单个 MAX 9000、MAX 7000S 或 MAX 7000A 器件的编程。

3）在 JTAG 模式下对多个器件的编程或配置。

1. JTAG 模式对单个 FLEX 10K 器件的配置

Quartus Ⅱ 软件可以通过 ByteBlaster 并口下载电缆，将编译过程中产生的 SRAM 目标文件（.sof）直接下载到目标器件中去。器件的配置是经过 JTAG 引脚 TCK、TMS 和 TDO

完成的。单个 FLEX 10K 器件与 ByteBlaster 并口下载电缆的连接如图 6-7 所示，所有其他 I/O 引脚在配置过程中均为三态。

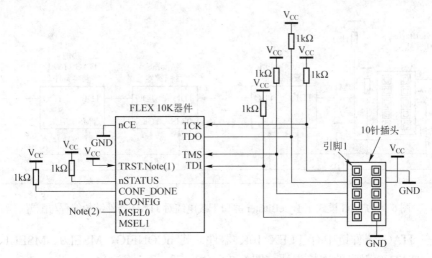

图 6-7　JTAG 模式下用 ByteBlaster 并口下载电缆对单个 FLEX 10K 器件的配置

2．JTAG 模式对单个 MAX 9000、MAX 7000S 或 MAX 7000A 器件的编程

Quartus Ⅱ 软件可以通过 ByteBlaster 并口下载电缆将编译过程中产生的编程目标文件（.pof）直接下载到目标器件中去。器件的配置是经过 JTAG 引脚、TCK、TMS、TDI、TDO 完成的。单个 MAX 9000、MAX 7000S 或 MAX 7000A 器件与 ByteBlaster 并口下载电缆的连接如图 6-8 所示，I/O 引脚在在线可编程过程中均为三态。

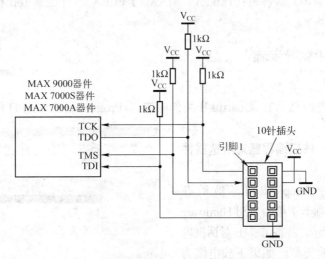

图 6-8　JTAG 模式下用 ByteBlaster 并口下载电缆对单个 MAX 9000、MAX 7000S 或 MAX 7000A 器件的编程

3．JTAG 模式对多个器件的编程或配置

当对一个 JTAG 模式的器件链进行编程时，要求一个兼容 JTAG 模式的插座连接到几个器件，如 ByteBlaster 并口下载电缆的 10 针阴接触件插座，JTAG 器件链中器件的数目仅受限于 ByteBlaster 并口下载电缆的驱动能力，然而当器件数目超过 5 个时，Altera 建议对 TCK、TDI 和 TMS 引脚进行缓冲。

当 PCB 包含多个目标器件时，或者 PCB 使用 JTAG 边界扫描测试时，采用 JTAG 器件链进行编程是最理想的，如图 6-9 所示。

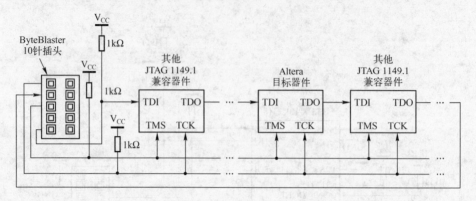

图 6-9 JTAG 模式下 ByteBlaster 并口下载电缆对 JTAG 器件链的编程与配置

如果在 JTAG 器件链中有 FLEX 10K 器件，其 nCONFIG、MSEL0、MSEL1、CONF_DONE 和 nSTATUS 引脚的连接方法与图 6-7 一样。

为了在 JTAG 器件链中对单个器件编程，编程软件将 JTAG 器件链中所有其他器件（包括非 Altera 器件）处于 Bypass 模式。在 Bypass 模式下，器件通过旁路（Bypass）寄存器，将编程数据从 TDI 引脚送到 TDO 引脚，而对内部没有影响。因此，编程软件仅对目标器件进行编程与校验。

MAX 9000、MAX 7000S 和 MAX 7000A 器件能够使用 JTAG 器件链在线编程，FLEX 10K 器件能够使用 JTAG 器件链在线配置，MAX 与 FLEX 器件能够放在相同的 JTAG 器件链中进行编程和配置。

6.1.4 软件编程和配置步骤

1. 打开编程窗口

连好编程器硬件，然后在 Quartus II 菜单中选择 Programmer 项，打开编程器窗口，如图 6-10 所示。

2. 利用 Altera 按钮编程器对所选器件进行编程

单击 Hardware Setup 按钮，然后在 Hardware Settings 选项卡下单击 Add Hardware 按钮，如图 6-11a 所示。在图 6-11b 对话框内选择设定下载电缆的类型，如果下载电缆为 ByteBlaster 类型，设定后单击 OK 按钮即可；如果是 BitBlaster 类型还要选择相应的波特率，最后单击 OK 按钮，如图 6-11b 所示。

1）在编程器窗口中，检查选择的编程文件和器件是否正确。在对 MAX 和 EPROM 器件进行编程时，要用扩展名是.pof 的文件，如果选择的编程文件不正确，可在

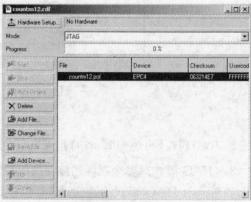

图 6-10 编程器窗口

File 菜单中选择 Select Programming File 命令选择编程文件，如图 6-12 所示。

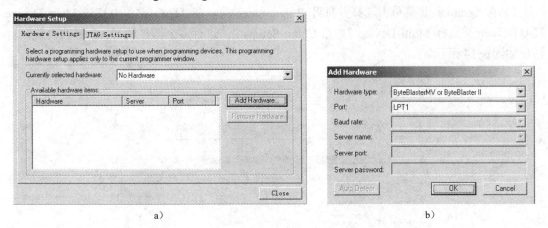

图 6-11　下载电缆的选择

2）将器件插到编程插座中。

3）单击 Start 按钮，编程器将检查器件，并将项目编程到器件中，而且还将检查器件中的内容是否正确。

3. 通过 JTAG 实现在系统编程

一个编程目标文件（.pof）可以通过 ByteBlaster 并口下载电缆直接编程到器件中，如图 6-13 所示。

图 6-12　编程文件的选择

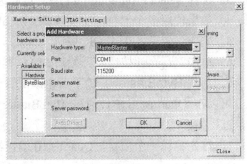

图 6-13　通过 JTAG 接口对 CPLD 进行编程

1）编译一个项目，Quartus Ⅱ编译器将自动产生用于 MAX 器件的编程目标文件。

2）将 ByteBlaster 并口下载电缆的一端与微机的并口相连，另一端 10 针阴接触件与装有可编程逻辑器件的 PCB 上的阳接触件插座相连。该 PCB 还必须为 ByteBlaster 并口下载电缆提供电源。

3）打开 Quartus Ⅱ编程器。

4）在 Option 菜单中选择 Hardware Setup 命令，将出现 Hardware Setup 窗口。

5）在 Add Hardware 页面中的 Hardware type 文本框中选择 ByteBlaster。

6）指定配置时使用的并口。

7）单击 OK 按钮。

4．设置在系统多器件同时编程

1）在 Quartus Ⅱ菜单中选择并打开 Programmer 项，在 JTAG 菜单中打开 Multi-Device JTAG Chain 并选择 Multi-Device JTAG Chain Setup 项，进行多个器件的 JTAG 链的设置。对话框如图 6-14 所示。

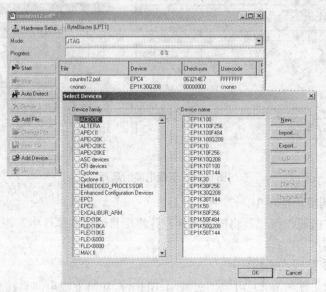

图 6-14　利用 JTAG 链进行多器件同时编程

2）单击 Add File 按钮。

3）选择 Select Programming File，然后选择编程文件。

4）如果使用多个器件，重复步骤 2）、3），可确保与 PCB 上的顺序相同。

5）完成设置后，单击 OK 按钮。

6）单击 Program 按钮，开始对 JTAG 器件进行编程。

5．利用 ByteBlaster 并口下载电缆配置 FLEX 器件

可以在 Quartus Ⅱ中，通过 ByteBlaster 并口下载电缆对多个 FLEX 器件进行在电路配置，过程如下：

1）首先编译一个项目，Quartus Ⅱ编译器将自动为 FLEX 器件产生一个 SRAM 目标文件（.pof）。

2）将 ByteBlaster 电缆的一端与微机的并口相连，另一端 10 针阴接触件与装有可编程逻辑器件的 PCB 上的阳接触件相连。该 PCB 还必须为 ByteBlaster 并口下载电缆提供电源。

3）打开 Quartus Ⅱ编程器窗口，在 Option 菜单中选择 Hardware Setup 命令，在该窗口中选择 ByteBlaster 并设定相应的 LPT 端口。

4）如果只需配置一个 FLEX 器件，首先检查在编程器窗口中的编程文件和器件是否正确，如果不正确，在 File 菜单中选择 Select Programming File 命令来改变编程文件。

5）如果需要配置一个含多个 FLEX 器件的 FLEX 链，在 FLEX 菜单中打开 Multi-Device FLEX Chain，然后选择 Multi-Device FLEX Chain Setup。接着按 PCB 上的顺序添加 FLEX 编程文件。选定全部文件后，单击 OK 按钮。

6）在编程器窗口中单击 Configure 按钮。

除此之外，还可以用 Multi-Device JTAG Chain 来配置多个 FLEX 器件，也可以用 Altera EPROM 或微处理器来配置 FLEX 器件。

6.2 ByteBlasterMV 并口下载电缆

6.2.1 原理与功能描述

ByteBlasterMV 并口下载电缆连接到 PC25 针标准并口（一个 LPT 端口）。ByteBlasterMV 并口下载电缆可从 PC 驱动数据配置 APEX Ⅱ、APEX 20K（包括 APEX 20K、APEX 20KE 和 APEX 20KC）、ACEX 1K、Mercury、Excalibur、FLEX 10K（包括 FLEX 10KA 和 FLEX 10KE）、FLEX 8000 和 FLEX 6000 器件，编程 MAX 9000、MAX 7000S、MAX 7000A、MAX 7000B 和 MAX 3000A 器件。由于设计可以直接下载到器件中，所以样品完成很容易，并能很快完成多个重复的样品设计。

1．特点

1）ByteBlasterMV 并口下载电缆允许 PC 用户完成下列操作：

通过标准并口在线编程 MAX 9000、MAX 7000S、MAX 7000A、MAX 7000B 和 MAX 3000A 系列器件。可配置 APEX Ⅱ、APEX 20K（包括 APEX 20K、APEX 20KE 和 APEX 20KC）、ACEX 1K、Mercury、FLEX 10K（包括 FLEX 10KA 和 FLEX 10KE）、FLEX 8000 和 FLEX 6000 器件及 Excalibur 嵌入式微处理器解决方案。

2）工作电压 V_{CC} 支持 3.3V 或 5.0V。

3）为在线编程提供快速廉价的方法。

4）可从 MAX+PLUS Ⅱ 或 Quartus Ⅱ 开发软件中下载数据。

5）具有与 PC25 针标准并口相连的接口。

6）使用 10 针 PCB 连接器（与 ByteBlaster 并口和 BitBlaster 串口相同）。

2．下载模式

ByteBlasterMV 并口下载电缆提供两种下载模式：

1）PS 模式。用于配置 APEX Ⅱ、APEX 20K、ACEX 1K、Mercury、Excalibur、FLEX 10K、FLEX 8000 和 FLEX 6000 器件。

2）JTAG 模式。具有工业标准的 JTAG 接口，用于编程或配置 APEX Ⅱ、APEX 20K、Mercury、ACEX 1K、Excalibur、FLEX 10K、MAX 9000、MAX 7000S、MAX 7000A、MAX 7000B 和 MAX 3000A 器件。

3．连接

ByteBlasterMV 并口下载电缆与 PC 并口下载相连的是 25 针插头，与 PCB 相连的是 10 针插座。数据从 PC 并口通过 ByteBlasterMV 并口下载电缆下载到 PCB。

为了利用 ByteBlasterMV 并口下载电缆配置 1.5V APEX Ⅱ、1.8V APEX 20KE、2.5 V APEX 20K、Excalibur、Mercury、ACEX 1K 和 FLEX 10KE 器件，3.3V 电源中应该连接上拉电阻，电缆的 V_{CC} 引脚连接到 3.3V 电源，而器件的 VCCINT 引脚连接到相应的 2.5V、1.8V 或 1.5V 电源。对于 PS 配置，器件的 VCCIO 引脚必须连接到 2.5V 或 3.3V 电源。对于

APEX Ⅱ、Mercury、ACEX 1K、APEX 20K 和 FLEX 10KE 器件的 JTAG 在线配置，或 MAX 7000A 和 MAX 3000A 器件的 JTAG 在线编程，电缆的 V_{CC} 引脚则必须连接 3.3V 电源。器件的 VCCIO 引脚既可连接到 2.5V 也可连接到 3.3V 电源上。

（1）25 针插头

ByteBlasterMV 并口下载电缆与 PC 并口相连的是 25 针并口插头，在 PS 模式下和在 JTAG 模式下的引脚信号名称是不同的，如表 6-3 所示。ByteBlasterMV 与 ByteBlaster 并口下载电缆的区别仅是 15 引脚不同，ByteBlaster 并口下载电缆连接到 GND，而 ByteBlasterMV 并口下载电缆连接到 VCC。ByteBlasterMV 并口下载电缆原理图如图 6-15 所示。

表 6-3　ByteBlasterMV 25 针插头的引脚信号名称

引　脚	PS 模式下的信号名称	JTAG 模式下的信号名称
2	DCLK	TCK
3	nCONFIG	TMS
8	DATA0	TD1
11	CONF-DONE	TDO
13	nSTATUS	—
15	V_{CC}	V_{CC}
18～25	GND	GND

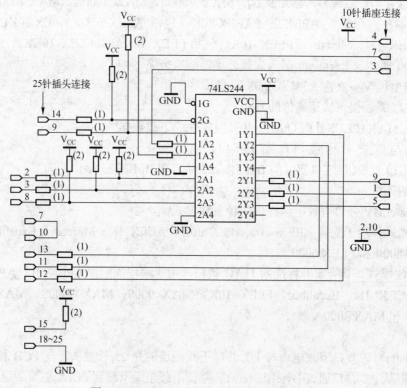

图 6-15　ByteBlasterMV 并口下载电缆原理图

（2）10 针插座

10 针插座是与包含目标器件的 PCB 上的 10 针插头连接的，其尺寸示意图与引脚信号名称和 ByteBlaster 并口下载电缆的 10 针插座完全一样，如图 6-3 和表 6-2 所示。

（3）PCB 上的 10 针插头

ByteBlasterMV 并口下载电缆的 10 针插座连接到 PCB 上的 10 针插头。PCB 上的 10 针插头排成两排，每排 5 个引脚，连接到器件的编程或配置引脚上（编程或配置器件的引脚与 10 针插座的引脚信号名称相同的连接在一起）。ByteBlasterMV 并口下载电缆通过 10 针插头获得电源并下载数据到器件，10 针插头尺寸示意图和 ByteBlaster 并口下载电缆的 10 针插头完全一样，如图 6-4 所示。

6.2.2 软件编程和配置步骤

使用 ByteBlasterMV 并口下载电缆和 Quartus II 编程器对一个或多个器件进行编程或配置的步骤如下：

1）对项目进行编译。Quartus II 编译器针对 FLEX 10K、FLEX 8000 和 FLEX 6000 目标器件自动生成.sof 文件，针对 MAX 9000、MAX 7000S、MAX 7000A、MAX 7000B 和 MAX 3000A 目标器件自动生成.pof 文件。

2）连接 ByteBlasterMV 并口下载电缆到 PC 的并口，将 10 针插座插到包含目标器件的 PCB 中，PCB 必须为 ByteBlasterMV 并口下载电缆提供电源。对于 WindowsNT 操作系统，在使用 ByteBlasterMV 并口下载电缆前必须安装驱动器。

3）打开 Quartus II 编程器，在 Options 菜单中选择 Hardware Setup 命令，指定 ByteBlasterMV 并口下载电缆和相应的 LPT 端口。

4）Quartus II 软件自动地从当前项目中装载可编程文件（.pof 或.sof），对多器件项目则选择第一个可编程文件。为了指定其他可编程文件，在 Files 菜单中选择 Select Programming File 指定正确的文件，对 FLEX 10K、FLEX 8000 或 FLEX 6000 器件选择一个.sof 文件，对 MAX 9000、MAX 7000S、MAX 7000A、MAX 7000B 和 MAX 3000A 器件则选择一个.pof 文件。

5）如果是对 JTAG 或 FLEX 器件链进行编程或配置，还要执行下列步骤：为了在 JTAG 器件链（多个或单个器件）中对器件进行编程或配置，在 JTAG 菜单中打开 Multi-Device JTAG Chain 或选择 Multi-Device JTAG Chain Setup，对 JTAG 多器件链进行设置。

6）如果 JTAG 多器件链仅包括 FLEX 器件或 MAX 器件，则设置后建立一个 JTAG 器件链文件（.jcf）。如果 JTAG 多器件链是 FLEX 和 MAX 器件的混合链，设置后建立两个分开的.jcf 文件。一个.jcf 文件将配置 FLEX 器件，另一个.jcf 文件将对 MAX 器件编程。

7）为了在 FLEX 多器件链中对多个器件进行配置，在 FLEX 菜单中打开 Multi-Device FLEX Chain，然后选择 Multi-Device FLEX Chain Setup 对 FLEX 多器件链进行设置。

8）在 Quartus II 编程器中单击 Program 或 Configure 按钮对器件进行编程或配置。ByteBlasterMV 并口下载电缆从.sof 文件或.pof 文件中下载数据到器件。

6.3 MasterBlaster 串行/USB 通信电缆

6.3.1 特点

1）在 Quartus II 软件中，支持 SignalTap 嵌入式逻辑分析器。

2）MasterBlaster 串行 / USB 通信电缆允许 PC 和 UNIX 用户完成下列操作：

操作一：可配置 APEX Ⅱ、APEX 20K、FLEX 10K、FLEX 3000A、FLEX 8000 和 FLEX 6000 器件及 Excalibur 嵌入式微处理器解决方案。

操作二：在线可编程 MAX 9000、MAX 7000S、MAX 7000B、MAX 7000A 和 EPC2 器件。

3）工作电压 V_{CC} 支持 5.0V、3.3V 或 2.5V。

4）为在线程提供快速廉价的方法。

5）可从 QuartusⅡ开发软件和 MAX+PLUSⅡ9.3 及以上版本中下载数据。

6）具有 RS-232 串行接口或 USB 接口。

7）使用 10 针 PCB 连接器（与 ByteBlasterMV 并口下载电缆兼容）。

6.3.2 功能描述

MasterBlaster 通信电缆具有标准的 PC 串行接口或 USB 硬件接口，如图 6-16 所示。MasterBlaster 通信电缆可配置数据到 APEX Ⅱ、APEX 20K（包括 APEX 20K、APEX 20KE 和 APEX 20KC）、FLEX 10K（包括 FLEX 10KA 和 FLEX 10KE）、FLEX 8000 和 FLEX 6000 器件，也可编程 MAX 9000、MAX 7000S 和 MAX 7000A（包括 MAX 7000AE）器件。由于设计项目可以直接下载到器件，样品完成很容易，并能很快完成多个重复的样品。在 APEX Ⅱ和 APEX 20K 器件中，MasterBlaster 通信电缆还可通过 SignalTap 嵌入式逻辑分析器进行在线调试。

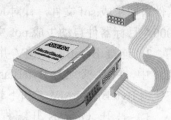

图 6-16　MasterBlaster 串行/USB 通信电缆示意图

1．下载模式

MasterBlaster 电缆提供两种下载模式：

1）被动串行模式（PS 模式）。用于配置 APEX Ⅱ、APEX 20K 和 FLEX 器件。

2）JTAG 模式。具有 IEEE 1149.1 工业标准的 JTAG 接口，用于编程具有 JTAG 能力的 MAX 器件。

2．SignalTap 逻辑分析

SignalTap 宏功能是一种嵌入式逻辑分析器，能够在器件特定的触发点捕获数据并保存数据到 APEX Ⅱ和 APEX 20K 的嵌入式系统块（ESB）中。这些数据被送到 APEX Ⅱ或 APEX 20K 的 IEEE 1149.1 工业标准 JTAG 接口，通过 MasterBlaster 通信电缆上传到 QuartusⅡ波形编辑器中进行显示。

3．连接

MasterBlaster 通信电缆通过一个串口或 USB 接口与计算机相连，与 PCB 相连的是标准 10 针插座。数据从串口或 USB 接口通过 MasterBlaster 通信电缆下载到 PCB。

（1）连接插头与插座

具有标准串行电缆的 9 针 D 型插头连接器连接到 RS-232 接口，如表 6-4 所示。USB 连接器则能在任何标准的 USB 通信电缆中使用。

10 针插座是与包含目标器件的 PCB 上的 10 针插头连接的，尺寸示意图和 ByteBlaster 及 ByteBlasterMV 并口下载电缆的 10 针插座完全一样，如图 6-3 所示，其引脚信号名称如表 6-5 所示。

（2）LED 的状态

MasterBlaster 通信电缆上的 LED 指示灯的目的是提供 MasterBlaster 电缆的状态信息。表 6-6 列举了 MasterBlaster 通信电缆 LED 的各种指示状态。

表 6-4　MasterBlaster 9 针 D 型插头连接 RS-232 接口的引脚信号名称

引　脚	信 号 名 称	说　明
2	RX	接收数据
3	TX	发送数据
4	DTR	数据终端准备好
5	GND	信号地
6	DSR	数据设备准备好
7	RTS	要求发送
8	CTS	清除发送

表 6-5　MasterBlaster 10 针插座的引脚信号名称

引　脚	PS 模式下的信号名称		JTAG 模式下的信号名称	
	信 号 名 称	描　述	信 号 名 称	描　述
1	DCLK	时钟	TCK	时钟
2	GND	信号地	GND	信号地
3	CONF_DONE	配置控制	TDO	器件输出数据
4	V_{CC}	电源	V_{CC}	电源
5	nCONFIG	配置控制	TMS	JTAG 状态机控制
6	VIO	MasterBlaster 输出驱动器参考电压	VIO	MasterBlaster 输出驱动器参考电压
7	nSTATUS	配置的状态	—	NC
8	—	NC（引脚悬空）	—	NC
9	DATA0	配置到器件的数据	TDI	配置到器件的数据
10	GND	信号地	GND	信号地

表 6-6　MasterBlaster LED 指示状态

颜　色	闪 烁 频 率	说　明
绿色	慢	电缆准备好
绿色	快	正在进行逻辑分析
琥珀色	慢	正在进行编程

（3）MasterBlaster 通信电缆的供电

前面介绍的几种下载电缆仅能从 PCB 接收电源，而 MasterBlaster 通信电缆的供电方式较方便：可采用 PCB 提供的 5.0V 或 3.3V 电源供电；采用直流电源供电；也可采用 USB 通信电缆提供的 5.0V 电源供电。MasterBlaster 通信电缆优先选择 PCB 供电，当 PCB 上的 5.0V 或 3.3V 电源无效时，MasterBlaster 通信电缆能够由直流电源或 USB 电缆供电。

对 MasterBlaster 通信电缆的输出驱动器，将 PCB 上的 V_{CC} 和 GND 连接到 MasterBlaster 电缆的 V_{CC}、VIO 和 GND 引脚。

（4）PCB 上的插头

MasterBlaster 通信电缆的 10 针插座连接到 PCB 上的 10 针插头。PCB 上的 10 针插头排成两排，每排 5 个引脚，连接到器件的编程或配置引脚上（编程或配置器件的引脚与 10 针插座的引脚信号名称相同的连接在一起），其尺寸示意图和 ByteBlaster 并口下载电缆的 10 针插头完全一样，如图 6-4 所示。

6.3.3 PS 模式

在 PS 模式下，MasterBlaster 串口下载电缆或 ByteBlasterMV 并口下载电缆可对单个与多个 APEX Ⅱ、APEX 20K、Mercury、ACEX 1K、FLEX 10K、FLEX 6000 器件进行配置。配置数据从数据源通过 MasterBlaster 串口下载电缆或 ByteBlasterMV 并口下载电缆串行送到器件，配置数据由数据源提供的时钟同步。

1. PS 模式对单个器件的配置

PS 模式对单个 APEX Ⅱ 器件的配置如图 6-17 所示。其中，对 MasterBlaster 或 ByteBlasterMV 电缆，电源电压 V_{CC} 为 3.3V 或 5.0V。插座上的引脚 6 为 MasterBlaster 电缆的 VIO 参考电压，VIO 应与器件的 VCCIO 匹配。ByteBlasterMV 电缆插座上的引脚 6 不连接。

PS 模式下 MasterBlaster 或 ByteBlasterMV 电缆对单个 ACEX 1K 和 FLEX 10K 器件的配置的连接电路与 APEX Ⅱ 的配置连接电路一样，也如图 6-17 所示，同时也与 ByteBlaster 电缆在 PS 模式下对 FLEX 10K 器件的配置电路一样，只是 MasterBlaster 电缆引脚 6 多了一个 VIO 参考电压。

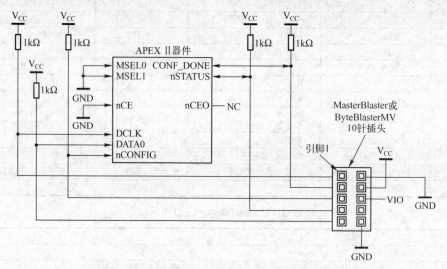

图 6-17 PS 模式下 MasterBlaster 或 ByteBlasterMV 电缆对单个器件的配置

PS 模式下 MasterBlaster 或 ByteBlasterMV 电缆对单个 FLEX 6000 器件配置的连接电路与 ByteBlaster 电缆在 PS 模式下对 FLEX 6000 器件的配置电路一样，也只是 MasterBlaster 电缆引脚 6 多了一个 VIO 参考电压。

2. PS 模式对多个器件的配置

通过编程硬件对多个 APEX Ⅱ、APEX 20K、Mercury、ACEX 1K、FLEX 10K 或 FLEX 6000 器件进行配置时，须在器件链中将每个器件的 nCEO 引脚连接到下一个器件的 nCE 引脚，所有其他配置引脚应分别连接在一起，器件链中第一个器件的 nCE 还是接地，最后一个器件的 nCEO 悬空。在 PS 模式下，由于所有的 CONF_DONE 引脚连接在一起，器件链中的所有器件初始化时同时进入用户模式。另外，由于所有的 nSTATUS 引脚连接在一起，如果任一器件检测到错误，则整个器件链将中断配置。在这种情况下，Quartus Ⅱ 软件必须重新开始配置，其中，Auto-RestartConfigurationOnFrameError 选项不影响配置周期。

MasterBlaster 电缆和 ByteBlasterMV 电缆对多个 APEX Ⅱ、APEX 20K、Mercury、

ACEX 1K 和 FLEX 10K 器件的配置，与 ByteBlaster 电缆在 PS 模式下对多个 FLEX 10K 器件的配置电路一样，只是 MasterBlaster 电缆引脚 6 多了一个 VIO 参考电压，并且 APEXⅡ、APEX 20K、Mercury、ACEX 1K 和 FLEX 10K 器件可以混合放在一个器件链中。

6.3.4　JTAG 模式

在 JTAG 模式下，MasterBlaster 串行/USB 通信电缆和 ByteBlasterMV 并口下载电缆可对单个和多个 APEX Ⅱ、APEX 20K、Mercury、ACEX 1K 和 FLEX 10K 器件进行编程或配置。在 JTAG 模式下可以实现在线可编程和在线可配置。

1．JTAG 模式对单个器件的配置

器件的配置是经过 JTAG 引脚 TCK、TMS、TDI 和 TDO 完成的。JTAG 引脚说明如表 6-7 所示，单个器件与电缆的连接如图 6-18 所示，其他 I/O 引脚在配置过程中均为三态。

表 6-7　JTAG 引脚说明

引脚信号名称	说　　明	功　　能
TDI	测试数据输入	测试和编程数据串行输入指示引脚，数据在 TCK 的上升沿输入
TDO	测试数据输出	测试和编程数据串行输出指示引脚，数据在 TCK 的下降沿输出。如果不从器件中输出数据，该引脚为三态
TMS	测试模式选择	输入引脚，提供控制信号以确定 TAP 控制器状态机的转换。状态机内的转换发生在 TCK 的上升沿，TMS 必须在 TCK 的上升沿前建立，TMS 在 TCK 的上升沿赋值
TCK	测试时钟输入	时钟输入到 BST 电路，一些操作发生在上升沿，另一些操作发生在下降沿
TRST	测试复位输入（可选项）	低电平有效异步复位边界扫描测试电路。根据 IEEE 标准 1149.1，TRST 引脚为可选项，如 FLEX 10K 器件的 144 引脚，TQFP 封装没有 TRST 引脚，此时可忽略 TRST 信号

在图 6-18 中，同样的上拉电阻应该连接到电缆的电源；nCONFIG、MSEL0、MSEL1 应根据非 JTAG 配置方案连接，如果仅仅使用 JTAG 配置模式，则 nCONFIG 连接到 V_{CC}，MSEL0 和 MSEL1 连接到地；VIO 为 MasterBlaster 电缆驱动器的参考电压，VIO 应与器件的 VCCIO 匹配。

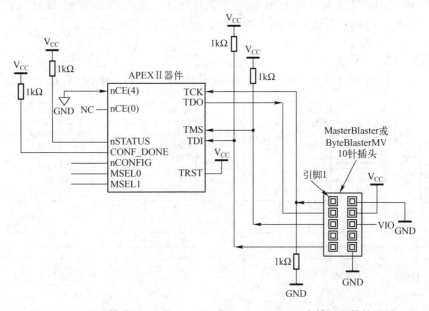

图 6-18　JTAG 模式下 MasterBlaster 或 ByteBlasterMV 电缆对器件的配置

APEX Ⅱ、APEX 20K、Mercury、ACEX 1K、FLEX 10K 和 FLEX 6000 器件都有专用的 JTAG 引脚，具有 JTAG 引脚一般的功能。进行 JTAG 测试并不仅限于在配置过程中，在配置前后都可以。APEX Ⅱ、APEX 20K、Mercury、ACEX 1K、FLEX 10K 和 FLEX 6000 器件的芯片复位及输出使能引脚不影响 JTAG 边界扫描测试或编程操作。触发这些引脚也不会影响 JTAG 操作。

设计 APEX Ⅱ、APEX 20K、Mercury、ACEX 1K 和 FLEX 10K 器件的 JTAG 配置 PCB 时，常规的配置引脚应该考虑到并连接好。表 6-8 列举了在 JTAG 配置期间需要连接的引脚。

表 6-8　JTAG 配置期间引脚连接

引脚信号名称	说　　明
nCE	在器件链中所有的 APEX Ⅱ、APEX 20K、Mercury、ACEX 1K 或 FLEX 10K 器件，通过连接 nCE 到地以低电平驱动，可用一个电阻下拉，或由一些控制电路驱动
nSTATUS	经过一个 1 kΩ或 10 kΩ上拉电阻到 V_{CC}。在相同的 JTAG 器件链中，对多器件进行配置时，每个 nSTATUS 应该单独上拉到 V_{CC}
CONF_DONE	经过一个 1 kΩ或 10 kΩ上拉电阻到 V_{CC}。在相同的 JTAG 器件链中，对多器件进行配置时，每个 CONF_DONE 应该单独上拉到 V_{CC}
nCONFIG	通过一个上拉电阻到 V_{CC} 以高电平驱动，或由一些控制电路驱动
MSEL0、MSEL1	这些引脚不能悬空，它们在非 JTAG 模式配置时将用到，如果仅使用 JTAG 配置模式，则它们应该一起连接到地
DCLK	不能悬空，依照方便原则，用高电平或低电平驱动
DATA0	不能悬空，依照方便原则，用高电平或低电平驱动
TRST	该 JTAG 引脚不连接到下载电缆，以逻辑高电平驱动

2．JTAG 模式对多个器件的编程或配置

当对一个 JTAG 模式的器件链进行编程时，要求将一个兼容 JTAG 模式的插座连接到几个器件，如 MasterBlaster 或 ByteBlasterMV 的 10 针阴接触件插座，JTAG 器件链中器件的数目仅受限于电缆的驱动能力。当 PCB 包含多个器件时，或者 PCB 使用 JTAG 边界扫描测试时，采用 JTAG 器件链进行编程是最为理想的，如图 6-19 所示。

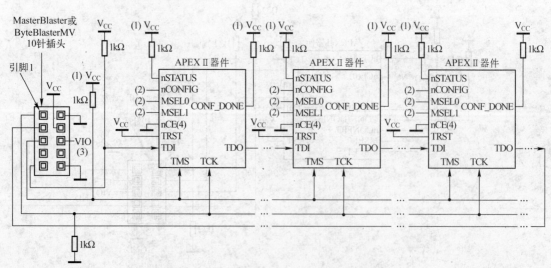

图 6-19　JTAG 模式下对多个器件的编程或配置

JTAG 模式对多个器件编程或配置时，须注意以下几点：

1）APEX Ⅱ、APEX 20K、Mercury、ACEX 1K、FLEX 10K 和 MAX 器件能放在同一 JTAG 器件链中进行编程或配置。

2）nCONFIG、MSEL0、MSEL1 应根据非 JTAG 配置方案连接，如果仅仅使用 JTAG 配置模式，将 nCONFIG 连至 V_{CC}，MSEL0 和 MSEL1 连至 GND。

3）VIO 为 MasterBlaster 电缆驱动器的参考电压，VIO 应与器件的 VCCIO 匹配。

为了在 JTAG 器件链中对单个器件编程，编程软件将 JTAG 器件链中的所有其他器件处于 Bypass 模式。在 Bypass 模式下，器件通过旁路（Bypass）寄存器，将编程数据从 TDI 引脚传送到 TDO 引脚，而对内部没有影响。因此，编程软件仅对目标器件进行编程与校验。

Quartus Ⅱ 软件在 JTAG 配置结束时，自动对成功的 JTAG 配置进行校验。在 JTAG 配置结束时，通过 JTAG 接口软件检查 CONF_DONE 的状态。如果 CONF_DONE 的状态不正确，Quartus Ⅱ 软件指示配置失败；如果 CONF_DONE 的状态正确，Quartus Ⅱ 软件指示配置成功。当使用 JTAG 引脚配置时，如果 VCCIO 被连接到 3.3V 电源，则 I/O 引脚和 JTAG TDO 接口将在 3.3V 电源处驱动。

6.4 BitBlaster 串行下载电缆

6.4.1 特点

BitBlaster 串行下载电缆允许 PC 和 UNIX 用户完成下列功能：

1）经过标准的 RS-232 串行接口，在线可编程 MAX 9000、MAX 7000S、MAX 7000A 和 MAX 3000A 器件。经过标准的 RS-232 串行接口，在线可配置 FLEX 10K、FLEX 8000 和 FLEX 6000 器件。

2）从 PC 和 UNIX 工作站的 Quartus Ⅱ 开发软件中下载数据。

3）提供两种数据下载方式：PS 模式和 JTAG 模式。

4）可编程/配置一个器件或多个器件链。

5）数字传输速率支持 9600～230 400bit/s。

6.4.2 功能描述

BitBlaster 串行下载电缆具有标准的 RS-232 串行接口（PC 的 COM 端口，UNIX 工作站的 ttya 或 ttyb 端口）。BitBlaster 串行下载电缆可配置数据到 FLEX 10K、FLEX 8000 和 FLEX 6000 器件，也可编程 MAX 9000（包括 MAX 9000A）、MAX 7000S、MAX 7000A 和 MAX 3000A 器件。同样由于设计可以直接下载到器件，样品完成也很容易，并且能很快完成多个重复的样品。BitBlaster 串行下载电缆示意图如图 6-20 所示。

1. 下载模式

BitBlaster 串口下载电缆提供两种下载模式：

1）被动串行模式（PS 模式）。用于配置 FLEX 10K、FLEX 8000 和 FLEX 6000 器件。

2）JTAG 模式。具有工业标准的 JTAG 边界扫描测试电路（符合 IEEE 1149.1：1990 标准），用于编程或配置 FLEX 10K、MAX 9000、MAX 7000S、MAX 7000A 和 MAX 3000A 器件。

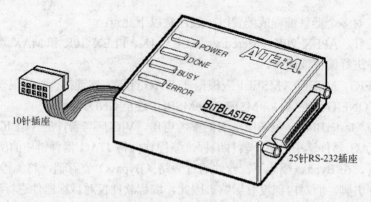

10针插座

25针RS-232插座

图 6-20　BitBlaster 串行下载电缆示意图

2．连接

数据从 PCRS-232 串行接口通过 BitBlaster 串口下载电缆下载到 PCB，与 PCB 相连的是 10 针插座。利用 BitBlaster 串行下载电缆配置/编程 3.3V 器件（如 FLEX 10KA、FLEX 10KB、FLEX 10KE、MAX 7000A 和 MAX 3000A 器件），将电缆的 V_{CC} 引脚连接到 5.0V 电源，而器件的 V_{CC} 引脚连接到 3.3V 电源。Altera 产品的 3.3V 器件能够耐压到 5.0V 输入，因此，BitBlaster 串行下载电缆的 5.0V 输出不会对 3.3V 器件造成损害，但在 5.0V 电源中应该连接上拉电阻。

（1）连接头

具有标准串口下载电缆的 BitBlaster 与 PCRS-232 串行接口相连的是 25 针插座，如表 6-9 所示。

表 6-9　BitBlaster 串口下载电缆 25 针串口连接引脚信号名称

引　　脚	信 号 名 称	说　　明
2	RX	接收数据
3	TX	发送数据
4	RTS	要求发送
5	CTS	清除发送
6	DSR	数据设备准备好
7	GND	信号地
20	DTR	数据终端准备好

注：表 6-9 中未出现的其他引脚为空脚。

10 针插座是与包含目标器件的 PCB 上的 10 针插头连接的，尺寸示意图与引脚信号名称和 ByteBlaster 并口下载电缆的 10 针插座完全一样，如图 6-3 和表 6-2 所示。

（2）BitBlaster 串口下载电缆的状态指示

BitBlaster 串口下载电缆上的状态指示灯指示器件编程或配置的状态。表 6-10 列举了 BitBlaster 串口下载电缆的指示状态。BitBlaster 串口下载电缆侧面的 3 个指动开关控制串行数据的波特率。

BitBlaster 串口下载电缆对一个或多个器件的软件编程和配置步骤基本上与通过 Quartus Ⅱ编程器并与使用 ByteBlaster 串口下载电缆进行编程或配置的步骤一样。

表6-10 BitBlaster 串口下载电缆状态指示灯

状态指示灯	说　明
POWER	指示连接到目标系统的电源
DONE	指示器件配置或程序完成
BUSY	指示器件正在进行配置或编程
ERROR	指示在配置或编程过程中检测到错误

6.5 MCU 的快速配置

6.5.1 概述

通常 FPGA 的编程方式是利用专用的 EPROM 对 FPGA 进行配置。专用的 EPROM 价格较高，且大都是一次性 OPT 方式编程。为了进一步降低产品及升级的成本，可以考虑利用印制电路板上现有 CPU 子系统中空闲的 ROM 空间存放 FPGA 的配置数据，并由 CPU 模拟专用 EPROM 对 FPGA 进行配置。

本节将以 89C52 和 EP1K30 为例，讲解如何利用 CPU 来配置 FPGA。本节介绍的方法需要 CPU 提供 5 根 I/O 线，能严格按照 FPGA 的 PS 配置流程进行，并在配置过程中始终监测工作状态，在完善的软件配合下，可纠正如上电次序导致配置不正常等错误。此种方法有如下优点：

1）降低硬件成本。

2）可多次编程。

3）实现真正"现场可编程"。

4）减少生产工序。

6.5.2 硬件设计

1. 配置基本原理

RAM-Based FPGA 由于 SRAM 工艺的特点，掉电后数据会消失。因此，每次系统上电后，均需对 FPGA 进行配置。Altera FPGA 的配置方法可分为：专用的 EPROM（Configuration EPROM）、PS、被动同步并行（Passive Parallel Synchronous，PPS）、被动异步并行（Passive Parallel Asynchronous，PPA）、JTAG 等模式。本方法以 PS 模式为例介绍。配置时序如图 6-21 所示。

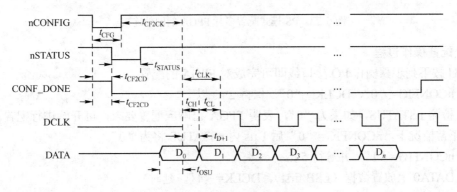

图 6-21 PS 模式配置时序

本设计采用 PS 模式对 FPGA 进行配置，是基于如下几个方面的考虑：

1）PS 模式连线最简单。

2）与 Configuration EPROM 模式可以兼容（MSEL0、MSEL1 设置不变）。

3）与并行配置相比，误操作的几率小，可靠性高。

2．配置电路的连接

CPU 仅需要利用 5 个 I/O 引脚与 FPGA 相连，就实现了 PS 模式的硬件连接，如图 6-22 及图 6-23 所示。

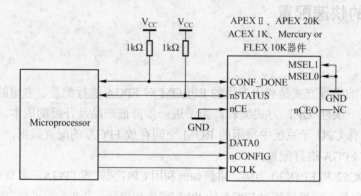

图 6-22　PS 模式配置单片 FPGA 的硬件连接

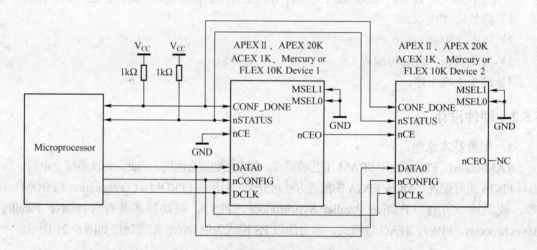

图 6-23　PS 模式配置多片 FPGA 的硬件连接

3．配置操作过程

CPU 按下列步骤操作 I/O 接口线即可完成对 FPGA 的配置。

1）nCONFIG= "0"、DCLK= "0"，保持 2 μs 以上。

2）检测 nSTATUS，如果为 "0"，表明 FPGA 已响应配置要求，可开始进行配置。否则报错。正常情况下，nCONFIG= "0" 后 1 μs 内 nSTATUS 将为 "0"。

3）nCONFIG= "1"，并等待 5 μs。

4）DATA0 上放置数据（LSB first），DCLK= "1"，延时。

5）DCLK= "0"，并检测 nSTATUS，若为 "0"，则报错并回到步骤 1）重新开始。

6）准备下一位数据，并重复执行步骤4）、5），直到所有数据送出为止。

7）此时 CONF_DONE 应变为"1"，表明 FPGA 的配置已完成。如果所有数据送出后，CONF_DONE 不为"1"，必须重新配置（从步骤1）开始）。

8）配置完成后，再送出 10 个周期的 DCLK，以使 FPGA 完成初始化。

配置时须注意以下事项：

- DCLK 时钟频率的上限对不同器件是不一样的，具体限制如下：ACEX 1K、FLEX 10KE、APEX 20K 为 33MHz，FLEX 10K 为 16MHz，APEX Ⅱ、APEX 20KE、APEX 20KC 为 57MHz，Mercury 为 50MHz。
- 步骤8）中 FPGA 完成初始化所需要的 10 个周期的 DCLK 是针对 ACEX 1K 和 FLEX 10KE 的。如果是 APEX 20K，则需要 40 个周期。

6.5.3 软件设计

1. 编程文件格式的转换

MAX+PLUS Ⅱ 或 Quartus Ⅱ 生成的.sof 或.pof 文件不能直接用于 CPU 配置 FPGA 中，需要进行数据转换才能得到软件可用的配置数据。在 Quartus Ⅱ 中的具体转换步骤如下：

1）进入数据转换对话框，如图 6-24 所示。

图 6-24　Quartus Ⅱ 中的数据转换对话框

2）选择需要转换的.sof 文件，对于配置多个 FPGA 的场合，应选择所有的.sof 文件并排好次序。输出文件的格式选择二进制的.rbf（Sequential），如图 6-25 所示。也可以选择其他格式，如.hex 等。

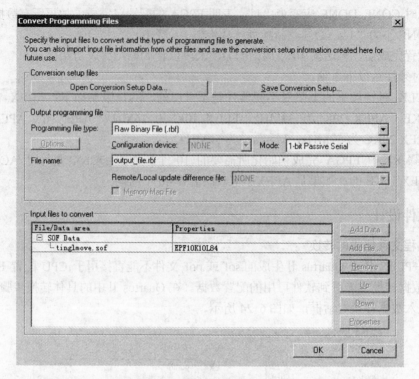

图 6-25　选择相应的输出数据格式

2. CPU 程序设计

以 89C52 为例，可以将转换完成的.rbf 文件作为二进制文件，直接写到 CPU 系统的某一 ROM/Flash 区域。相应的 CPU 源程序如下：

```
#include<reg52.h>
sbit P1_6=P1^6;
sbit P1_7=P1^7;
sbit P3_0=P3^0;
sbit P1_3=P1^3;
sbit P3_1=P3^1;
#define P1_6      fpga_confdone;
#define P1_7      fpga_nstatus;
#define P3_0      fpga_data;
#define P1_5      fpga_nconfig;
#define P3_1      fpga_dclk;
void delay_1ms（i）;
unsigned char reconfig=0;           //重配置次数标志
unsigned char temp,temp1,i,j,fpga_nconfig,fpga_confdone;
unsigned char reconfigt,fpga_data,fpga_dclk,fpga_nstatus;
/*************************************************************/
unsigned char main()                //配置 FPGA 子程序
{ SCON=0X00;
```

250

```
    EA=0;                                    //给 nCONFIG 引脚一个低脉冲，表示开始配置 FPGA
fpga_init:
fpga_nconfig=0;
delay_1ms(1);
fpga_nconfig=1;

                                             //重配置次数加 1
reconfigt++;
while(1)
{
  fpga_nstatus=1;
//取出 1 字节数据(8 位)
temp=SBUF;
//送出 8 位数
for (i=0;i<8;i++)
{
//Data 引脚送出 1 位数据
temp1=temp>>i;
temp1=temp1&0x01;
if(temp1) fpga_data=1;
else fpga_data=0;
//DCLK 来 1 个低脉冲
fpga_dclk=0;
fpga_dclk=0;
fpga_dclk=1;
}
//检测 nSTATUS 状态，如果为低则配置错误,延时后重新配置
if( !fpga_nstatus ){
delay_1ms（10）;
goto fpga_init;
}
//连续配置 5 次均出错返回 0，表示配置不成功
if(reconfigt >0x05) return 0;
//检测到 CONF_DONE 为高，则配置成功再送出 40 个 DCLK
if(fpga_confdone){
for(j=0;j<40;j++){
fpga_dclk=0;
fpga_dclk=0;
fpga_dclk=0;
fpga_dclk=1;
}
}
}
//配置成功返回 1
return 1;
}
/*********************delay_ms()*************************/
```

```
void delay_1ms（i）
{
TR0=1;                    //激活计数器
while（i!=0）
{
TL0=0xfa;TH0=0x12;       //设置计数器初值
while（TF0!=1）;         //判断计时时间是否到
TF0=0;                   //清 TF0
i--;
}
TR0=0;                    //关闭计数器 0
}
```

习　　题

1．分析 ByteBlaster 并口下载电缆原理图。

2．使用 ByteBlaster 并口下载电缆和 Quartus Ⅱ编程器对一个或多个器件进行配置的步骤是什么？

3．ByteBlasterMV 并口下载电缆的特点是什么？

4．MasterBlaster 串行/USB 通信电缆可提供的下载模式有哪些？

5．BitBlasterM 串行下载电缆的特点是什么？

6．简述 MCU 配置的基本原理及操作过程。

7．在 MCU 的配置过程中需要注意哪些要点？

第7章 综合设计与功能实现

随着计算机与微电子技术的发展，电子设计自动化（EDA）和可编程逻辑器件（PLD）的发展都非常迅速，熟练地利用 EDA 软件进行 PLD 开发已成为电子工程师必须掌握的基本技能。先进的 EDA 工具已经从传统的自底而上的设计方法改变为自顶而下的设计方法，以硬件描述语言（HDL）来描述系统级设计，并支持系统仿真和高层综合，使得电子工程师在实验室就可以完成工作，这都得益于 PLD 的出现及功能强大的 EDA 软件的支持。设计过程引起的干扰、分布电容、系统运行速度、电路的竞争与冒险等因素是综合设计与功能实现的重要环节。同时，系统功能下载/配置电路调试与功能实现是必须掌握的内容。

7.1 信号调制通信系统设计

现代通信系统的发展方向是功能更强、体积更小、速度更快、功耗更低，大规模可编程逻辑器件 FPGA 在集成度、功能和速度上的优势正好满足通信系统的这些要求。所以，目前无论是民用的移动电话、程控交换机、集群电台、广播发射机和通信调制解调器，还是军用的雷达设备、图像处理仪器、遥控遥测设备、加密通信机，都已广泛使用了大规模可编程逻辑器件。

7.1.1 系统硬件电路分配与设计

整个信号调制通信系统共分为 6 部分：分频器、M 序列产生器、跳变检测、2∶1 数据选择器、正弦波信号产生器和 DAC（数/模变换器）输出，系统框图如图 7-1 所示。

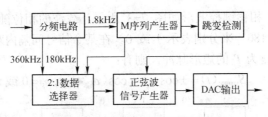

图 7-1　信号调制通信系统框图

在通信系统中，调制是将信息信号转换为信道信号或发送信号，其主要作用有：便于发送和接收；提高接收端输出信号质量（信噪比 SNR，误码率）；实现多路复用。而解调是调制的逆过程，它从接收的已调载波信号中恢复基带信号或信息信号。可以说，调制技术是通信系统的核心，不同的调制方式（ASK、FSK、PSK 等）形成通信系统的不同体制，从而决定各种通信系统的基本性能。

由于信号调制 FSK、PSK 为模拟信号，而 FPGA 只能产生数字信号，因此，需要对正弦信号采样，再经过数/模变换得到所需要的信号。

本章的设计中采用 FPGA 可以产生正弦信号的采样值，整个信号调制系统包含分频器、M 序列产生器、跳变检测、2：1 数据选择器、正弦波信号产生器和数/模变换器等部分。在熟悉整个基于 FPGA 的 FSK/PSK 信号调制系统前，有必要先了解一下 FSK/PSK 的基本工作原理。

FSK 的基本原理：FSK 是一种常用的数字调制方式，其波形如图 7-2 所示。

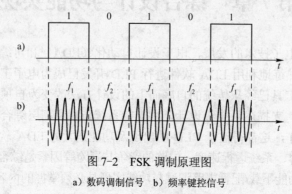

图 7-2　FSK 调制原理图

a）数码调制信号　b）频率键控信号

FSK 又称频移键控，是利用载频频率的变化来传递数字信息的。数字调频信号可以分为相位离散和相位连续两种。若两个载频由不同的独立振荡器提供，它们之间的相位互不相关，就称为相位离散的数字调频信号；若两个频率由同一振荡信号源提供，只是对其中一个载频进行分频，这样产生的两个载频就是相位连续的数字调频信号。

在二进制频移键控中，载波频率随着调制信号 1 或 0 而变，1 对应于载波频率 f_1，0 对应于载波频率 f_2。

二进制频移键控已调信号可以看成是两个不同载频的幅度键控已调信号之和，因此，它的频带宽度是两倍基带信号带宽（B）与 $|f_2 - f_1|$ 之和，即

$$\Delta f = 2B + |f_2 - f_1|$$

二进制频移键控的调制可以采用模拟信号调频电路来实现，但更容易的实现方法是键控法，两个独立的载波发生器的输出受控于输入的二进制信号，按照 1 或 0 分别选择一个载波作为输出。

PSK 的基本原理：相移键控波形如图 7-3 所示，载波的相位随调制信号 1 或 0 而改变，通常用相位 0°和 180°来分别表示 1 或 0。在某个信号间隔内观察 PSK 已调信号时，若 g（t）幅度为 1，宽度为 T_s 的矩形脉冲，则有：

$$S_{\mathrm{BPSK}}(t) = \pm\cos\omega_c t = \cos(\omega_c + \varphi_i), \varphi_i = 0 \text{ 或 } \pi$$

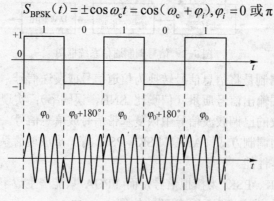

图 7-3　PSK 调制原理图

PSK 调制器可以采用相乘器，也可以用相位选择器来实现。

1．分频器与数据选择器

（1）分频器

本设计的数据速率为 1.8kb/s，要求产生 1.8kHz 和 3.6kHz 两个正弦信号。对正弦信号每周期取 100 个采样点，因此，要求能产生 3 个时钟信号：1.8kHz（数据速率）、180kHz （产生正弦信号的输入时钟）和 360 kHz （产生 3.6kHz 正弦信号的输入时钟）。

基准时钟由一个 18MHz 的晶振提供，因此，需要设计一个模为 50 的分频器产生 360kHz 信号，再设计一个模为 2 的分频器产生 180kHz 信号和一个模为 100 的分频器产生 1.8kHz 信号。

（2）多路选择器

2：1 数据选择器用于选择正弦波产生器的两个输入时钟，一个频率为 180kHz，此时正弦波产生器产生一个 1.8kHz 的正弦波，代表数字信号"0"；另一个频率为 360kHz，此时产生一个 3.6kHz 的正弦信号，代表数字信号"1"。

2．M 序列产生器

M 序列是伪随机序列的一种，它的显著特点是：

1）随机特性。

2）预先可确定性。

3）循环特性，从而在通信领域得到广泛的应用。

本设计用一种带有两个反馈抽头的 3 级反馈移位寄存器得到一串"1110010"的循环序列，并采取措施防止进入全"0"状态。通过更换时钟频率，可以方便地改变输入码元的速率。M 序列产生器的电路结构如图 7-4 所示。

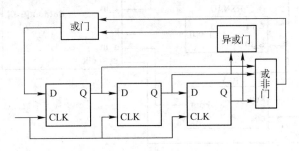

图 7-4　M 序列产生器的电路结构图

3．正弦波信号

用数字电路和数/模变换器可以产生需要的模拟信号。由抽样定理可知，当用模拟信号最大频率 2 倍以上的速率对该模拟信号采样时，即可将原模拟信号不失真地恢复出来。本设计要求得到两个不同频率的正弦波信号，对正弦波每个周期采样 100 个点，即采样速率为原正弦波信号频率的 100 倍，因此，完全可以在接收端将原正弦波信号不失真地恢复出来，从而可以在接收端对 FSK 信号正确地解调。经 D/A 转换后，可以在示波器上观察到比较理想的波形。

本设计中每个采样点采用 8 位量化编码，即 8 位分辨率。采样点的个数与分辨率的大小主要取决于 FPGA 器件的容量，其中分辨率的高低还与 DAC 的位数有关。通过尝试比较，采用 8 位分辨率和每周期 100 个采样点可以达到理想效果。

具体的正弦波信号产生器可以用状态机来实现。按照前面的设计思路，本方案的实现共需 100 个状态，分别为 S1～S100。同时设计一个异步复位端，保证当每个"1"或"0"到来时，其调制信号正好位于坐标原点，即 sin0 处，状态机共有 8 位输出 (Q7～Q0)，经 DAC 变换为模拟信号输出。

另外，可以将跳变检测引入正弦波产生器中，使每次基带码元上升沿或下降沿到来时，对应输出波形位于正弦波形的 sin0 处。此电路的设计主要是便于观察，确保示波器上显示为一个连续的波形。基带信号的跳变检测可以有很多方法，如图 7-5 所示的是一种便于在FPGA 中实现的方案。

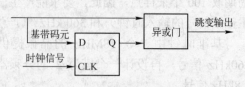

图 7-5　正弦波跳变检测

4. FSK/PSK 信号调制器

在 FSK 的基础上，可以较容易地设计 PSK 信号产生器。在检测到基带码元的上升沿或下降沿时，使输出波形位于 sin π 处，即使得波形倒相，产生 PSK 信号。也可以通过一个按键控制信号产生器输出 FSK 或 PSK 信号，如图 7-6 所示。采用频率/相位切换键，在频率选择和相位选择之间切换，即当选择在频率挡上时，递增和递减键改变的是波形的频率，反之，则是波形的相位。

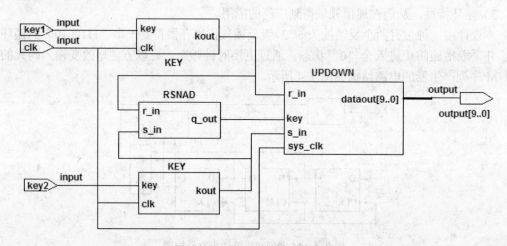

图 7-6　FSK/PSK 按键切换电路

在设计的最后，应考虑选用 D/A 器件将波形数据转换为模拟波形输出。可选用片上的低 8 位 D/A，将本设计中的 8 位数据输出连接到 D/A 器件的 8 位数据输入端，用示波器即可观察到产生的 FSK/PSK 波形。

7.1.2　系统软件描述与设计

1. VHDL 编程

（1）FSK/PSK 信号调制器的 VHDL 程序设计

FSK/PSK 信号调制器的 VHDL 程序设计具体涉及分频器、M 序列产生器、跳变检测、2∶1 数据选择器、正弦波信号产生器和 DAC （数/模变换器）6 个部分。

```vhdl
library ieee;
use ieee.std_logic_1164.all;
use ieee.std_logic_unsigned.all;
use ieee.std_logic_arith.all;
entity fpdpsk is
port (clock : in std_logic;
    mode:   in std_logic;
    date:   out std_logic _vector(7 downto 0)
    );
end fpdpsk;

architecture fpdpsk-arch of fpdpsk        is
signal   countl00: std_logic_vector(6   downto   0);        --100 计数
signal   count50 = std_logic_vector(5   downto   0);        --50 计数
signal   code：std_logic;
signal   serial_clk: std_logic;                             --串行时钟
signal   load_clk: std_logic;                               ---10 分频
signal   load_clk1：std_logic；
signal   count: std_logic_vector(3  downto  0);
signal   value  std_logic_vector(7  downto  0 );
signal   sinclk, coderate: std_logic;
signal   temp，jump_highljump_low: std_logic;
signal   m: std_logic_vectar(2  downto  0);

begin
process (clock)
begin
    if ( clock   'event and clock= '1' )    then
        count<= count + '1';
    if (count< "1010" ) then                                --10 分频
        load_clk<= '1';
    else   load_clk< ='0';
     end   if ;
    end   if ;
end   process;
serial_clk< =clock   and load_clk;

process ( serial_c1k)
begin
    if ( serial_clk ' event and serial_clk= '1' )   then
    data< =value;                                           --串行位
     end if;
   end process;

process ( load_clk)
begin
    if ( load_c1k ' event and load_clk= '1' ) then
load_clk1<=not load_clk1;                                    --倒相
end   if;
end process ;
```

```
        process ( load_clk1 )                                    --10 分频
        begin
            if (load_clk1 ' event and load_clk1='1' ) then
              if (count50 ="110001") then
                 count50 < ="000000";
                 coderate < = not coderate ;
                   else count50< = count50+ '1';
                     end if ;
                 end if ;
        end process;
```

**********M 序列产生器********************

```
        m_sequence_form:
        procese (coderate);                               --两个反馈抽头 begin
        begin
            if (coderate ' event   and coderate='1')
            then
            m(0) <= m(1);
            m(1) <= m(2) ;
               end if;
        end process ;


        process(coderate)                               --"1110010"循环序列
        begin
             if ( coderate ' event and coderate= '1' ) then
                m(2)<= (m(1)，xor   m(0)) or   (not (m(0) or   m(1)   or   m(2)));
               end   if;
              end process;


        code<=m(0);
```

***************多路选择器*************************

```
        process (mode, load-clk1, load-clk, code )
        begin
            if (mode= '0' and code= '0' )
            then
                  sinclk<= load_clk1;
            else
                  sinclk<=load_clk;
             end if;
             end process;

        jump_high <= ( not temp ) and code;
        jump_low <= ( not code) and temp;
```

*******************正弦波信号产生器*************************

```
        process (sinclk)
```

```vhdl
begin
    if (sinclk ' event   and   sinclk= '1' ) then
    temp <= code;
    if ( ( count100= "1100011" ) or ( jump_high='1') )
        then   count100< = "0000000";
    else if ( (jump_low = '1' ) and (mode= '1' ) )
        then count100< = "0110010";
    else count100 <= count100+ '1';
    end if;
    end if;
    end if;
end process ;

process（count100)
begin
    case count100 is
    when "0000000" =>
        value< = "01111111" ;
    when " 0000001 " =>
        value< = "10000111" ;
    when " 0000010 " =>
        value< = "10001111";
    when " 0000011" =>
        value< = "10010111";
    when    " 0000100"= >
        value< ="10011111";
    when "0000101" = >
        value< = "10100110";
    when "0000110" = >
        value < = "10101110";
    when"0000111"=>
        value<= "10110101";
    when"0001000"=>
        value<= "10111100";
    when "0001001" =>
        value<= "11000011" ;
    when "0001010 " =>
        value< = "11001010" ;
    when "0001011" =>
        value< = "11010000";
    'when "0001100" = >
        value< = "11010110";
    when "0001101" =>
        value< = "11011100";
    when "0001110"=>
        value< = "11100001";
    when "0001111" = >
        value< = "11100110" ;
    when "0010000" = >
        value<= "11101011";
```

```vhdl
when"0010001"=>
    value< = "11101111";
when "0010010" = >
    value< = "11110010";
when "0010011" =>
    value< = "11110110" ;
when "0010100" = >
    value< = "11111000";
when "0010101" = >
    value< = "11111010";
when "0010110" = >
    value<= "11111100" ;
when "0010111" = >
    value<= "11111101";
when "0011000" =>
    value< = "11111110";
when "0011001"   = >
    value<= "11111111";
when "0011010"   = >
    value<= "11111110";
when "0011011" = >
:   value< = "11111101";
when "0011100" =>
    value< = "11111100";
when "0011101" =>
    value<= " 11111010";
when "0011110"=>
    value< = "11111000 ";
when "0011111" =>
    value<= "11110110";
when "0100000"=>
    value<= "11110010 " ;
when "0100001"= >
    value< = "11101111";
when   "0100010 " =>
    value<= "11101011";
when "0100011" =>
    value< = " 11100110";
when "0100100"=>
    value< = "11100001" ;
when "0100101"=>
    value<="11011100 " ;
when "0100110" =>
    value<= "11010110 ";
when "0100111"=>
    value<="11010000";
when "0101000" :>
    value< ="11001010" ;
when "0101001" =>
    value<= "11000011";
```

--第20个状态

--第40个状态

```vhdl
when "0101010" =>
    value<= "10111100";
when "0101011" =>
    value<= "10110101";
when "0101100"=>
    value< = "10101110";
when "0101101" =>
    value<= "10100110";
when "0101110" = >
    value<= "10011111";
when "0101111" =>
    value< = "110010111";
when "0110000" =>
    value<="10001111";
when "0110001"= >
    value<= "10000111";
when "0110010 " =>
    value<= "01111111";
when "0110011"=>
    value< ="01110111";
when " 0110100 " = >
    value<= "01101111";
when "0110101" =>
    value<"01100111";
when "0110110" = >
    value<= "01011111";
when "0110111" = >
    value<= " 01010000" ;
when " 0111000" =>
    value < = "01010000";
when " 0111001" = >
    value<= " 01001001" ;
when "0111010" = >
    value<= "01000010" ;
when "0111011" =>                     --第 60 个状态
    value< = " 00111011";
when "0111100"= >
    value< = "00110100";
When" 0111101" =>
    value < = "00101110";
when "0111110 "=>
    value< = "00101000" ;
when " 0111111" =>
    value< = "00100010" ;
when "1000000" = >
    value<= "00011101" ;
when "1000001" = >
    value<= "00011000" ;
when "1000010" =>
    value < = "00010011";
```

```vhdl
    when "1000011" = >
        value<= "00001111" ;
    when "1000100" = >
        value < = "00001100";
    when "1000101" = >
        value< = "00001000" ;
    when "1000110" =>
        value<= "00000110";
    when "1000111" = >
        value<= "00000100" ;
    when "1001000" = >
        value<= "00000010" ;
    when "1001001" =>
        value<= "00000001" ;
    when "1001010" = >
        value <= "00000000" ;
    when "1001011" =>
        value <= "00000000" ;
    when "1001100" =>
        value < = "00000000";
    when "1001101" =>
        value < = "00000001";
    when "1001110" =>
        value < = "00000010" ;
    when "1001111" = >                              --第 80 个状态
        value < = "00000100" ;
    when "1010000" = >
        value < = "00000110" ;
    when "1010001" =>
        value <= "00001000" ;
    when "1010010" =>
        value <= "00001100";
    when "1010011" = >
        value <= "00001111";
    when"1010100"=>
        value <= " 00010011 " ;
    when "1010101"= >
        value <= "00011000" ;
    when "1010110" = >
        value <= "00011101";
    when "1010111" = >
        value <="00100010";
    when "1011000" = >
        value <= " 00101000 ";
    when "1011001" = >
        value <= "00101110";
    When "1011010"=>
        value <= "00110100";
    when"1011011"=>
        value <= "00111011" ;
```

```
    when "1011100" = >
        value <= "01000010";
    when "1011101" =>
        value <= " 01001001";
    when "1011110" = >
        value <= "01010000";
    when "1011111"=>
        value < = "01011000";
    when "1100000" =>
        value <= "01011111" ;
    when " 1100001" = >
        value<= " 01100111 " ;
    when " 1100010 " = >
        value< = "01101111" ;
    when "1100011 " = >                                    --第 100 个状态
        value< = "01110111";
    when
        others => null;
        end case;
    end process;
    end   fpdpsk_arch;
```

（2）正弦波还可以采用查表法产生其基本波形

运用查表法产生波形就是把每一种波形分别抽样，把"归一化"的振幅值分别存储到 FPGA 自身所带的存储器 memory 中，通过计算产生相位地址，取出对应的数值，采样出来的数据存放在 asin.mif 文件中。

*************lut 模块（正弦波）*********************

```
    library   lpm ;
    library   ieee ;
    use ieee.std_logic_1164.all;
    use ieee.std_logic_arith . al1;
    entity lut is
        port ( addr : in std_logic_vector (5 downto 0 );
        outdata： out std_logic_vector(7 downto 0);
        clk： in std_logic);
    end   lut;
    architecture lut_arc of lut is
    component lpm_rom                                      --调用 lpm_rom 模块，查表
    generic   (LPM_WIDTH: natural;
        LPM_WIDTHAD: natural;
        LPM_NUMWORDS:  natural := 0;
        LPM_ADDRESS_CONTROL:  string := "REGISTERED";
        LPM_OUTDATA:  string := "IREGISTERED";
        LPM_FILE:  string;
        LPM_TYPE:  string := "LPM_ROM";
        LPM_HINT：  string := "UNUSED");
    port   (ADDRESS: in  STD_LOGIC_VECTOR  (LPM_WIDTHAD-1   downto   0);
        inclock :    in   STD_LOGIC: = '0' ;
```

```vhdl
          outclock: in    STD_LOGIC: = '0';
          q: out std_logic_vector ( LPM_WIDTH-1    downto    0 ) ) ;
    end component ;
    begin
        ul: lpm_rom                                          --设置各端口和参数
            generic map (8, 6, 0,    "registered" , "unregistered", "asin.mif", "lpm_rom", "unused")
        port    map    (inclock=>clk, address = >addr , q= >outdata);
    end lut_arc ;
```

（3）振幅调整及波形选择模块（sel_ampl.vhd）

```vhdl
    library ieee ;
    use ieee . std_logic_1164.all;
    use ieee . std_logic_unsigned.all;

    entity   sel_ampl   is
    port (
      key:      in   std_logic_vector(1   downto   0);              --按键
      ampl:   in   std_logic_vector ( 9    downto    0 ) ;          --振幅调整
      inl:      in   std_logic_vector (9    downto    0);
      in2:     in   std_logic;
      in3:     in   std_logic_vector (9   down to    0);
      dout:    out   std_logic_vector ( 9    downto    0);
      led1:    out std_logic_vector (6    down to    0)
            );
    end sel_amp1;

    architecture beh of sel_amp1 is
    begin
    process ( key )
        variable    temp: std_logic_vector (9 downto 0);
        variable    temp2: std_logic_vector (9 downto 0);
        variable    temp1: std_logic_vector (15 downto 0);
      begin
      temp ( 1 down to 0 ):= ampl ( 4 down to 3 );
      temp ( 9 downto 2 ):= "00000000";
      temp2 ( 3 downto 0 ):= ampl (6 downto 3);
      temp2 ( 9 downto 4 ): = " 000000";
    case key is
        when " 01" =>
        temp1:= (temp + 1)*inl ;                               --正弦波输出
        dout< =templ (9    downto    0);
        led1<= "1111001" ;                                    --振幅可以变化 122 次
        wlien "10" =>
    case in2 is
        when "1" =>
            dout<= ampl ;
        when others = >
            dout< = "0000000000";
        end case;
        led1< = "0100100";                                    --振幅可以变化 36 次
```

264

```
            when    "11" =>
            temp1: = (temp2 + 1)*in3;
            dout< = temp1 ( 9 down to 0 ) ;
      ledl<="0110000";
            when   others = >
               dout < = "0000000000";
               led1 < = "1111111" ;                        --振幅可以变化 128 次
         end   case;
         end process ;
         end beh ;
```

（4）频率显示值地址产生模块

```
      library   ieee;
      use ieee.std_logic_1164.all;
      use ieee.std_logic_unsigned.all;
      entity addr_a_f   is
      port (
            sel：in std_logic_vector(1 downto 0);          --选择信号
            sel_a_f : in std_logic ;
            ampl: in   std_logic_vector ( 9   dotnto   0 ) ;   --振幅
            freq: in   std_logic_vector (6   downto   0);
            addr：out std_logic_vector (7   downto   0)        --频率显示值地址
            ) ;
      end   addr_a_f;

      architecture beh of addr_a_f   is
      begin
      process ( sel, ampl )
      variable sin：std_logic_vector (1 downto 0) ;          --正弦信号
      variable   sanjiao：std_logic_vector (3 downto 0);
      variable fangbo : std_1ogic_vector (6 down to 0 ) ;
      begin
        if sel_a_f = '0'   then
        sin:=ampl (4 downto 3);
      fangbo:= amp1 ( 9 down to 3 );
      sanjiao:=ampl (6 downto 3);
      case sel is                                          --有 64 个频率点
            when "01" =>
            addr< = '1' & sin& "11111";
            when "10" =>
            addr< = '1' & fangbo ;
            when "11" = >
            addr< ='1' &sanjiao& "111" ;
            when   others   = >null;
         end   case;
      else if sel_a_f= '1' then
            addr< = '0' & freq;
        end if;
            end process;
         end beh ;
```

265

（5）频率步进键核心模块

```vhdl
library ieee ;
use ieee . std_logic_1164.all;
use ieee . std_1ogic_arith.all;
use ieee. std_logic_unsigned.all;

entity updown2  is                                        --键盘控制
port (
    r_in :    in    std_logic;
    key :    in    std_logic;                             --切换键
    s_in :    in    std_logic;
    sys_clk:  in    std_logic;
    addr_f :    out std_logic_vector ( 6 down to 0 ) ;
    led :    out    std_logic_vector   (1    downto    0);
    dataout:    out    std_logic_vector   (9    downto    0)
        ) ;
end   updown2;
architecture behave of updown2 is
signal    clk：  std_logic;
signal    data：  std_logic_vector (9 downto 0);
signal    count:  std_logic_vector (6 downto 0);
begin
process ( sys_clk)
begin
    if   sys_clc ' event and sys_clk= ' 0 ' then
    cIk<= ( r_in and s_in) ;                              --递增和递减键
end if ;
end process ;
process (clk)
begin
if   clk   ' event and clk= ' 0 ' then
  if   key= ' 1 ' then                                    --按键消抖
    count <= count_1 ;
    if   data< " 0010000000 "    then
        data<=data+2 ;
      else    data< =data + 14;
      end   if ;
    else
    count < = count +1 ;
if data<=" 0010000000" and
    data> "0000000000" then
    data<= data-2 ;
  else
    data<= data -14 ;
    end if ;
    end if ;
end if;
end   process;
process (count)
begin
```

266

```
        if  count = "1111111" then                          --LED 显示选择
            led<= "11" ;
        else if
            count>"111110001" and count< "1111111"    then
            led< = "10";
        else if   count< "1110010" and
        count> " 0110100" then
            led< = "01";
        else   led<= "00";
        end if;
    end   process;
    dataout<= data;
    addr_f<=count;
    end   behave;                                          --相位步进的核心模块与之相近
```

2．时序仿真

正弦波信号的仿真如图 7-7 所示。在设计中，数字基带信号与 FSK 调制信号的对应关系为："0"对应 1.8kHz，"1"对应 3.6kHz，此二载波的频率可以方便地通过软件修改。

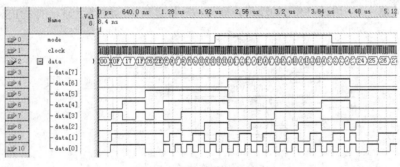

图 7-7　正弦波信号的仿真

7.1.3　系统仿真与调试

1．弹跳消除电路

因为按键是机械式开关结构，在开关切换的瞬间会在接触点处出现来回弹跳的现象，对于激活关闭一般电器，如开关日光灯、电视等一般电子用品，并不会有何影响，但对于灵敏度较高的电路，这种弹跳现象却可能造成误动作而影响到正确性。关于弹跳现象产生的原因，可用图 7-8 来加以说明，虽然只是按下按键一次然后放掉，然而实际产生的按键信号却不止跳动一次，经过取样信号的检查后，将会造成误判，以为键盘按下两次。

图 7-8　弹跳现象产生

如果调整抽样频率，如图 7-9 所示，可以发现弹跳现象获得了改善。因此，必须加上弹跳消除电路，避免误操作信号的发生。

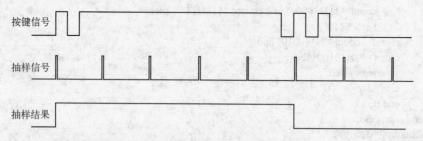

图 7-9　调整抽样频率后得到的抽样结果

需要注意的是，弹跳消除电路所使用的脉冲信号的频率必须比其他电路使用的脉冲信号的频率要更高一些；通常将扫描电路或 LED 显示电路的工作频率定在 24Hz 左右，将弹跳消除电路的工作频率设定在 128Hz 左右，两者的工作频率是通常的 4 倍或更高。增加如图 7-10 所示的弹跳消除电路后，按键就不会产生误操作，如果按键接的是 FPGA 板上的按键，按下一次之后，示波器上显示的是 FSK 的波形，而再按一次之后，示波器上显示的是 PSK 的波形。

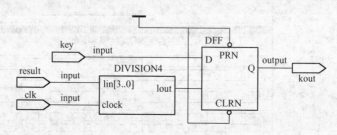

图 7-10　弹跳消除电路

2．输出波形的观察

用示波器观察输出波形时，对于 FSK 信号，可以较为清楚地看到由于频率的不同而产生波形的差别，并且能够得到比较稳定的波形。而对于 PSK 信号，随着移位时钟节拍的推移，输出波形的相位在不断地变化，因此，不可能得到稳定的输出波形。示波器上的波形在不停地变化中。这时如果想观察到由"1"到"0"的相位突变，只能观察示波器上某一时刻的波形。当观察到输出的正弦波时，按下示波器上的〈stop〉键，这时在屏幕上可以看到明显的相位突变。

在示波器上的波形有明显的毛刺，这可能是由于实验板自身引起的。由于电路布线长短不同造成延时不一致，有竞争冒险存在，会产生毛刺。但这些毛刺不是致命的，对波形的观察影响不大。

在通信领域，为了传送信息，一般将原始信号进行某种变换使其转换为适合于通信传输的信号形式。在数字通信系统中，一般将原始信号（图像、声音等）经过量化编码转换为二进制码流，称为基带信号。但数字基带信号一般不适合于直接传输。例如，通过公共电话网络传输数字信号时，由于电话网络的带宽在 4kHz 以下，因此，数字信号不能直接在其上传输。此时可将数字信号进行调制，FSK 和 PSK 即为常用的数字调制方式。

本章所举的实例实现了一个 FSK/PSK 信号的调制通信系统。该系统由分频器、数据选择器、M 序列产生器、正弦波信号产生器、弹跳消除电路等模块组成。它可以利用片上的

FPGA 器件产生波形所需的数据，再通过片上的 D/A 器件输出波形，在示波器上可观察到完整的波形。通过 FPGA 平台上的按键控制，可分别产生 FSK 波形和 PSK 波形。

7.2 交通信号控制电路模块设计

脉冲信号控制电路可以用来检测/采集/控制设备在高频及低频下的工作状态，采用基本 FPGA 技术实现的脉冲输出电路模块可以改变脉冲周期和输出脉冲个数，具有高速、灵活的优点，能应用于许多工业领域，例如，雷达脉冲信号的控制、交通脉冲信号的控制、步进电机脉冲信号的控制等。

数字脉冲的周期由高电平持续时间与低电平持续时间共同构成，为了改变脉冲周期实现 FPGA 脉冲控制器，可以采用计数器的方式来分别控制高电平持续时间和低电平持续时间。计数器可以完成一个脉冲的输出，而这个脉冲的周期控制完全可以在计数器的初始值中进行有效的设定，以达到脉冲周期可调，脉冲展宽、信号可控制等目的。

本节对基于 FPGA 的一些脉冲控制器模块，例如，多路并行脉冲电路、交通脉冲信号电路，以及数字电压脉冲电路的设计和控制方法的实现进行了详细阐述，并且给出仿真结果。这些设计方法经常在实际 FPGA 控制系统中应用，用于各种高频和低频脉冲数据的采集、检测和控制。

7.2.1 硬件电路模块结构设计

1. 并行脉冲控制

以并行输入 8 路脉冲序列为例，如图 7-11 所示的并行脉冲控制电路是按照输入的先后顺序，输出各路脉冲序列对应的输入次序号。输入次序的判断应以脉冲序列的第一个脉冲为准，并且当多路脉冲同时到达时，输出的次序号应相同。

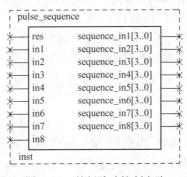

图 7-11 并行脉冲控制电路

图 7-11 中定义了如下的信号量。

1）in：输入量，输入的 8 路脉冲序列。

2）res：输入量，复位信号，当为"1"时，将 sequence_in 和 sequence_flag 清零。

3）sequence_in：输出量，各路脉冲序列的输入次序号。

4）sequence_flag：中间量，标志各路脉冲序列是否已经到达，未到达为"0000"，已到达为"0001"。

5) temp：中间量，下一个将要到达的脉冲序列次序号。

2. 交通信号控制

可以通过如图 7-12 所示的设计来完成对交通灯的控制，它包含了以下的信号量。

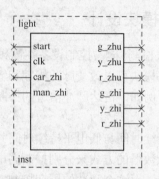

图 7-12　交通脉冲控制电路

1) start、clk：输入量，初始化信号以及参考时钟。

2) car-zhi：输入量，当为"1"时，表示电子眼仪器监测到的支路有车辆的标志。

3) man-zhi：输入量，当为"1"时，表示电子眼仪器监测到的支路有行人的标志。

4) g_zhi、y-zhi、r-zhi：输入量，支路绿、黄、红灯，"1"为亮。

5) g_zhu、y_zhu、r-zhu：输出量，主干道绿、黄、红灯，"1"为亮。

根据日常常识与需求，可以进行如下设计。

1) 主干道绿灯至少保持 2min（其中不包括绿灯闪的时间），在此前提下，当支路检测到有车或人时，主干道绿灯闪 2.5s，然后黄灯持续亮 2.5s，红灯再亮，同时支路绿灯亮，红灯灭。

2) 当支路连续 5s 检测不到车或人时，支路绿灯闪 2.5s，然后黄灯持续亮 2.5s，红灯再亮，同时主干道绿灯亮，红灯灭。

3) 支路绿灯最长持续 20s（其中不包括绿灯闪的时间）。若从绿灯闪开始，车或行人即禁止通行，则可保证主干道禁止通行的时间至多为 30s。

4) 支路可通过仪器来监测有无车辆或行人，对于行人，由于其不定性，需多设置一些监测仪器，如果有行人想通过，需站在其中的一个监测仪器下，当任一仪器监测到有车辆或行人要横穿主干道时，便使输出呈现高电平，否则呈现低电平。由于主干道禁止通行的时间至多为 30s，因此，无需检测有无车辆或行人。

3. 数字电压脉冲控制

数字电压脉冲控制器利用 A/D 转换器 Maxim7574，将外部输入电压转换为 8 位数字量，然后送到 FPGA 进行数据处理，并将处理完的数据送至数码管显示，如图 7-13 所示。

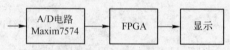

其中，Maxim 公司的 A/D7574 是一种低功耗的

图 7-13　数字电压脉冲控制流程图

8 位 A/D 转换芯片，转换周期为 15μs。REF（+）和 REF（-）为参考电压输入端，V_{cc} 为主电源电压输入端，GND 为接地端。一般 REF（+）和 V_{cc} 连接在一起，REF（-）和 GND 连接在一起。CLK 为时钟输入端，$\overline{CS}$ 为片选信号。

因此，为了让 FPGA 和 A/D 芯片接口相连，必须编写一个 A/D 接口模块。在模块中定义一个变量 count，当 count 为 0 时，片选信号 $\overline{CS}$ 置 1，读信号 $\overline{RD}$ 置 1，此时将 A/D 的信号送至 FPGA；当 count 为 1 时，$\overline{\text{CS}}$ 置 0，$\overline{\text{RD}}$ 置 0，A/D7574 转换电压；当 busy 信号为 0 时，进行等待。同时，给 A/D 接口模块的时钟要远远大于 A/D 芯片的转换频率，这样才能保证数据准确的传输。

当 FPGA 和 A/D7574 正常工作时，A/D7574 会不断地将转换后的 8 位数据送至 FPGA，而 FPGA 要做的工作就是将接收到的 8 位二进制数转换成电压数字量，并分别将每一位送至数码管显示。由于 A/D 芯片的 REF（+）和 V_{cc} 相连，所以参考电压约为 5V，而且 8 位 A/D 芯片的最大输出为 255，这样最小输出单位大约为 0.02V，所以采用 3 位数码管进行显示比较合适，可以显示小数点后两位。同时要求实时转换，即输入电压模拟量发生变化，显示电压数字量也跟着发生变化。

从数字电压脉冲控制器的工作原理可以看出，要想让 8 位二进制数转换为电压值，必须经过乘法和除法运算。而在 VHDL 中包含的 std_logic_arith 库，只含有乘法运算，而对于除法运算必须重新定义除法的包，而且在 FPGA 中都是数字逻辑电路门，要进行乘法或除法就必须消耗大量的门作为代价，比如：两个 12 位的二进制数作乘法或除法，就要消耗 2000 个左右的逻辑门。大量的乘除法的运算对于 FPGA 芯片来说，是有一定代价的。根据以上分析，基本上有 3 种解决方案。

下面对这 3 种解决方案进行具体介绍：

（1）方案一

利用 mege_lpm 库中的 Divide 模块进行除法，在进行除法运算的时候必须注意到除数和被除数必须具有相同的位数，同时需要对 Divide 模块参数进行设定。为了得到电压值的每一位，可以用下面的计算公式：

个位：[（5/255）×（A/D 输出的 8 位二进制值）]取整。

十分位：[（个位余数）×10]/255 取整。

百分位：[（十分位余数）×10]/255 取整。

然后将得到的个位、十分位、百分位分别送至译码模块，再通过数码管显示。同时，为了得到被除数 255，可以使用 mege_lpm 库中的 lpm_constant 模块，在使用这个模块时，必须合适地填写它的参数表，lpm_value 为输出被除数值，lpm_width 为输出被除数的二进制长度。因为除法运算占用太多的逻辑块，一般情况下使用不多，这里不再详述。

（2）方案二

为了减少 FPGA 的运算和尽量少地使用逻辑块，可以采用一种近似算法。8 位 A/D 的参考电压约为 5V，最大输出数据量为二进制的"11111111"，即为十进制的 255，所以 A/D 输出的最小单位代表的电压值约为 5V/250=0.02V。所以可以近似地将 A/D 输出的 8 位二进制数乘以 2，即得到需要的 3 位电压值，再分别送到 3 个数码管显示。具体实现方法见下面的程序。

```
process ( datain)
    begin
    temp1<= conv_integer(datain)+conv_integer(datain);
                        --将 A/D 输出的二进制数转换为整型，同时乘以 2
case temp1 is
    when 500 to 511 => count3 <=5;    temp2<= temp1-500;
    when 400 to 499 => count3<= 4;    temp2<= temp1-400;
    when 300 to 399 => count 3<=3;    temp2<= temp1-300;
    when 200 to 299 => count 3<=2;    temp2<=temp1-200;
```

```
      when 100 to 199 => count 3<=1;   temp2<=templ-100;
      when 0 to 9 9 => count 3 <= 0;    temp2 <= temp1;
      when others=> null;
      end   case;
                                   --通过 case 语句得到电压的个位 count3，同时将余数送给 temp2
      case temp2   is
      when   90 to 99 => count 2<= 9; count1< = temp2-90;
      when   80 to 89 => count2<= 8; count1<= temp2-80;
      when   70 to 79 => count2<=7; count1<= temp2-70;
      when   60 to 69 => count2< =6; count1<= temp2-60;
      when   50 to 59 => count2< =5; count1<= temp2-50;
      when   40 to 49 => count2< =4; count1<= temp2-40;
      when   30 to 39 => count2< =3;count1<= temp2-30;
      when   20 to 29 => count2< = 2; count1<= temp2-20;
      when   10 to 19 => count2< =1;count1<=temp2-10;
      when   0 to 9 => count2 <= 0;count1<= temp2;
      when   others => null ;
      end case;
                                   ---通过 case 语句得到电压的十分位和百分位  count2，count1
      end   process;
```

在接下来的程序中，只要将得到的电压值的个位、十分位和百分位通过译码模块送给数码管进行显示就可以了。这种方法简单、明了，避免了大量的乘法和除法运算。但是由于它是一种近似运算，所以所显示的电压值和实际电压有一定的偏差。

（3）方案三

在实际的实验过程中，可以发现 FPGA 实验板上的 V_{cc} 和 REF（＋）并不是正好等于5V，而是比 5V 要大，大约是 5.25V，这样就不可避免地产生很大的误差。在电压很小的时候还不易觉察，当电压值接近 5V 的时候就变得非常明显。

为了避免上面的现象，可以采用查表的方法，预先将每次输出的电压值输入表格（.mif 文件），存入 FPGA 的 Memery 中。每次 A/D 输出一个二进制数就进行查表，查到相对应的电压值，并送给数码管显示。这样既可以避免过多地占用逻辑块，又充分利用了 FPGA 的资源。

用查表操作时，要用到 lpm_rom 模块，LPM_WIDTH 输出数据长度，LPM_WIDTHAD 查询地址的长度，LPM_NUMWORDS 默认为 0，LPM_ADDRESS_CONTROL 设置为 LPM_ ADDRESS_ CONTROL:string:="REGISTERED"，LPM_OUTDATA 设置为 LPM_OUTDATA: string: ="UNRBGIS TERED"，LPM-FILE 为.mif 文件的文件名，其他参数设置为：LPM_TYPE: string：="LPM_ ROM"，LPM_HINT: string: ="UNUSED"。同时必须给 lpm_constant 一个查表时钟。

对于.mif 文件的编写，格式如下：

```
      WIDTH = 9;                    --lpm_rom 输出数据长度为 9
      DEPTH = 256;                  --rom 共有 256 个数据
      ADDRESS_RADIX = BIN;         --地址数据为二进制数
      DATA_RADIX = DEC;            --输出数据为十进制数，HEX 为十六进制，OCT 为八进制
      CONTENT   BEGIN;


      00000000 :    0;
      00000001 :    2;
      00000010 :    4;
      ………… :    …;
```

```
      11111111  :      …;
               --共有 256 个数据
      END;
```

再将查表得到的数据的每一位，送给七段显示器显示，这样就可以正确地显示所测量的电压值。从上面的 3 种方法可以看出：方案一利用了乘除法的运算，是一般使用的方法，但是需要消耗大量的逻辑门，而且参考电压 REF（+）是以 5V 来计算的，所以存在着一定的误差；而方案二是一种近似的算法，将 A/D 电压的最小单位近似为 0.02V，这种近似的方法大大减少了运算，使整个设计简洁、直观，容易理解，但是在参考电压不准的情况下，误差显得更大，特别是在电压值大的时候；方案三是利用查表法，不需要大量的运算，而且充分利用了 FPGA 的资源，它不存在由于参考电压不准而带来误差的问题。

根据上面的分析，可以采用方案二和方案三两种方法来设计数字电压脉冲控制器，设计的电路如图 7-14 所示。整个设计模块分成 3 大块：时钟分频、A/D 控制和脉冲编码，这样使设计简洁了很多。

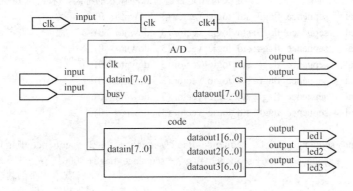

图 7-14　数字电压脉冲控制器

7.2.2　模块电路软件设计与实现

1．VHDL 编程

（1）并行脉冲控制器的 VHDL 程序设计

程序中定义了 8 个 process，每个 process 监测一路脉冲输入。当某一路有脉冲到达时，通过上升沿触发，先判断此路是否已有脉冲到达。如果没有脉冲输入，即标志位 sequence_flag=“0000”，说明这次为第一次到达，则将序列号 temp 赋给 sequencel_in，同时将标志位 sequence_flag 置为“0001”；如果已有脉冲输入，即 sequence_flag=“0001”，则忽略此脉冲，不执行任何操作。这样可避免一路的多个脉冲输入对输入次序的判断造成影响，并且如果有多路同时输入，可互不影响地输出同一序列号。temp 信号将所有的 8 路标志信号 sequence_flag 相加，并在此基础上加 1，获得下一路即将到达的脉冲序列号。以此循环，可得到正确的 8 路脉冲的输入次序。res 为复位信号，当其为高电平时，将 sequence_in 和 sequence_flag 清零，重新判断脉冲的输入顺序。

```
      library   ieee; use ieee. std_logic_1164.all;
      use   ieee.std_logic_unsigned, all;
```

```vhdl
use    ieee.std_logic_arith.all;
entity    pulse_sequence is
port(res : in std_logic;              --定义复位信号
    in1，in2，in3，in4，in5，in6，in7，in8: in std_logic; --定义8路输入脉冲信号
    sequence_in1：out  std_logic_vector (3  downto  0);    --定义8路输出相应脉冲次序号
    sequence_in2：out: std_logic_vector (3   downto  0);
    sequence_in3：out: std_logic_vector (3   downto  0);
    sequence_in4：out: std_logic_vector (3   downto  0);
    sequence_in5：out: std_logic_vector (3   downto  0);
    sequence_in6：out: std_logic_vector (3   downto  0);
    sequence_in7：out: std_logic_vector (3   downto  0);
    sequence_in8；out: std_logic_vector (3   downto  0);
    end pulse_sequence;
    architecture beh of pulse_sequence is
    signal    temp：std_logic_vector(3 downto 0);              --定义下一个即将到达的脉冲次序号
    signal    sequence_flag1 : std_logic_vector (3 down to 0) ;
                        --定义每路是否已有脉冲输入的标志，未到为"0000"，已到为"0001";
    signal    sepuence_flag2: std_logic_vector (3   downto   0);
    signal    sepuence_flag3: std_logic_vector (3   downto   0);
    signal    sepuence_flag4: std_logic_vector (3   downto   0);
    signal    sepuence_flag5: std_logic_vector (3   downto   0);
    signal    sepuence_flag6: std_logic_vector (3   downto   0);
    signal    sepuence_flag7: std_logic_vector (3   downto   0);
    signal    sepuence_flag8: std_logic_vector (3   downto   0);
begin
    temp<=sequence_flag1+ sequence_flag2+sequence_flag3 +sequence_flag4+sequence_flag5+
        sequence_flag6+ sequence_flag 7 + sequence_flag8+ "0001" ;
                                            --计算下一个即将到达的脉冲次序号
    process(res，in1)                        --监测第一路脉冲输入
    begin
            if   res ='1' then
sequence_in1 <="0000";                       --如果res为高电平则将 sequence_in1 和
    sequence_flag1 <= "0000";                --sequence_flag1 清零，开始重新判断
    else
    if in1 ' event and in1='1'  then         --若本路有脉冲到达
            if   sequence_flag1 ="0000"   then   --并且为第一次到达
                sequence_in1 <= temp;        --则将次序号 temp 赋给 sequence_in1
                sequence_flag1 <= " 0001" ;  --并将标志置 1
                end  if;
            end  if;
        end  if;
 end process;
 process (res, in2)                          --第2路输入脉冲
 begin
if res='1' then
    sequence_in2<="0000";
    sequence_flag2<="0000";
else
    if in2 'event and in2 = '1' then
            if   sequence_flag2 = "0000"   then   --若本路有脉冲到达
```

```vhdl
                    sequence_in2 <= temp;
                    sequence_flag2 <="0001";
                  end  if ;
               end   if ;
          end   if;
end process;  process ( res , in3)                    --第 3 路输入脉冲
      begin
       if res = '1' then
           sequence_in3 <= "0000";
          sequence_flag3 <= "0000"
       else
            if  in3 event   and   in3 = '1' then        --若本路有脉冲到达
            if  sequence_flag3 = "0000" then
               sequence_in3 <= temp;
               sequence_flag3 <= "0001";
               end if;
             end if;
          end if;
end process;
process ( res, in4 )                                   --第 4 路输入脉冲
begin
    if res = '1' then
       sequence_in4 <= "0000";
       sequence_flag4 <= "0000";
    else
         if  in4 'event   and   in4 ='1'   then        --若本路有脉冲到达
              if sequence_flag4 ="0000" then
                  sequence_in4 <= temp；
                  sequence_flag4 <= "0001";
              end   if；
          end   if；
        end   if；
end   process；
process ( res , in5 )                                  --第 5 路输入脉冲
    begin
    if res = '1' then
    sequence_in5 <= "0000";
    sequence-flag5 <="0000";
    else
    if in5 'event and in5= '1' then                    --若本路有脉冲到达
            if   sequence_flag5 = "0000"   then
                 sequence_in5 <= temp;
                   sequence_flag5 <= "0001";
              end   if ;
           end   if ;
         end   if；
      end   process；
process (res , in 6 )
begin                                                  --第 6 路输入脉冲
 if res = '1'     then
```

```
                sequence_in 6 <="0000";
              sequence_flag 6 <= "0000";
                 else
                     if in 'event and in6<='1'    then                    --若本路有脉冲到达
                         if sequence_flag6 = "0000"    then
                             sequence_in6 <= temp;
                             sequence_flag6 <= "0001";
                                 end if;
                         end    if;
                       end if;
                end   process;
            process(res，in7)                                            --第7路输入脉冲
                     if res ='1' then
                     sequence_in7 <="0000";
                     sequence_flag 7 <= "0000";
                 else
                     if   in7 'event   and   in7 ='1'    then
                         if sequence_flag 7 = "0000" then
                             sequence_in 7 <= temp;
                             sequence_flag7 <= "0001";
                                 end if;
                               end if;
                     end if;
            end process;
            process(res，in8)                                            --第8路输入脉冲
            begin
                   if res = '1' then
                       sequence_in8 <= "0000";
                       sequence_flag8 <= "0000";
                   else
                       if in8 'event and in8='1' then                    ---若本路有脉冲到达
                           if sequience_flag8 = "0000" then
                             sequence_in8 <= temp;
                             sequence_flag8 <= "0001";
                           end if;
                         end if;
                       end if;
                 end process;
            end   beh;
```

（2）交通脉冲控制器的 VHDL 程序设计

这里，为了方便观察仿真结果，将计数值做了适当的调整，还选择周期为 0.5s 的 clk 作参考时钟。

```
            library ieee;
            use ieee.std-logic_1164.all;
            use ieee.std_logic_arith.all;
            use ieee. Std_logic_unsigned.all;
            entity light is
            sport ( start : in std_logic;                                --定义初始化信号，高电平有效
```

276

```vhdl
    clk:in std_logic;                          --定义参考时钟
    car_zhi: in std_logic;                     --定义仪器监测到的支路有无车辆的标志，如果有则为
                                               高电平
    man_zhi: in std_logic;                     --定义仪器监测到的支路有无行人的标志，如果有则为
                                               高电平
    g_zhu，y_zhutr_zhu; out std_logic;         --定义主干道绿、黄、红灯，亮为高电平
    g_zhi，y_zhi，r~zhi: out std_logic);       --定义支路绿、黄、红灯，亮为高电平
end  light;
architecture beh of light is
    signal counter_g_zhu: integer range 0 to 255 ;    --主干道绿灯亮的计数器
    signal counter_flash1: integer range 0 to 255 ;   --主干道绿灯变红灯计数器
    signal counter_flash2: integer range 0 to 255 ;   --支路绿灯变红灯计数器
    signal counter_judge1: integer range 0 to 255;    --支路绿灯亮的计数器
    signal counter_judge2: integer range 0 to 255;    --支路连续 5s 无车辆和行人
    signal f1_g_zhu,f2_g_zhu: std_logic;              --主干道绿灯亮的标志，亮为高电平
    signal f_g_zhi: std_logic;                       --支路绿灯亮的标志，亮为高电平
    signal gtor_zhu: std_logic;                      --主干道绿灯向红灯转换的标志，高电平开始转换
    signal rtog_zhu: std_logic;                      --主干道红灯向绿灯转换的标志，高电平开始转换
    signal  judge: std_logic;                        --判断支路是否由绿灯向红灯转换的标志，高电
                                                       平开始判断

begin
process(clk)
begin
if clk 'event and clk='1' then
if start='1' then                          --当 start 为高电平时，对系统初始化
    f1_g_zhu<='1';                         --主干道绿灯亮，黄灯和红灯灭
    f2_g_zhu<='1';
    g_zhu<='1';
    y_zhu<='0';
    r_zhu<='0';
    g_zhi<='0';                            --支路红灯亮，绿灯和黄灯灭
    y_zhi<='0';
    r_zhi<='1';
    judge<='0';                            --支路由绿灯向红灯转换的标志初始为无效
    counter_g_zhu<=0;                      --所有计数器初始为零
    counter_flash1<=0;
    counter_flash2<=0;
    gtor_zhu<='0';                         --主干道红绿灯相互转换的标志初始化为无效
    rtog_zhu<='0';
else
  if f1_g_zhu='1'then
  counter_g_zhu<=counter_g_zhu+1;
    if counter_g_zhu>=15 then              --当主干道绿灯已亮 15 个 clk 时（实为 240 个，即 2min）
      if(car_zhi='1') or (man_zhi='1')   then   --开始判断支路是否有行人或车辆等待，若有则将主
                                               干道由绿灯转为红灯的标志置为高电平有效
        gtor_zhu<='1';
            f1_g_zhu<='0';
      end if;
    end if;
end if;
if gtor_zhu='1' then                       --当为高电平时，主干道开始由绿灯向红灯转换
  counter_flashi1<=counter_flash1+1;
    if counter_flash1<=3 then              --当计数在 3（实为 5，即绿灯闪 2.5s）以内，设置主干道
```

```
              f2_g_zhu<=not f2_g_zhu;          --绿灯闪烁
              g_zhu<=f2_g_zhu;
          elseif  counter_flash1<=6  then    --当计数在3~6（实为5~10）时，主干道黄灯亮
            y_zhu<='1';
          else y_zhu<='0';                    --当计数超过6（实为10，即5s）时，主干道黄灯灭
            r_zhu<='1';                        --红灯亮
            gtor_zhu<='0';                     --将转换标志清零，转换结束
            g_zhi<='1';                        --支路绿灯亮
            f_g_zhi<='1';                      --支路绿灯亮标志置1
            r_zhi<='0';                        --支路红灯灭
            counter_flash1<=0;                 --计数器清零，为下一次做准备
            judge<='1';                        --启动判断支路是否由绿灯向红灯转换
            counter_judge1<=0;                 --将判断计数器清零
            counter_judge2<=0;
          end if;
        end if;
        if judge='1' then              --当判断标志为高电平时，开始启动判断支路是否由绿灯向红灯转换
          counter_judge1<=counter_judge1+1;
          if counter_judge1<10 then    --在计数不超过10（实为40，即20s）时，判断是否有车辆和行人
            if(car_zhi='0') and (man_zhi='0') then
              counter_judge2<=counter_judge2+1;
                if counter_judge2>=4 then      --若连续4个clk（实为10个，即5s）支路上没有车辆
                    rtog_zhu<='1';             --和行人时，启动转换，高电平有效
                    judge<='0';                --同时将标志judge置0，结束本次判断
                end if;
            end if;
          end if;
          if rtog_zhu='1' then          --当支路由绿灯向红灯转换的标志有效时，启动转换
            counter_flash2<=counter_flash2+1;    --计数
            if counter_flash2<=3 then            --同前，支路绿灯闪
              f_g_zhi<=not f_g_zhi;
              g_zhi<=f_g_zhi;
            elseif counter_flash2<=6 then    --然后黄灯亮
              y_zhi<='1';
            else y_zhi<='0';
              r_zhi<='1';                        --再红灯亮
              rtog_zhu<='0';                     --将标志清零，结束本次转换
              g_zhu<='1';                        --主干道绿灯亮
              f1_g_zhu<='1';                     --将主干道绿灯亮标志置1，开始启动主干道绿灯是否
              f2_g_zhu<='1';                     --向红灯转换的判断
              r_zhu<='0';                        --主干道红灯灭
              counter_flash2<=0;                 --计数器清零，为下一次转换做准备
              counter_g_zhu<=0;
            end if;
          end if;
        end if;
      end if;
    end process;
  end beh;
```

（3）规划设计与实现

下面介绍如图7-14所示的电压脉冲控制器3大块的各部分设计。其中Division1分频模块的设计如下：

```vhdl
library ieee;
use ieee.std_logic_1164.all;
use ieee.std_logic_unsigned.all;
entity division1 is
     port (clk : in std_logic;
                clk : out std_logic);
end division1;
architecture behave of division1 is
     begin
        process(clk)
            variable counter : std_logic_vector(7 downto 0);
        begin
         if (clk'event and clk='0') then
            if(counter=250) then
                counter= "00000000";
                clk4<='1';
              else
                counter:=counter+'1';
                clk4<='0';
              end if;
           end if;
        end process;
     end behave;
```

下面是 A/D 控制的 VHDL 程序：

```vhdl
library ieee;
use ieee.std_logic_1164.all;
use ieee.std_logic_arith.all;
entity ad is
     port(busy :   in std_logic;
             datain :   in unsigned(7 downto 0);        --8 位 A/D 输入/输出
             clk :   in std_logic;
             dataout :   out unsigned(7downto 0);
             cs : out std_logic;                        --片选
             rd : out std_logic);                       --输出读信号
end ad;
architecture behave of ad is
     begin
     process(clk)
             variable count : unsigned(1 downto 0);
     begin
     if clk 'event and clk='1' then
         case count is                                  --计数过程
            when "00"=>
                cs<='1';
                rd<='1';
                dataout<=datain;
            when "01"=>
```

```
                    cs<='0';
                    rd<='0';
              when"11"=>
                        if busy='0'   then
                        count :=count−1;
                    end if;
                    when others =>                    --其他情况赋空值
                            null;
                end case;
                count :=count+1;
                end if;
            end process;
        end behave;
```

然后采用一种近似算法。8 位 A/D 的参考电压约为 5V，最大输出数据量为二进制的
"11111111"，即十进制的 255，所以 A/D 输出的最小单位代表的电压值约为 5V/250=0.02V。
所以可以近似地将 A/D 输出的 8 位二进制数乘以 2，即得到 3 位电压值，再分别送到 3 个数
码管显示。

具体实现的方法如下面的 code 脉冲运算模块程序：

```
        library ieee;
        use ieee.std_logic_1164.all;
        use ieee.std_logic_unsigned.all;
        use ieee.std_logic_arith.all;
        entity code is
            port(datain : in unsigned(7 downto 0);
                dataout1, dataout2, dataout3 : out std_logic_vector(6 downto 0));    --3 位 A/D 输出
        end code;
        architecture behave of code is
            signal temp1 : integer range 511 downto 0;
            signal temp2 : integer range 99 downto 0;
            signal count1,count2 : integer range 9 downto 0;                    --计数到 512
            signal count3 : integer range 5 downto 0;
        begin
            process(datain)
            begin
            temp1<=conv_integer (datain)+conv_integer(datain);
                                        --将 A/D 输出的二进制数转换成整型，同时乘以 2
            case temp1 is
              when 500 to 511 =>count3<=5; temp2<=temp1-500;
              when 400 to 499 =>count3<=4; temp2<=temp1-400;
              when 300 to 399 =>count3<=3; temp2<=temp1-300;
              when 200 to 299 =>count3<=2; temp2<=temp1-200;
              when 100 to 199 =>count3<=1; temp2<=temp1-100;
              when 0 to 99   =>count3<=0; temp2<=temp1;
          when others=>null;
            end case;                          --得到电压的个位 count3，同时将余数送给 temp2
            case temp2 is
```

```vhdl
      when 90 to 99 =>count2<=9; count1<=temp2-90;
      when 80 to 89 =>count2<=8; count1<=temp2-80;
      when 70 to 79 =>count2<=7; count1<=temp2-70;
      when 60 to 69 =>count2<=6; count1<=temp2-60;
      when 50 to 59 =>count2<=5; count1<=temp2-50;
      when 40 to 49 =>count2<=4; count1<=temp2-40;
      when 30 to 39 =>count2<=3; count1<=temp2-30;
      when 20 to 29 =>count2<=2; count1<=temp2-20;
      when 10 to 19 =>count2<=1; count1<=temp2-10;
      when 0 to 9 =>count2<=0; count1<=temp2;
      when others =>null;                          --得到电压的十分位和百分位 count2，count1
   end case;
end process;
process(count1,count2,count3)
begin
   case count1 is
      when 0=> dataout1 <="1000000";              --根据百分位输出电压值
      when 1=> dataout1 <="1111001";
      when 2=> dataout1 <="0100100";
      when 3=> dataout1 <="0110000";
      when 4=> dataout1 <="0011001";
      when 5=> dataout1 <="0010010";
      when 6=> dataout1 <="0000010";
      when 7=> dataout1 <="1111000";
      when 8=> dataout1 <="0000000";
      when 9=> dataout1 <="0010000";
      when others =>null;
   end case;
   case count2 is
      when 0=> dataout2<="1000000";               --根据十分位输出电压值
      when 1=> dataout2<="1111001";
      when 2=> dataout2<="0100100";
      when 3=> dataout2<="0110000";
      when 4=> dataout2<="0011001";
      when 5=> dataout2<="0010010";
      when 6=> dataout2<="0000010";
      when 7=> dataout2<="1111000";
      when 8=> dataout2<="0000000";
      when 9=> dataout2<="0010000";
      when others =>null;
   end case;
   case count3 is
      when 0=> dataout3 <="1000000";
      when 1=> dataout3 <="1111001";
      when 2=> dataout3 <="0100100";
      when 3=> dataout3 <="0110000";
      when 4=> dataout3 <="0011001";
      when 5=> dataout3 <="0010010";
      when others =>null;
```

```
            end case;
          end process;
          end behave;
```

整个系统分成分频、采样、译码、显示等部分，在 A/D 转换器的输入端接上可变电压源，调节可变电压源的电压值，能观察到 LED 的电压显示。这种电压脉冲的控制方法简单明了，避免了大量的乘法和除法的运算，但是由于它是一种近似运算，所以显示的电压值和实际的电压有一定的偏差。

2. 时序仿真分析

1) 并行脉冲控制器的仿真如图 7-15 所示。它包括了一路通道有多个脉冲输入的情况，也包含了同时有多个脉冲到达的情况，仿真结果证明了程序的正确性。

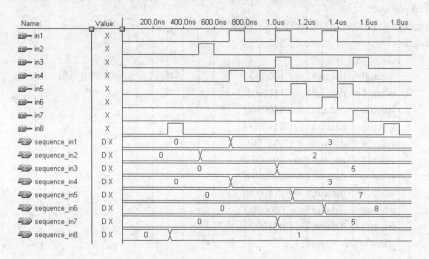

图 7-15　并行脉冲控制器的仿真

2) 交通脉冲控制器的仿真如图 7-16a 和图 7-16b 所示。其中在图 7-16a 中，当主干道绿灯亮了 2min 后，仪器监测到支路有车辆和行人等待，交通灯立即转换。然后仪器连续 5s 监测不到支路有车辆和行人出现，交通灯立刻又开始转换。后来当主干道绿灯亮了 2min 后，支路仍无车辆和行人等待，交通灯不转换。

在图 7-16b 中，当主干道绿灯亮了 2min 后，仪器监测到支路有车辆和行人等待，交通灯立刻转换。然后仪器一直监测到有车辆和行人通过，到 20s 时，交通灯强制转换，支路车辆和行人必须等待，直到主干道绿灯又亮了 3min，交通灯才开始转换，支路车辆和行人允许通行。

另外，交通脉冲控制器电路为时序电路，所有信号量的翻译都要在沿上进行，由于实际电路的延时，一个信号的翻转不能立刻被另一信号量感知，因此，另一信号量的变化要延时到下一时钟沿进行，从仿真结果上可以看出信号变化的延时，但并不影响程序的正确性。

本节的实例设计并不复杂，分别实现了并行输入脉冲、交通脉冲信号、电压脉冲信号的控制和转换，目的在于加深对时序电路控制逻辑的设计思想的认识，实际的脉冲控制电路要求和问题远远不止于此，设计也复杂得多。在实际的 FPGA 系统中，经常能用到此设计思想，用于各种高频和低频脉冲的数据采集、检测和控制系统中。

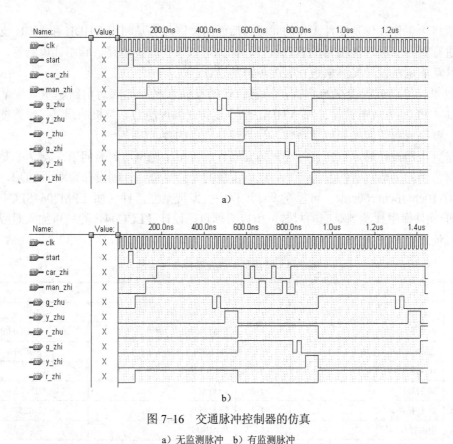

图 7-16 交通脉冲控制器的仿真

a）无监测脉冲 b）有监测脉冲

7.3 系统功能下载/配置电路的焊接调试与功能实现

通过"电子设计自动化"的课程设计教学环节，了解 CPLD 的基本组成与结构，通过对 CPLD 下载电路的装配过程，掌握 MAX 7000S 系列芯片（EPM7064SLC44-10/EPM7128SLC84-5）的识别及质量检验，学习 CPLD 下载电路装配工艺和正确的焊接方法以提高动手能力；掌握 PCB 的设计、制作及检验；掌握可编程逻辑器件的 VHDL 综合编程与开发、设计制造、调试维修的能力；掌握电子设计自动化的设计流程，检验对所学知识的掌握程度和运用能力。

7.3.1 系统功能下载/配置电路的设计任务

通过查找 Altera 公司专业网站，设计 CPLD 下载配置电路原理图，也可以参考本章的下载电路具体方法进行设计。图 7-17 所示为供参考的系统功能下载/配置电路设计原理框图，通过 Protel 软件再设计 PCB 图，提交审核后进行最后的制版工作。下面介绍 PCB 的检验及焊接性处理过程。

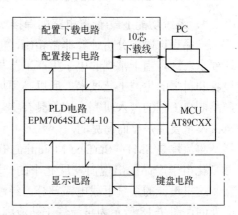

图 7-17 系统功能下载/配置电路设计原理框图

完成以上工作仅仅是硬件工作的完成，后面的关键任务是利用 VHDL 和 MCU 支持的汇编语言进行具有实际功能项目的软件设计，比如可以设计时钟电路、频率计电路等，还可以参考第 9 章的电路设计实例来进行有关项目的设计。

通过设计答辩或经验交流形式，了解自己的设计水平。加深对电路基本知识掌握的程度，提高 CPLD 下载电路设计和 VHDL 综合设计及编程能力，整机的调试、维修能力，独立分析、解决问题的能力和创新精神，达到设计任务的要求。

在进行电路设计时，首先要考虑具体元器件的应用、选型与封装问题，表 7-1 是进行实际设计时常用的主要元器件参考清单。根据常规的设计经验，计划设计为双面 PCB，设计面积大约为 $10cm \times 6cm = 60cm^2$，可能在设计过程中会发现某些器件（如 EPM7064SLC44-10），在 Protel 软件库中找不到对应的封装，所以必须自己设计 PLCC44，然后再加入对应的元件库中，以便进行 PCB 电路的设计。

表 7-1　常用的主要元器件参考清单

序　号	名　　称	数　量	规　格	封　装
1	下载面	1	PCB 双面板 60cm²	—
2	PLD 集成电路	1	EPM7064SLC-10	PLCC44/84
3	接口缓冲集成电路	1	74LS244	SOP20
4	10 芯下载线	1	10 芯下载线	—
5	10 针插座	1	10 针插座	IDC10
6	25 针插座	1	25 针插座	DB25
7	电源接口	1	电源接口	—
8	数码管	1	SEG7 共阳	DIP12
9	电源调整管	1	LM317	TO-220
10	晶体管	4	S8050	SOT-23
11	RS-232 接口电路	1	MAX232 及接口	SOP16
12	发光二极管	2	SEG7 共阳	$\phi 3$
13	电阻×14	1	电阻×14	0805
14	电容×12	36	电容×12	0805

7.3.2　系统功能下载/配置电路的焊接与调试

1．系统功能下载/配置电路的焊接

产品设计时，分析计算非常精确，但是实际测量的产品质量却很差，性能指标达不到设计要求。这是由于常规的电子生产工艺与焊接技术虽然基本成熟，但是缺乏先进的电子生产设备和科学的生产工艺技术。所以必须加强先进电子生产工艺技术的普及与教育，开展电子产品制造工艺的深入研究，培养具有实际工作能力的电子工程技术人员和工艺管理人员，其意义及重要性是显而易见的。

再流焊是 SMT（Surface Mounting Technology，表面封装技术），也称为回流焊，是伴随微型化电子产品的出现而发展起来的一种新的锡焊技术。目前，主要应用于片状元件的焊接。这里设计的系统下载电路部分已经涉及片状元器件，所以掌握该方面的焊接技术是非常必要的，图 7-18 所示为再流焊工艺流程示意图。

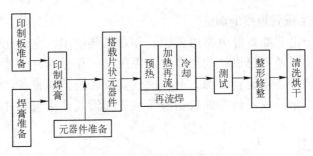

图 7-18　再流焊工艺流程示意图

这种焊接技术是先将焊料加工成为一定粒度的粉末，加上适当液态黏结剂，使之成为有一定流动性的糊状焊膏（有专卖），用来将元器件粘在印制板上，通过加热使焊膏中的焊料熔化而再次流动，达到将元器件焊接到印制板上的目的。采用再流焊技术将片状元器件焊到印制板上的工艺流程如图 7-18 所示。工艺过程中，将由铅锡焊料、黏结剂、抗氧化剂组成的糊状焊膏涂到印制板上——可以使用手工、半自动或自动丝网印刷机，如同油印一样将焊膏印到印制板上。元件与印制板之间的粘接，同样可以用手工或自动机械装置。将焊膏加热到再流——可以在加热炉中，也可以用热风吹，还可以使用玻璃纤维"皮带"热传导。加热的温度必须根据焊膏的熔化温度准确控制（一般铅锡合金焊膏的熔点为 223℃，必须加热到这个温度），一般需要经过预热区、再流焊区和冷却区。再流焊区的最低温度应使焊膏熔化，黏结剂和抗氧化剂气化成烟排出。再流焊使用红外线加热炉的，也称为红外线再流焊，因其加热均匀、温度容易控制，因而使用得较多。

焊接完毕经测试合格以后，还要对印制板进行整形、清洗、烘干并涂敷防潮剂。再流焊操作方法简单、焊接效率高、质量好、一致性好，而且仅在元器件的引片下有很薄的一层焊料，是一种适合自动化生产的微电子产品装配技术。

这种焊接方法的主要工作原理是：在设备的隧道式炉膛内，通电的陶瓷发热板辐射出红外线，热风机使热空气对流均匀；使焊接对象随着传动链机构匀速地送进炉膛并到达炉膛内的预热区；焊接对象在 100～160℃的温度下均匀预热约 3min，除去焊锡膏中的溶剂；在炉膛内的加热区，预先用丝网漏印法漏印在印制板焊盘上的膏状焊料在高于焊料合金熔点的温度，即 250℃的热空气中再次熔融、浸润焊接面，时间大约 30s；当焊接对象从炉膛内的冷却区通过并使焊料冷却凝固以后，全部焊点同时完成焊接。图 7-19 所示为系统功能下载/配置电路的 3D 电路板。

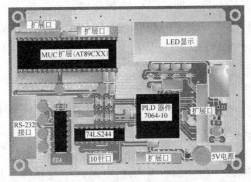

图 7-19　系统功能下载/配置电路的 3D 电路板

2. 系统功能下载/配置电路的调试

调试系统板前一定要准备好电路原理图、印制板装配图、主要元器件功能接线图和主要技术参数。如果不是自己设计的还要熟悉系统的工作原理、主要技术指标及功能要求。根据样机规模，准备场地和电源、必需的仪器仪表及辅助设备，检查仪器设备的完好程度及精度，对不常用或不熟悉的仪器设备应先阅读其使用说明并实际练习，做好调试准备工作。

（1）下载电缆设计

本系统的设计核心是下载功能的实现，下载电缆的设计又是完成下载功能的关键环节，而完成数据交换的核心器件是一个 74LS244 芯片。这里采用的是并口下载电缆 ByteBlaster，其配置采用 JTAG 边界扫描模式，可以对 MAX 9000 以上的 MAX 7000S/MAX7000A 器件进行编程。注意，ByteBlaster 并口下载电缆 25 针插头引脚与 JTAG 边界扫描模式下的信号的对应及连接关系：2、3、8、11、13、15、18~25 连接 TCK、TMS、TDI、TDO、NC、GND、GND；而 ByteBlaster 并口下载电缆 10 针插头引脚与 JTAG 边界扫描模式下的信号的对应与连接关系为：1、2、3、4、5、6、7、8、9、10 连接 TCK、GND、TDO、V_{CC}、TMS、NC、NC、NC、TDI、GND。注意，系统 PCB 必须给下载电缆提供电源 V_{CC} 和信号地 GND，下载电缆的长度不能超过 60cm，图 7-20 所示为单个 MAX 器件的 JTAG 编程连线。详细内容可参见本章中有关下载电路的设计部分。

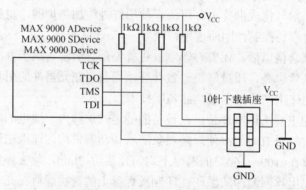

图 7-20　单个 MAX 器件的 JTAG 编程连线

（2）系统功能下载/配置电路的调试

在通电调试前一定要对样机进行直观检查，应重点查验：

1）电源供电电压是否符合设计要求，电路焊接线是否正确。

2）重点元器件的型号规格（如 EPM7064SLC44-10）是否正确，元器件的安装方向是否符合设计要求（由于 EPM7064SL44 的封装是 PLCC 的正方形 44 引脚，很容易插错）。

3）输出与扩展接口有无负载，有无短路或接线错误。

4）PCB 是否有装错、漏装、桥接等缺陷。

如果对下载电路不是很熟悉，应先在熟悉 SCH 原理图与 PCB 图的基础上标记出测试点和观察点，并尽可能读懂技术资料。

调试分为以下两步：

1）电源加载观察调试。空载初调，先切断电源，空载条件下加电，测量输出电压是否正确。对于有稳压器的电源，空载输出与带负载基本一致，对有些开关稳压器需要带一定负载测量。如果电源有可调电位器，应调整到预定设计值，必要时用示波器观测纹波值，因为对于 PLD 器件，如果电源高出规定范围则器件就会被烧毁。

观察正常后可接入负载。对某些功率较大的电源，最好先接模拟等效负载，如滑线电阻或大功率电阻器，防止真实负载有故障而造成电源冲击损坏。

2）逻辑关系测量。Altera 公司的器件在实际应用中大都采用 ByteBlaster 并口下载方式，这种方式为在线编程/配置提供了快速而便捷的方式，可以对 FLEX 10K 器件进行配置或对 MAX 9000、MAX 7000S、MAX 7000A 器件进行配置。编程电缆小巧轻便，把焊接好的 JTAG 下载接口与 PCB 上的连接关系进行测量，主要是测量 ByteBlaster 并口下载电缆的 25 针插头引脚与 ByteBlaster 的 10 针插头引脚信号 TCK、GND、TDO、V_{CC}、TMS、GND 信号连接关系是否正确。

工作正常后接入真实负载，测量电源各项参数并调整到最佳状态，锁定调整电位器并观察一段时间，然后再进入下一阶段调试。具体测量集成电路 EPM7064SLC44-10、MAX 232、74LS244、10 针接线口的 PIN4 针的供电电压是否符合要求。

（3）系统功能下载/配置电路的联机功能调试

以上调试工作完成后，将进行下一步的连接计算机功能调试。首先把 25 针并口小心地接入计算机的 25 针 LPT 端口上，10 针接口端同目标系统板对应接口插座相连，然后加载电源，这时一定要仔细观测，必要时可测量核心集成电路 EPM7064SLC44-10 的供电电压是否正常。如图 7-21 所示为实际焊接设计完成的系统功能下载/配置 PCB。

图 7-21　实际焊接设计完成的系统功能下载/配置 PCB

进入计算机的 EDA 软件操作系统。这里运行的是 Altera 公司的 Quartus II 5.0 设计软件。此处运行之前设计好的模为 12 的计数器电路，项目为 aa，文件名为 aa.vhd。然后再调入供下载配置的 aa.pof 文件。运行主菜单下 Quartus II 5.0 的 Programmer，将会出现图 7-22 所示的对话框。

如果是第一次运行下载系统，以上的对话框按钮为灰色，可选择 Option 菜单下的 Hardware Setup 命令，弹出如图 7-23 所示的 Hardware Setup 对话框，因为采用的是 ByteBlaster 并行方式，所以必须下载 ByteBlasterMV 类型。

接下来再回到图 7-22 的 Programmer 对话框，单击 Start 按钮，对应的目标程序很快从 0%～100%配置到 PLD 集成电路中。

下面的工作是根据设计时计数电路分配的引脚扩展口进行实际连线，检测是否能完成实际功能。如果不能，首先检查硬件电路，进而再检查设计的软件是否和设计目标一致，并做进一步的修改，直到功能设计任务完成。

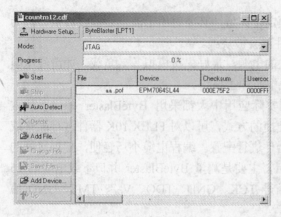

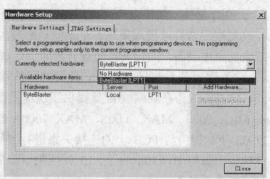

图 7-22　Programmer 对话框　　　　　　　　图 7-23　Hardware Setup 对话框

习　题

1. 简单描述引起 PLD/FPGA 系统板干扰的原因。

2. 如何消除系统功能下载/配置电路中地线毛刺现象？

3. 理解高速系统板设计理论分析方法。

4. 简单描述系统功能下载/配置电路调试与功能实现的步骤。根据所述步骤设计并完成一套模为 10 的功能计数器。具体任务如下：

1）利用 Portel 系列软件设计模为 100 的功能计数器的 SCH、PCB 图。

2）制作系统功能下载/配置电路下载电缆。要求采用 JTAG 边界扫描 ByteBlaster MV 并行方式。

3）利用 QuartusⅡ9.0 软件设计模为 100 的功能计数器，连接系统功能下载/配置电路并调试功能实现。

5. 在 QuartusⅡ9.0 软件环境下，利用 VHDL 设计语音控制状态变化电路。该语音控制系统转换电路可以发送信息、播放信息、存储信息、删除信息，如图 7-24 所示为需要设计的状态变化关系图。具体任务如下：控制系统从主菜单状态开始，用户可以选择播放信息或者发送信息，如果用户按下键盘的 1 号键，可以进入播放信息状态；用户按下键盘的 2 号键，可以进入发送信息状态。用户选择了选项后，控制系统就可以转移到下一个状态，用户再根据下一个状态的选项选择执行其他的功能，可以存储或者删除信息功能。

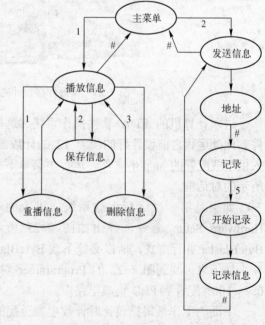

图 7-24　语音控制系统状态变化关系图

第8章 实际工程项目设计——
程控交换实验系统

自 1876 年，Alexander Graham Bell（贝尔）发明电话以来，世界各国的电话网络发展非常迅速。近些年来，中国的固定电话业务呈现出举世瞩目的快速增长。1997 年 8 月局用电话交换机总容量突破 1 亿门，网络规模跃居世界第二位，1999 年 7 月固定电话用户总数突破 1 亿户。

现代电话网络由交换机和电话传输线共同组成，它的性能已经有了很大的进展，而且可靠性非常高，所以程控交换技术显得尤为重要，但要想掌握这门技术单单靠书本上的理论知识是远远不够的，而实际的程控交换系统又很难接触到，达不到理论结合实际的效果，故成为大家学习的障碍，所以笔者设计了这套程控交换实验系统，这个系统现已经过各项测试，效果理想，并已形成产品，批量生产，被很多高校所采用，所以以此设计为例，介绍一个综合的实际工程项目设计的开发过程。

8.1 总体设计

本程控交换实验系统采用高速的 CPLD/FPGA 技术与单片机技术相结合的综合控制方法，内部源程序完全开放。可模拟实现实际程控系统的 B、R、S、C、H 等主要功能。该系统可实现 4 部单机进行内部交换，可实现两台实验箱之间任意两台话机的通话，并可与电信网络实现完全对接。该系统自带多种信号源，可完全模拟程控交换机的各种信号。使用 MCS-51 仿真开发器，可编写各种工作状态的程序，便于计算机联调。

本程控交换实验系统自带电源，采用专用低压（–24V）用户线接口电路完成二/四线变换；系统控制采用单片机与 CPLD 相结合来完成各种信号的产生，主叫和被叫号码显示，可编程系统等待时间等。

整套程控交换实验系统主要由 14 个模块组成，分别为：

1）外线及中继接口模块。主要完成电信线路接口及两套实验系统间的中继线路接口功能，由一片用户接口线芯片与切换电路组成。

2）用户接口模块 1。用户接口模块共有 4 个，分别为一号机、二号机、三号机和四号机提供馈电及 BORSCHT 的绝大多数功能，提供摘机指示功能。

3）用户接口模块 2。

4）用户接口模块 3。

5）用户接口模块 4。

6）PCM 编译码模块。整个 PCM 模块可完成 4 组（8 路）话音信号的编译码功能，使整个系统的 4 台电话的话音信号采用数字信号传输和交换。

7）显示模块。主要用来显示主叫号码、被叫号码和各功能状态。

8）信号音及振铃产生模块。提供各种信号音：忙音、拨号音、回铃音、空号音及

90Vp-p 的振铃信号。无需外接任何电路，并采用分立电路实现，可以让使用者掌握本电路的工作原理。

9）可编程开关阵列。通过控制模块对其编程来打开或关闭相应的话路通道和信号音通道。

10）键盘阵列模块。通过按键来完成系统复位、系统等待时间设定、功能选择、DTMF 发送等功能。

11）控制模块一。该模块为一个 CPU（W78E58），负责整个系统的工作控制。完成显示输出、键盘输入、交换控制信号产生等功能。

12）DTMF 编译码模块。通过可编程专用芯片把从用户线路送来的 DTMF 编码信号译码成相应的数字信号，并送入控制模块进行处理；还可通过与控制模块及键盘阵列的结合使用，完成数字信号的 DTMF 编码输出。

13）电源模块。完成整个系统的供电、滤波。

14）控制模块二。由 CPLD（EPM7128SLC84-10）组成，结合控制模块一完成系统的控制，完成显示输出、键盘输入、交换控制信号产生。整个系统的面板模块分布如图 8-1 所示。

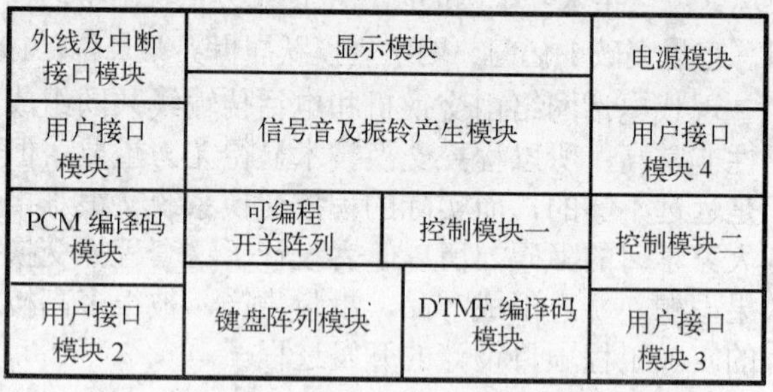

各个模块都有其独立的信号输入输出口，在实验过程中要求使用者用实验导线将各模块连接，以构成实验所需电路，这样不仅加强了学习者的动手能力，同时还加深了学习者对交换系统的理解。

外线及中断接口模块	显示模块		电源模块
用户接口模块1	信号音及振铃产生模块		用户接口模块4
PCM 编译码模块	可编程开关阵列	控制模块一	控制模块二
用户接口模块2	键盘阵列模块	DTMF 编译码模块	用户接口模块3

图 8-1 程控交换实验系统面板模块分布图

8.2 系统原理及组成

8.2.1 电路组成

整个系统的原理框图如图 8-2 所示，结构框图如图 8-3 所示。

图 8-2 实验系统原理框图

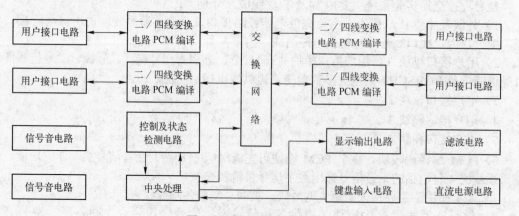

图 8-3 实验系统结构框图

1．系统电源

系统电源主要完成系统所需要的各种电源，本实验系统中有+5V、–5V、+12V、–12V、–24V 5 组电源，由机箱内部的开关电源提供。电源自身带有过热保护、短路保护、过电压保护等多种保护电路。

2．用户模块电路

该电路主要完成 B、O、R、S、C、H、T 7 种功能，主要由以下几种电路组成。

- 用户接口电路。
- 二/四线变换接口电路。
- PCM 编译码电路。

3．交换网络系统

该电路主要完成话音信号的交换功能，由 CPU 中央处理器控制电路控制。

4．多种信号音电路

该电路主要完成各种信号音的产生与发送，它由以下 6 种电路组成。

- 450Hz 拨号音产生电路。
- 回铃音产生电路。
- 忙音产生电路。
- 拥塞音产生电路。
- 空号音产生电路。
- 25Hz 振铃信号产生电路。

5．CPU 中央处理器控制电路

该电路主要完成对系统电路的各种控制、信号检测、号码识别、输入信息、输出显示信号等各种功能。

8.2.2　控制系统

程控交换实验系统控制电路架构框图如图 8-4 所示。

控制部分由 CPU 中央处理系统、输入部分（键盘）、输出部分（LED 数码管）、双音多频 DTMF 检测电路等组成，下面说明各部分电路的作用与要求。

1）键盘输入电路：主要把实验过程中的一些功能设置通过键盘输入到系统中，如系统等待时间等。

2）显示电路：显示主叫与被叫的电话号码以及功能设置时的状态显示。

3）输入输出扩展电路：显示等电路主要通过该电路进行工作，主芯片为 EPM1728SLC84-15。

4）用户状态检测电路：主要识别主叫、被叫用户的摘挂机状态及用户出错信息，然后送给 CPU 进行处理。

5）双音多频 DTMF 检测电路：主要把 MT8888 输出的 4 位二进制信号接收并存储后送给 CPU 进行处理。

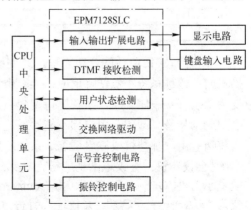

图 8-4　程控交换实验系统控制电路架构框图

6）交换网络驱动电路：主要实现电话交换通信时，CPU 发出命令信息，由此电路实现驱动交换网络系统，其核心电路为：EPM1728SLC84-15。

7）信号音控制电路：完全按照 CPU 发出的指令进行操作，使各种信号音按照系统程序进行输送。

8）振铃控制电路：按照 CPU 的控制工作，当有振铃使能时，送出振铃开信号，控制相应的用户电话振铃。

下面将键盘功能及显示约定进行说明。

键盘布局如图 8-5 所示，对图中键盘功能介绍如下。

0	1	2	3	4	5
6	7	8	9	取消	延时
振铃	静音	会议	外线	中继	确认	复位

图 8-5　键盘布局图

整个系统键盘共有 19 个按键。

〈0〉～〈9〉键：数字键盘，表示此时键盘处于 DTMF 编码发送功能，当按下其中的某个键时，对应的数字自右向左循环显示，且有声音和发光提示，并且在 DTMF 编译码模块的 TONE 输出端口输出与之对应的 DTMF 编码信号。

〈延时〉键：系统的延时时间调整键，按下该键时，系统显示为"dE————xx"（XX 为当前系统延时时间，dE 为英文 Delay 的缩写。如上电时默认为 10s，则显示为"dE————10"），再次按下该键时，系统显示在"dE————10"、"dE————15"、"dE————20"之间互换，每按一次换一次，当按下〈确认〉键时，系统显示为"XX————dE"（XX 表示延时时间），表示把系统延时时间设置为"XX"所示的时间；若按下〈取消〉键，则系统回到"————"状态，系统延时时间不作任何改动。

〈振铃〉键：键控振铃键，在系统显示为"——————"时按下该键，系统显示为"Rg—GO—00"，其中字符"GO"闪烁，进入等待输入号码状态，表示系统等待用户输入想要振铃的电话机号码，此时可以输入想要振铃的电话单机的号码如"16"，然后按下〈确认〉键，此时系统显示变为"16————Rg"。如果在输入号码时，发生输入错误，可以按〈取消〉键重新输入；如果要停止振铃，可以按〈取消〉键返回到等待输入号码状态，此时再次按〈取消〉键可退出键控振铃功能。输入号码与话机振铃对应关系如表 8-1 所示。

表 8-1　输入号码与话机振铃关系表

输入数字号码	对应振铃电话
16	电话一
26	电话二
36	电话三
46	电话四
99	外线电话
66	电话一、二、三、四同时

〈静音〉键：电话静音功能键，此键必须在有电话摘机的情况下才激活，即若没有电话摘机时，该键系统不做任何反应；当有电话摘机或有电话进行通话时，按下该键，系统显示变为"————HELP"，系统等待用户按〈确认〉键，此时按下〈确认〉键，系统切断所有用户的信号音，即所有用户都不能够发送和接收任何信号且无法恢复，若要恢复交换网络，需将所有用户都挂机或重启系统（系统复位）。

〈会议〉键：会议电话功能键，在系统显示为"——————"时按下该键时，系统显示为"CO————CA"（为 Conference Call 的缩写），按下〈确认〉键，此时系统显示变为"CA————CO"，系统进入等待 1～4 号机摘机状态，如当一号机摘机后，显示一号机的号码，此时一号机有回铃音，而二、三、四号机振铃，3 部电话中的任一台摘机，系统自动切断振铃。当 3 部电话全部摘机后，系统打开所有话路通道，即可进行会议电话。当 4 部电话中的任一部挂机，系统自动切断所有话路通道。其他 3 部电话忙音，直到所有电话挂机，系统显示初始状态。

〈外线〉键：输出外线电话功能键，在系统显示为"————————"时按下该键，系统显示为"PH————OU"（为 Phone Out 的缩写），系统进入等待按"确认"键状态，当按下〈确认〉键时，显示变为"OU————PH"，系统进入等待一号机（主机）摘机状态，一号机摘机后，系统打开话路通道，此时，一号机可以拨打外线电话（当与电话网络连接时）。当一号机挂机后，系统自动恢复到初始状态，显示恢复。

〈中继〉键：中继电话拨出功能键，在系统显示为"————————"时按下该键，系统显示为"Re————PH"（为 Relay 的缩写），系统进入等待按"确认"键状态，当按下〈确认〉键时，显示变为"PH————Re"，系统进入等待一号机（主机）摘机状态，一号机摘机后，系统自动送一号机回铃音，送外线振铃信号，等待外部电话摘机。外部电话摘机后，系统打开话路通道，实现中继通信。当一号机挂机后，系统自动恢复到初始状态，显示恢复。

〈取消〉键：取消功能键，在某些状态下还起到〈退格〉键的作用。

〈确认〉键：确认功能键。

〈复位〉键：系统复位键，按下该键后，整个系统恢复到上电状态，并重新对系统初始化。

8.2.3 实际系统电路设计规划

实际系统电路总体规划及信号流程如图 8-6 所示。

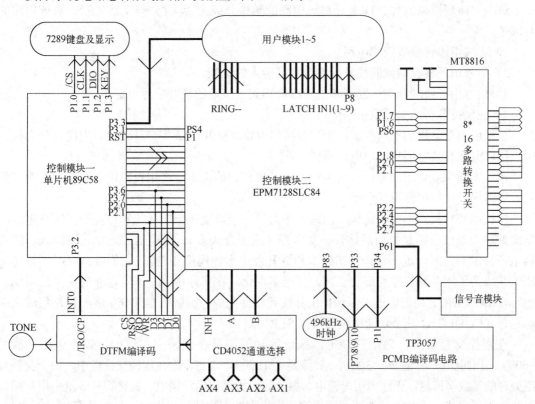

图 8-6 实际系统电路总体规划及信号流程

293

电路设计采用总线控制接口的方法，系统中的每一个器件有一个唯一的地址，可以通过控制模块一和控制模块二对它们进行寻址，实现数据传送和控制，所以，系统整体协调能力很好，也便于以后的升级，增加更多的功能。

8.3　硬件单元电路设计

8.3.1　系统用集成电话介绍

在整个实验系统中共有 14 种集成电话，分别为：MT8816、MT8888、MC33121、TP3057、EPM7128SLC84-15、SST89C58RD、CD4053、CD4052、NE556、LF356、74LS04、74LS273、LM311、4N35，有关芯片的具体资料，可以查阅集成电路资料手册。

8.3.2　用户接口电路设计

在现代电话通信设备与程控交换机中，由于交换网络通过铃流、馈电等电流，因而将过去在公用设备（如绳路）实现的一些用户功能放到"用户电路"来完成。

用户电路也可称为用户线接口电路图（Subscriber Line Interface Circuit，SLIC）。任何交换机都具有用户线接口电路。

用户接口电路的一个重要功能就是实现二/四线变换，二/四线变换的作用是把用户线接口电路中的话音模拟信号（TR）通过该电路的转换分成去话（T）与来话（R），对该电路的要求是：

1）二线电路转换成四线电路。

2）信号由四线收端到四线发端要有尽可能大的衰减。

3）信号由二线端到四线发端和由四线收端到二线端的衰减应尽可能小。

4）应保持各传输端的阻抗匹配。

根据用户电话机的不同类型，用户线接口电路（SLIC）或用户环路接口电路可分为模拟用户接口电路和数字用户接口电路两种。

由于实验系统使用的电话单机为模拟电话单机，因而本章选用模拟用户线接口电路，而对数字用户线接口电路不作介绍。

模拟用户线接口电路在实现上的最大压力是应能承受馈电、铃流和外界干扰等高电压大电流的冲击，过去都是采用晶体管、变压器（或混合线器）、继电器等分立元件构成，随着微电子技术的发展，近十年来在国际上相继开发出多种模拟 SLIC，它们或是采用半导体集成工艺或是采用薄膜、厚膜混合工艺，并已实用化。在实际中，基于实现和应用上的考虑，通常将 BORSHCT 功能中过电压保护由外接元器件完成，编解码器部分单成一体，集成为编解码器（CODEC），其余功能由集成模拟 SLIC 承接。

在程控交换机中，向用户馈电、振铃等功能都是在线路中实现的，馈电电压一般是-60V，馈电电流一般是 20～30mA。铃流是 25Hz/90V 左右，而在程控交换机中，由于交换网络处理的是数字信息，无法向用户馈电、振铃等，所以向用户馈电、振铃等任务就由用户接口电路来承担完成。再加上其他要求，程控交换机中的用户线接口电路一般要具有 B（馈电）、R（振铃）、S（监视）、C（编译码）、H（混合）、T（测试）、O（过电压保护）7 项功能。

模拟用户线接口电路的功能可以归纳为 BORSCHT7 种功能，具体含义是：

1）B（Battery feeling）。向用户话机送直流电流，通常要求馈电电压为–48V 或–24V，环路电流不小于 18mA。

2）保护（O——Overvoltage protection）。防止过电压、过电流冲击和损坏电路、设备。

3）铃控制（R——Ringing Control）。向用户话机馈送铃流，通常为 25Hz/90Vms 正弦波。

4）监视（S——Supervision）。监视用户线的状态，检测话机摘机、挂机与拨号脉冲等信号以送往控制网络和交换网络。

5）编译码/滤波（C——CODEC/Filter）。在数字交换中，完成模拟话音与数字码间的转换，通常采用 PCM 编码器（Coder）与解码器（Decoder）来完成，统称为 CODEC。相应的防混叠与平滑低通滤波器占有话路（300～3400Hz）带宽，编码速率为 64kb/s。

6）混合（H——Hyhird）。完成二线与四线的转换功能，即实现模拟二线双向信号与 PCM 发送，接收数字四线单向信号之间的连接。过去这种功能由混合线圈实现，现在改为集成电路，因此，称为"混合电路"。

7）测试（T——Test）。对用户电路进行测试。

用户线接口电路的产品品种不多，常见的典型型号有 MOTOROLA 公司的 MC3419（-IL、A-TL、C-TL）、MC33121、MC34F19，以及 MITEL 公司的 MH88500、MH88610、MH88612、MH89615 及 INTEL 公司的 29C48、HG624、HG625、SJO510 等。在本实验系统中，用户线接口电路选用的是 MOTOROLA 公司的 MC33121。MC33121 是 MOTOROLA 公司生产的模拟用户线接口电路（ASLIC），它包含向用户话机馈电、监视、混合、环路状态检测等功能单元以及双端—单端变换话音网络。MC33121 的引脚功能介绍如表 8-2 所示。内部功能框图如图 8-7 所示。管脚分布见图 8-8。

表 8-2 MC33121 引脚功能表

符　号	引　脚　端　号		说　　　明
	双列直插	塑料芯片载体	
V$_{CC}$	20	28	连接无噪声电池地，携载环流和一些偏置电流
EP	19	27	连接 PNP 型晶体管的发射极
BP	18	26	连接 PNP 型晶体管的基极
CP	17	24	通过限流电阻连接到末端，CP 端经过输入放大器连接到内部传送放大器，输入阻抗 31kΩ
TSI	16	23	检测输入端，通过一个带有纵向阻抗的电流限制保护电阻器连接到末端，输入阻抗参考 Vcc 端，近似 100Ω
V$_{DD}$	15	22	连接到+5.0V±10%电源，参考数字地，对逻辑电路部分供电，并为环路驱动器提供偏置电流
V$_{DG}$	14	20	数字地，作为 ST1 及 ST2 和 V$_{DD}$ 的基准。连接到系统的数字地
ST1	13	18	状态输出（TTL/CMOS）。指明挂通和挂断开关状态，挂通时为逻辑高。同时提供脉冲拨号信息。与 ST2 一起指示故障状态
ST2/PDI	12	17	状态输出和输入（TTL/CMOS）。作为输出，可以指示挂通挂断开关状态，挂通时为逻辑低，挂断时为逻辑高。与 ST1 一起指示故障状态。作为输入，可以被拉为逻辑低电平（摘机时），不接收用户环路电流
TXO	11	16	发送电压输出端，输出电压是 CP 端和 CN 端输入电压差的 1/3，有标称 800μA 的电流输出容量
RXI	10	14	虚地端（DC level = VAG）和电流输入端，该端电流镜像到两个增益为 102 的晶体管放大器

符　　号	引　脚　端　号		说　　　明
	双列直插	塑料芯片载体	
V_{AG}	9	13	模拟地，作为 TXO 和 RXI 的基准，连接到系统的模拟地，电流方向是流入引出端
RFO	8	12	来自此端的电阻器与 RXI 端建立最大的环路电流和直流馈送电阻，最小电阻器值是 3.3kΩ
CF	7	10	在此端和 V_{AG} 端之间的低漏电容器提供直流和交流值号隔离，需要串联电阻器对电池电源开关瞬态保护
V_{QB}	6	8	静噪电池端。V_{CC} 和 V_{EE} 之间的电容器滤掉 V_{EE} 的噪声和纹波，提供静噪电池电源给语音放大器，需要串联电阻器对电池电源开关提供瞬态保护
RSI	5	7	检测输入端，通过一个带有纵向阻抗的限流电阻连接到环路，输入阻抗约为 100Ω
CN	4	6	通过限流电阻连接到环路，CN 端是内部放大器反相输入端，输入阻抗是 31kΩ
BN	3	4	连接到 NPN 型晶体管的基极
EN	2	3	连接到 NPN 型晶体管的发射极
V_{EE}	1	2	连接到电池电压（−21.6～−42V）

（引出端 1、5、9、11、15、19、21、25 在 PLCC 封装电路内部没有连接）

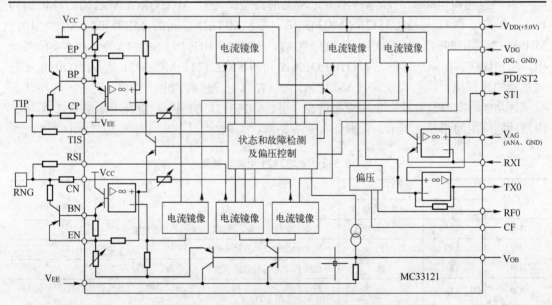

图 8-7　MC33121 内部功能框图

　　MC33121 是用户线接口电路（SLIC），用于提供二线电话线和电话局或 PBX 四线一侧之间的接口，具有 BORSCHT 的绝大多数功能，特别是：

　　1）对线路环路电流的电池馈送，具有短线最大电流和长线电池馈送电阻的可编程功能。

　　2）通过内部钳位二极管和外部电阻器及二极管提供过电压保护。

　　3）监视。挂通挂断开关状态指示与局或 PBX 对电路省电要求无关，只要出现 ≥30kΩ 泄漏电阻即有指示；对系统进行故

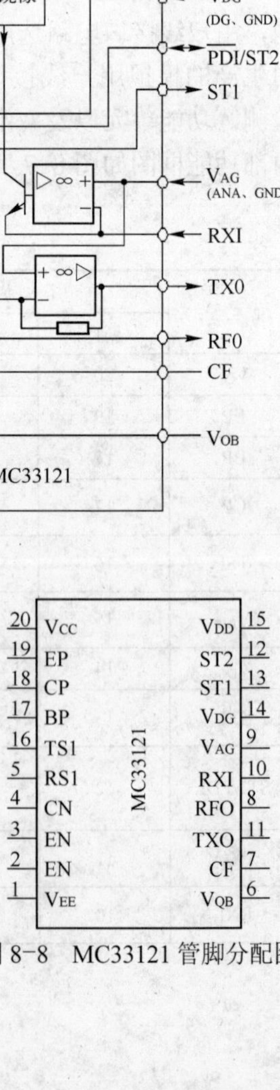

图 8-8　MC33121 管脚分配图

障状态检测和指示；拨号（脉冲和双音频）信息通过 MC33121 送达四线一侧。

MC33121 是二到四线转换器，传送、接收，回波损失和传输混合增益都可独立可调。MC33121 包括有内部的严格的传感电阻器，它们经过优化性能微调。使用这一技术使二线一侧的外部电阻器（为了瞬态保护，一般使用高瓦数）可以采用非精密型电阻器。经测试，对于二线一侧和四线一侧都具有最小 58dB 的纵向平衡。

MC33121 不具备振铃插入、振铃解脱、语音信号的数字编解码，也无测试功能。这些必须由电路外部提供。

在本系统中，用户线接口电路大体上有以下功能。

1）向用户话机供电，具体如下：
- 供电电源采用–24V。
- 在静态情况下（不振铃，不呼叫），–24V 电源通过继电器静合触点接至话机。
- 在振铃时，–24V 电源通过振铃支路经继电器动合触点接至话机。
- 用户挂机，话机叉簧下震颤，馈电回路断开，回路无电流流过。
- 用户摘机后，话机叉簧上升，接通馈电回路（在振铃时接通振铃支路），回路供电电流大约为 1115mA。

2）监视用户线的状态变化即检测摘挂机信号，具体如下：
- 用户挂机时，用户状态检测输出端输出低电平，以向 CPU 中央集中控制系统表示用户"闲"。
- 用户摘机时，用户状态检测输出端输出高电平，以向 CPU 中央集中控制系统表示"忙"。

3）接受用户电路发送的 DTMF 双音多频信号，以送给 CPU 中央集中控制系统检测识别被叫用户的号码。

4）向用户送振铃信号，具体如下：
- 不振铃时，振铃支路与供电系统支路分开；振铃时，供电系统通过振铃支路也对用户进行馈电。
- 振铃（且用户不摘机时）振铃信号送到话机上，并使用户状态检测输出端送出低电平给 CPU 中央集中控制系统，以示用户未应答。
- 振铃时用户摘机，则用户状态检测输出端送出高电平，表示用户已应答，此时 CPU 中央集中控制处理系统应立即送出一信号给振铃控制电路，以便迅速切断铃流信号，接通主、被叫用户的通路，使之建立通信。
- 保护内部电路，使之免受外线过电压、过电流的袭击。

本实验系统共有 4 个用户线接口电路，电路的组成与工作过程均一样，因此，只对其中的一路进行分析，图 8-9 所示为一号机用户线接口电路的原理图。

在实际应用中，反映用户状态的信号一般都是直流信号，当用户摘机时，用户环路闭合，在用户线上有直流电流流过。主叫摘机，表示呼叫信号，被叫摘机，则表示应答信号，当用户挂机时，用户环路断开，用户线上的直流电流也断开，因此，交换机可以通过检测用户线上直流电流的有无来区分用户状态。

当用户摘机时，发光二极管 nLED2 亮，表示用户已处于摘机状态，IC2 的 12 引脚由低电平变为高电平，13 引脚则由高电平变为低电平，此状态送到 CPU 进行检测该路是否摘机，当检测到该路有摘机时，CPU 命令拨号及控制电路送出 f=450Hz，V_{p-p}=5V 的正弦信号。

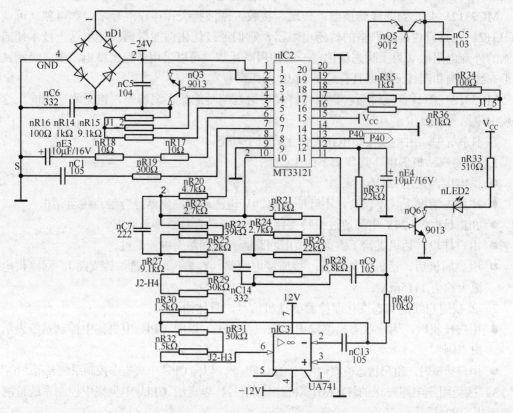

图 8-9 用户线接口电路

此时，在 AR1 端子上能检测到如图 8-10 所示波形。

当用户听到 450Hz 拨号音信号时，用户开始拨电话号码，双音多频号码检测电路检测到号码时，通知 CPU 进行处理，CPU 命令 450Hz 拨号音发生器停止送拨号音，用户继续拨完号码，CPU 检测被叫用户的号码后，立即向被叫用户送振铃信号，向主叫用户送回铃音信号，以表示接通电路，当被叫用户摘机，表示通信过程已建立。当任一方先挂机，CPU 检测到后，立即向另一方送忙音，以示催促挂机，至此，主、被叫用户通信过程结束。

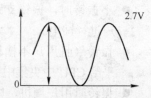

图 8-10　450Hz 拨号音波形

8.3.3　外线及中继接口电路

外线及中继接口电路的主要功能是实现系统与电信局交换网络的连接和实验系统之间的中继接口通信。

在实现外线及中继接口的过程中，信令的产生与信令的交换可在一个实验系统内完成四部电话单机的工作和两套实验系统的通信工作，若将实验系统通过电缆与电信的交换机连接，则可实现实验系统与电信网络的长途通信，即本实验系统的用户单机可以拨打电信网络中的任何一台电话。图 8-11 所示为实验系统与电信网络的连接图，若将两台实验系统通过中继电缆线连接，则可实现两台实验系统的长途通信。图 8-12 所示为两台实验系统的连接图。

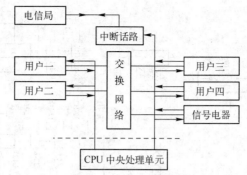

图 8-11 实验系统与电信网络的连接

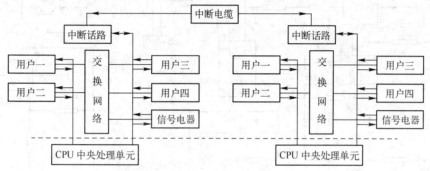

图 8-12 两台实验系统的连接

在本实验系统中，当有外线或呼入时，首先对用户一进行检测，当用户一不忙时，一号机振铃，其他用户不受其影响；当用户一忙（正在通话）时，系统自动转接至二号机，并对用户一检测，若用户二忙，则转用户三，依次类推，直至 4 个用户全部检测完毕，若 4 个用户全部处于忙状态，则送外线主叫忙音。当有用户正处于外线（电信或中断）通信，有其他用户也想拨打外线时，则系统送忙音给该用户，以示线路繁忙。

外线呼叫方式。有两种方式可进行外线呼叫，一种是通过用户单机直接拨外线电话号码，主叫用户（用户一、用户二、用户三、用户四）摘机后，听到拨号音，拨出外线拨叫号码"99"，主叫用户将听到电信局送出的拨号音，主叫用户继续拨出被叫号码，电信局送出回铃音给主叫用户，同时被叫用户振铃，当被叫用户摘机，电信局打开话路通道，电信通信建立，任何一方挂机，系统切断电信通道，在另一方听筒中听到忙音，表示对方已经挂机。另一种方式为通过系统键盘进行呼叫：用户一不用摘机，按下键盘"外线"按钮，显示"PH——OU"，按〈确认〉键，显示"OU——PH"，此时用户一摘机，则系统自动连通电信通道，主叫用户将听到电信局送出的拨号音，此时就可以拨被叫号码，当拨通被叫号码后对方电话振铃，同时主叫方可以听到回铃音，若被叫摘机，则通话线路建立，此时任何一方挂机，系统切断电信通道，在另一方听筒中听到忙音，表示对方已经挂机。

中继呼叫方式。有两种方式可进行中继呼叫，一种是通过用户单机直接拨中继电话号码"66"，系统接通中继通道，另一用户电话振铃；另一种方式为通过系统键盘进行呼叫，用户一不用摘机，按下键盘的"中继"按钮，显示"Re——PH"。按〈确认〉键，显示"PH——Re"。此时用户一摘机，则系统自动接通中继通道，另一用户电话振铃。另一种方法为：主叫用户（用户一、用户二、用户三、用户四）摘机后，听到拨号音，拨出中继号码"66"，系统打开中继通道，主叫用户听到回铃音，被叫用户振铃，被叫摘机，话路通道打开，中继通信建立。任何一方挂机，系统切断中继通道，在另一方听筒中听到忙音，表示对方已经挂机；第二方挂机，系统关断所有与中继相关的信号通道。

外线及中继电路的原理图如图 8-13 所示。

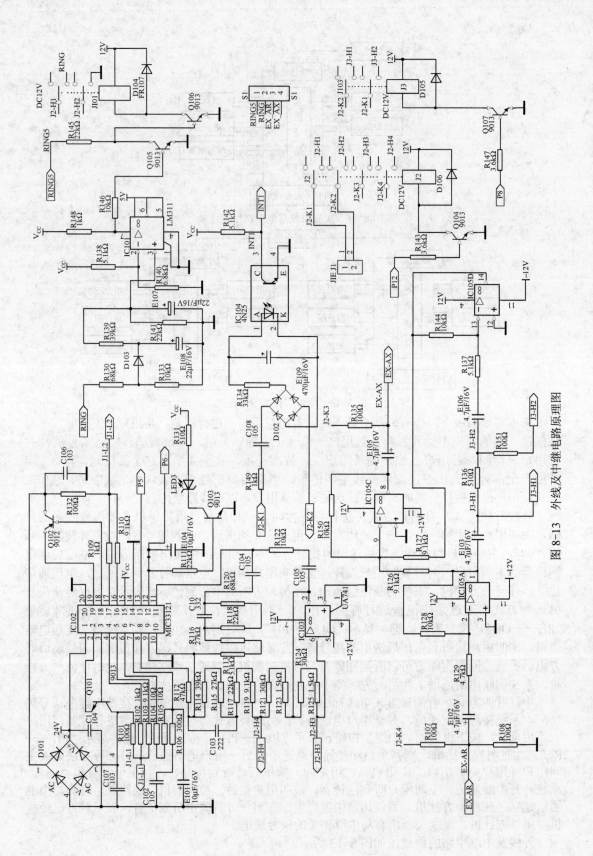

图 8-13 外线及中继电路原理图

300

8.3.4 振铃插入与振铃解脱电路

当用户有人呼叫时，需给话机提供一个振铃信号（25Hz/90V），使电话振铃，当被叫用户摘机后，电路自动切断振铃信号，接通话路信号，由于控制电路中全是低电压数字信号，所以该功能也由用户线接口电路来完成。

在不同的用户接口 SLIC，有些已经集成了振铃的插入和解脱控制，如 MITEL 的 MT88612 等，而有些 SLIC 没有把该项功能集成，如 MC33121，因此，需要外接一个振铃插入与解脱控制电路，电路原理图如图 8-9 所示，无论是集成还是非集成电路，其原理都是类似的，下面我们作简要的分析。

当 CPU 检测到有呼叫号码时，给对应用户送出振铃信号，当用户接口电路收到振铃信号时，打开振铃继电器，使振铃信号进入用户电话机，电话机振铃。当用户在振铃期间摘机时，有两种情况：第一种情况是用户在两响铃间隙内摘机，此时用户接口电路检测到用户摘机，送出用户摘机状态，CPU 得到摘机信息关闭振铃信号，接通话路通道；第二种情况是用户在电话响铃时摘机，此时由于电话摘机引起振铃信号的 V_{pp} 下降，接在振铃信号上的电压检测电路输出的电压降低，使检测电路的输出状态翻转，强制把振铃继电器关闭，用户接口电路检测到用户摘机，送出用户摘机状态，CPU 得到摘机信息关闭振铃信号，接通话路通道。

在实验系统中，振铃插入与振铃解脱电路原理图如图 8-14 所示，当一号电话机被叫时，CPU 控制电路送 RING5 高电平，使晶体管 nQ8 导通，继电器 J1 工作，电话机接入振铃信号，用户摘机，第一种情况时，CPU 直接把 RING5 电平降低，停止振铃；第二种情况时，使 nIC1 的 3 引脚电平降低，电路翻转，nIC1 的引脚输出高电平，nQ7 导通，nQ8 截止，停止振铃，4 个用户模块的电路原理是一样的。

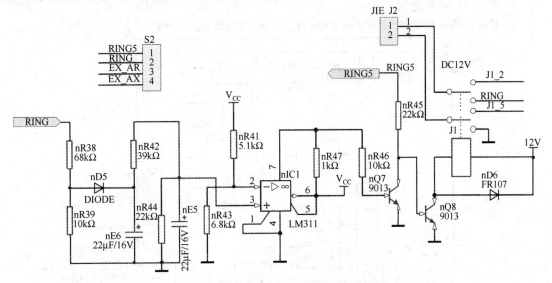

图 8-14 振铃插入与振铃解脱电路原理图

8.3.5 PCM 编译码电路

点到点 PCM 多路电话通信原理脉冲编码调制（PCM）技术与增量调制（ΔM）技术已经在数字通信系统中得到广泛应用。当信道噪声比较小时，一般用 PCM，否则用ΔM。目前速率在 155MB 以下的准同步数字系列（PDH）中，国际上存在 A 解和 u 律两种 PCM 编译码标准系列，在 155MB 以上的同步数字系列（SDH）中，将这两个系列统一起来，在同一个等级上两个系列的码速率相同。而 ΔM 在国际上无统一标准，但它在通信环境比较恶劣时，显示了巨大的优越性。

点到点 PCM 多路电话通信原理可用图 8-15 表示。对于基带通信系统，广义信道包括舆媒质、收滤波器、发滤波器等。对于频带系统，广义信道包括传输媒质、调制器、解调器、发滤波器、收滤波器等。

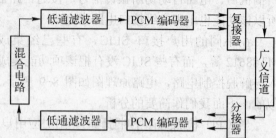

图 8-15　点到点 PCM 多路电话通信原理

本实验模块可以传输 4 路话间信号。采用 TP3057 编译码器，它包括了图 8-14 中的收、发低通滤波器及 PCM 编码器。编码器输入信号可以是本实验系统内部产生的音频信号，也可以是外部源的正弦信号或电话信号。本模块的核心器件是 A 律 PCM 编译码信号集成电路 TP3057，它是 CMOS 工艺制造的专用大规模集成电路，片内带有输出输入话路滤波器，其引脚及内部框图如图 8-16、图 8-17 所示。引脚功能如下：

1）V_-：接−5V 电源。

2）GND：接地。

3）VFRO：接收部分滤波器模拟信号输出端。

4）V_+：接＋5V 电源。

5）FSR：接收部分帧同信号输入端，此信号为 8kHz 脉冲序列。

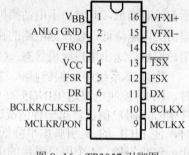

图 8-16　TP3057 引脚图

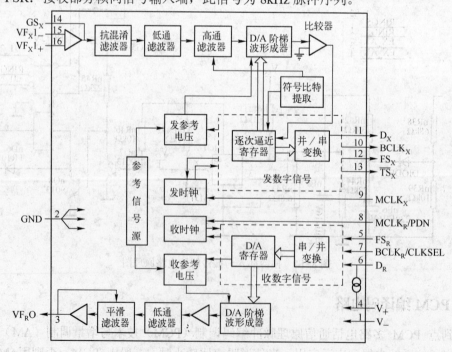

图 8-17　TP3057 内部框图

6）DR：接收部分 PCM 码流输入端。

7）BCLK$_R$/CLKSEL：接收部分位时钟（同步）信号输入端，此信号将 PCM 码流在 FSR 上升沿后逐位移入 D$_R$ 端。位时钟为 64kHz～2.048MHz 的任意频率，或者输入逻辑"1"或"0"电平器以选择 1.536MHz、1.544MHz 或 2.048MHz 用做同步模式的主时钟，此时发时钟信号 BCLKx 同时作为发时钟和收时钟。

8）MCLK$_R$/PDN：接收部分主时钟信号输入端，此信号频率必须为 1.536MHz、1.544MHz 或 2.048MHz。可以和 MCLKx 信号异步，但是同步工作时可以达到最佳状态。当此端接低电平时，所有的内部定时信号都选择 MCLK$_x$ 信号，当此端高电平时，器件处于省电状态。

9）MCLK$_x$：发送部分主时钟信号输入端，此信号频率必须为 1.536MHz、1.544MHz 或 2.048MHz。可以和 MCLK$_R$ 异步，但是同步工作时可达到最佳状态。

10）BCLK$_x$：发送部分位时钟输入端，此信号将 PCM 码流在 FS$_x$ 信号上升沿后逐位移出 D$_x$ 端，频率为 64kHz～2.04MHz 的任意频率，但 MCLK$_x$ 同步。

11）D$_x$：发送部分 PCM 码流三态门输出端。

12）FS$_x$：发送部分帧同步信号端，此信号为 8kHz 脉冲序列。

13）TS$_x$：漏极开路输出端，在编码时隙输出低电平。

14）GS$_x$：发送部分增益调整信号输入端。

15）VF$_x$1_：发送部分放大器反向输入端。

16）VF$_x$1+：发送部分放大器正向输入端。

TP3057 由发送和接收两部分组成，其功能简述如下。

1. 发送部分

发送部分包括可调增益放大器、抗混淆滤波器、低通滤波器、高通滤波器、压缩 A/D 转换器。抗混淆滤波器对采样频率提供 30dB 以上的衰减，从而避免了任何片外滤波器的加入。低通滤波器是 5 阶的、时钟频率为 128MHz，高通滤波器是 3 阶的、时钟频率为 32kHz。高通滤波器的输出信号送给阶梯波产生器（采样频率为 8kHz）。阶梯波产生器、逐次逼近寄存器（S·A·R）、比较器以及符号比特提取单元 4 个部分共同组成一个压缩 A/D 转换器。S·A·R 输出的并行码经并/串转换后成 PCM 信号。参考信号提供各种精确的基准电压，允许编码输入电压最大幅值为 5Vp-p。

发帧信号 FS$_x$ 为采样信号。每个采样脉冲都使编码器进行两项工作：在 8 比特同步信号 BCLK$_x$ 的作用下，将采样值的结果通过输出端 D$_x$ 输出。在 8 比特同位同步信号以后，D$_x$ 端处于高阻状态。

2. 接收部分

接收部分包括扩张 D/A 转换器和低通滤波器。低通滤波器符合 AT& D3/D4 标准和 CCITT 建议。D/A 转换器由串/并变换、D/A 寄存器组成、D/A 阶梯波发生器等部分。在接收帧同步脉冲 FSR 上升沿及其之后的 8 位同步脉冲 BCLK$_R$ 作用下，8 比特 PCM 数据进入接收数据寄存器（D/A 寄存器），D/A 阶梯波单元对 8 比特 PCM 数据进行 D/A 变换后的信号形成阶梯信号。此信号被送到时钟频率为 128kHz 的开关电容低通滤波器，此低通滤波器对阶梯波进行平滑滤波，对孔径失真（sinx）/x 进行补偿。

在通信工程中，主要用动态范围和频率特性来说明 PCM 编译码系统的性能，如图 8-18 所示。

在动态范围的定义是译码器输出信噪比大于 25dB 时允许编码器输入信号幅度的变化范围大于图 8-17 所示的 CCITT 框架（样板值）。当编码器输入信号幅度超过其动态范围时，出现过载噪声，故编码输入信号幅度过大时，量化信噪比急剧下降。
TP3057 编译码系统不过载输入信号的最大幅值为 5Vp-p。

由于采用对数压扩技术，PCM 编译码系统可以改善小信号的量化信噪比，TP3057 采用 A 律 13 折线对信号进行压扩。当信号处于某一段落时，量化噪声不变（因为在此段落内对信号进行均匀量化），因此，在同一段落内量化信噪比随信号幅度减小而下降。13 折线压扩特性曲线将正负信号各分为 8 段，第 1 段信号最小，第 8 段信号最大。当信号处于第 1、第 2 段时，量化噪声不随信号幅度变化，因此，当信号太小时，量化信噪比会小于 25dB，这是动态范围的下限。TP3057 编译码系统动态范围内的输入信号最小幅度约为 0.025Vp-p。

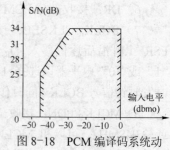

图 8-18　PCM 编译码系统动
态范围样板值

常用 1kHz 的正弦信号作为输入信号来测量 PCM 编译码器的动态范围。

语音信号的抽样信号频率为 8kHz，为了不发生频谱混叠，常将语音信号经截止频率为 3.4kHz 的低通滤波器处理后再进行 A/D 处理。语音信号的最低频率一般为 300Hz。TP3057 编码器的低通滤波器决定了编译码系统的频率特性，当输入信号频率超过这两个滤波器的频率范围时，译码输出信号幅度迅速下降，这是 PCM 编译码系统特性的含义。

PCM 编译码器单元共有 4 块 PCM 编译码芯片，如图 8-19 所示，因此，每一台电话的话音可以通过 PCM 编码后进行数字传输。其输入输出口分别为：DR1、DR2、DR3、DR4 4 个通道的译码信号输入；PCM—AX1、PCM—AX2、PCM—AX3、PCM—AX4 4 个通道的编码信号输入；DX1、DX2、DX3、DX4 4 个通道的编码信号输出；PCM-AR1、PCM-AR2、PCM-AR3、PCM-AR4 4 个通道的译码信号输出。

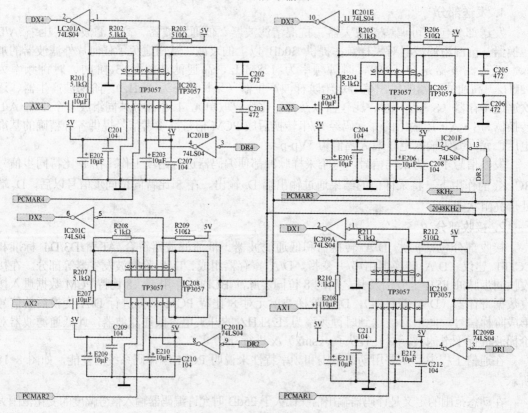

图 8-19　PCM 编译码电路

8.3.6　DTMF 编译码电路

双音多频（Dual Tone Multi Frequency，DTMF）。

双音拨号方式中的双音多频是指用两个特定的单音频信号的组号来代表数字或功能，两个单音频的频率不同，所代表的数字和功能也不同，在双音多频电话机中有 16 个按键，其中有 10 个数字键 0～9，6 个功能键*、#、A、B、C、D，按照组合的原理，它必须有 8 种不同的单频信号，由于采用频率有 8 种，故又称之为多频，又因以 8 种频率中任意抽出 2 种进行组合，又称其为 8 中取 2 的编码方法。

根据 CCITT 的建议，国际上采用 679Hz、770Hz、852Hz、941Hz、1209Hz、1336Hz、1447Hz 和 1633Hz，把 8 种频率分成两群，即高频群和低频群，从高频群和低频群中各任意抽出一种频率进行组合，共有 16 种不同组合，代表 16 种不同数字或功能，见表 8-3。

表 8-3　DTMF 频率组合表

低频 ＼ 数字 ＼ 高频	1209Hz	1336Hz	1447Hz	1633Hz
697Hz	1	2	3	A
770Hz	4	5	6	B
852Hz	7	8	9	C
941Hz	*	0	#	D

注：表中*，#键作特殊功能用（闭音、重发等），A、B、C、D 留作他用，例如，波号码"8"则发双音多频信号频率为 FH=1336Hz，FL=852Hz。

1. DTMF 发送原理

DTMF 发送器的原理与构成如图 8-20 所示。

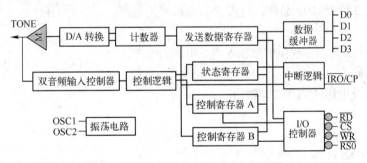

图 8-20　DTMF 发送电路原理与构成图

DTMF 发送器主要包括：

1）晶体振荡器。外接晶体（通常采用 3.5795MHz）与片内电路构成振荡器，经分频产生参考信号。

2）键控可变时钟产生电路。它是一种可控分频比的分频器，通常由 n 级移位寄存器与键控反馈逻辑单元组成。

3）正弦波产生电路。一般由正弦波编码器与 D/A 变换器构成，通常可变速时钟信号先经 5 位移位寄存，产生一组 5 位移代码再由可编程逻辑阵列（PLA）将其转换成二进制代码，加到 D/A 变换器形成阶梯形正弦波。显然阶梯的宽度等于按键的号码和时钟频率的倒数，这样形成的正弦波信号频率必然对应时钟的速率。

4）混合电路。将键盘所对应产生的行、列正弦波信号输出。

5）附加功能单元。如有时含单音抑制、输出控制（禁止）、双键同按无输出等控制电路。

DTMF 发送器按输入控制方式可分为键盘行列控制和 BCD 接口控制两种。

在实验系统中，发送芯片采用的是 Mitel 公司的 MT8888CE，在双音多频发送电路输入控制上，采用的是 BCD 接口控制方式，这样只需进入键盘第二功能后，按键盘上任意数字键，在 DTMF 编译模块的 DTMF 码输出口 TONE 即可输出相应的 DTMF 信号。

2. DTMF 接收原理

DTMF 接收器包括 DTMF 分组滤波器和 DTMF 译码器，其基本原理如图 8-21 所示。

输入
电路
高阻带通
滤波器
低阻带通
滤波器
过零检测器
过零检测器
码变换
锁存与
缓冲

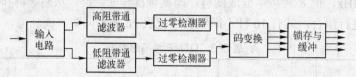

图 8-21　典型 DTMF 接收器原理框图

DTMF 接收器先经高、低群带通滤波器进行 FL/FH 区分，然后过零检测、比较，得到相应于 DTMF 的两路 FL、FH 信号输出。该两路信号经译码、锁存、缓冲，恢复成对应于 16 种 DTMF 信号音对的 4 比特二进制码（D1～D4）。

在本实验系统电路中，DTMF 接收器采用的是 MT8888CE 芯片；图 8-22 所示为该芯片的管脚排列图。

IN+ 1
IN- 2
GS 3
VRef 4
VSS 5
OSC1 6
OSC2 7
TONE 8
WR 9
CS 10
20 VDD
19 St/GT
18 ESt
17 D3
16 D2
15 D1
14 D0
13 IRQ/CP
12 RD
11 RS0
20PIN PLASTIC DIP /SOIC

图 8-22　MT8888CE 管脚排列图

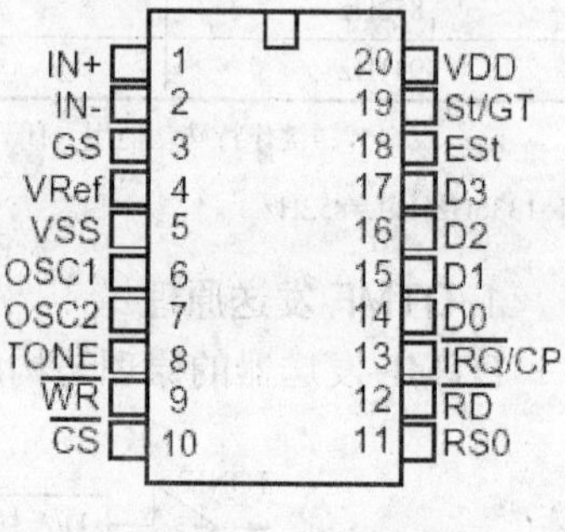

3. 该电路的基本特性

1）提供 DTMF 信号分离滤波和译码功能。输出相应 16 种 DTMF 频率组合的 4 位并行二进制码。

2）可外接 3.5795MHz 晶体，与内含振荡器产生基准频率信号。

3）具有抑制拨号音和模拟信号输入增益可调的能力。

4）二进制码为三态输出。

5）提供基准电压（VDD\2）输出。

6）电源：+5V。

7）功耗：15mW。

8）工艺：CMOS。

9）封装：20 引线双列直插。

10）管脚简要说明（见表 8-4）。

表 8-4　MT8888CE 管脚功能表

管　脚	功　能	管　脚	功　能
IN+、IN-	运放同、反相输入端，模拟信号或 DTMF 信号从此端输入	RS0	内部寄存器选择输入（参考表 5-4）
GS	运放输出端，外接反馈电阻，调节输入放大器的增益	$\overline{RD}$	微处理器读信号输入，TTL 电平
VRef	基准电压输出	$\overline{IRQ/CP}$	中断请求/呼叫进行。在中断模式，有中断时输出低电平

管　脚	功　能	管　脚	功　能
VSS	接地	D0、D1、D2、D3	微处理器数据总线（双向），TTL 电平
OSC1、OSC0	振荡器输入、输出端，两端外接 3.5795MHz 晶体	ESt	Early Steering Output
TONE	内部 DTMF 发送器输出	St/Gt	Steering Input/Guard Time Output （Bi-Directional）
$\overline{WR}$	微处理器写信号输入，TTL 电平	VDD	电源输入，+5V
$\overline{CS}$	片选信号输入，低电平有效		

4. 电路的基本工作原理

它完成典型 DTMF 接收器的主要功能：输入信号的高、低度频组带通滤波、限幅、频率检测与确认、译码、锁存、缓冲输出、振荡、监测等。具体来说，DTMF 信号从芯片的输入端输入，经过输入运放和拨号音抑制滤波器进行滤波后，分两路分别进入高、低度频组滤波器以分离检测出高、低度频组合信号。

如果高、低度频组信号同时被检测出来，便在 ESt 输出高电平作为有效检测 DTMF 信号的标志；如果 DTMF 信号消失，则 ESt 返至低电平，与此同时 ESt 通过外接 R 向 C 充电，得到 St/Gt 积分波形，如图 8-23 所示，若 t_{GTP} 延时后，St/Gt 电压高于门限值 V_{st} 时，产生内部标志，这样，该电路在出现 ESt 标志时，将证实后的两单音送往译码器，变成 4 比特码字并送到输出锁存器，而 St/Gt 标志出现时，则该码字送到三态输出端 D0、D1、D2、D3。另外，St/Gt 信号经过形成和延时，从 IRQ 端输出，提供一选通脉冲，表明该码字已被接收和输出已被更新，如若积分电压降到门限 V_{Tst} 以下，使 IRQ 也回到低电平。图 8-23 所示为它的工作时序波形图，图 8-24 所示为 MT8888CE 分离带通滤波器特性频谱图。

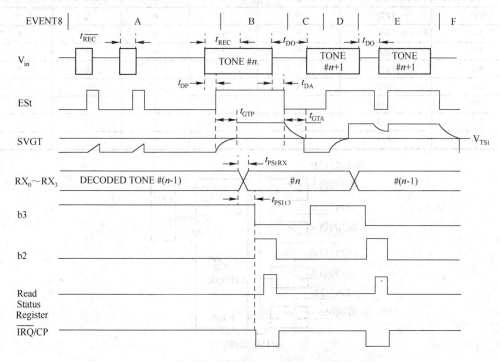

图 8-23　MT8888CE 工作时序波形图

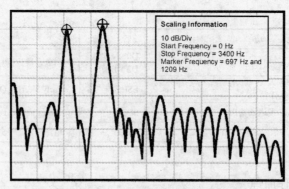

Scaling Information

10 dB/Div
Start Frequency = 0 Hz
Stop Frequency = 3400 Hz
Marker Frequency = 697 Hz and 1209 Hz

图 8-24　分离带通滤波器特性频谱图

　　MT8888CE 的译码表见表 8-5，图 8-25 所示为 DTMF 实验系统原理框图，图 8-26 所示为 DTMF 实验系统的电路原理图。

表 8-5　MT8888CE 的译码表

Flow	Fhigh	DIGIT	D3	D2	D1	D0
697	1209	1	0	0	0	1
697	1336	2	0	0	1	0
697	1477	3	0	0	1	1
770	1209	4	0	1	0	0
770	1336	5	0	1	0	1
770	1477	6	0	1	1	0
852	1209	7	0	1	1	1
852	1336	8	1	0	0	0
852	1477	9	1	0	0	1
941	1336	0	1	0	1	0
941	1209	*	1	0	1	1
941	1477	#	1	1	0	0
697	1633	A	1	1	0	1
770	1633	B	1	1	1	0
852	1633	C	1	1	1	1
941	1633	D	0	0	0	0

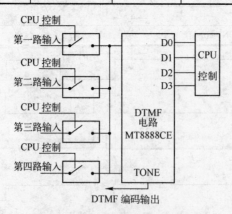

图 8-25　DTMF 实验系统原理框图

需要指出，由图 8-25 与图 8-26 可知，一片 MT8888CE 芯片对 4 路用户电路进行号码检测接入，为了不影响电路的正常工作，需模块开关接通或断开 DTMF 信号，模拟开关的第二个作用是它对话音信号进行隔离，阻止话音信号进入 MT8888CE 芯片，防止误动作的发生，在实际应用中，一片 MT8888CE 至多可以接入 16 路用户电路的 DTMF 信号，此时采取排队等待方式进行工作，当然在具体设计这方面的电路时，要全面考虑电路的设计，使之工作时不出现漏检测现象。

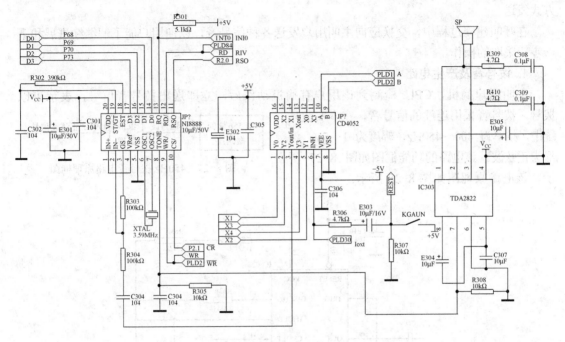

图 8-26　DTMF 实验系统电路原理图

8.3.7　信号音及铃流产生电路

在用户话机与电信局的交换机之间的线路上，要沿两个方向传递语言信息。但是，为了接通一个电话，除了上述情况外，还必须沿两个方向传送所需要的控制信号。如当用户想要通话时，必须首先向控制交换机提供一个信号，让交换机识别并使之准备好有关设备，此外，还要把指明呼叫的目的地信号（被叫）发往交换机。当用户想结束通话时，也必须向电信局交换机提供一个信号，以释放通话期间所使用的设备。用户要向交换机传送关于交换机设备状况以及被叫用户状态的信号。

由此可见，一个完整的电话通信系统，除了交换系统和传输系统外，还应有信号系统。

用户向电信局交换机发送的信号有用户状态信号（一般为直流信号）和号码信号（地址信号）。交换机向用户发送可闻信号与振铃信号（铃流）两种方式。

（1）可闻信号

一般采用频率为 450Hz 的交流信号，如下几种所列。

拨号音（Dial Tone）：连续发送的信号。

回铃音（Ringing Tone）：1s 送，4s 断，周期为 5s 的断续信号，与振铃一致。

忙音（Busy Tone）：0.35s 送，0.35s 断，周期为 0.7s 的断续信号。

通知音：0.2s 送，0.2s 断，0.2s 送，0.6s 断，周期为 1.2s 的不等间隔断续信号。

催挂音：连续发送响度较大的信号与拨号音有明显区别。

（2）振铃信号（铃流）

一般采用频率为 25Hz，幅度为 90V±15V 交流压，以 1s 送，4s 断，周期为 5s 的断续方式发送。

在呼叫建立过程中，交换应向主叫用户发送各种信号音，以便用户能了解继续进展和下一步应采取的操作。

1. 拨号音及产生电路

主叫用户摘机，CPU 检测到该用户有摘机动作后，立即送出拨号音信号，表示可以拨号，拨号音采用连续的信号音，在本实验系统中，频率为 400～450Hz，幅度为 1～5V，波形为正弦波。该电路的功能框图如图 8-27 所示，该电路原理图如图 8-28 所示。

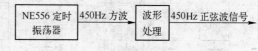

图 8-27　450Hz 拨号音电路原理框图

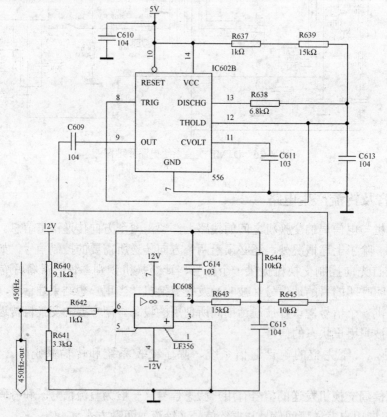

图 8-28　450Hz 拨号音电路原理图

2. 回铃音及控制电路

回铃音信号由 CPU 中央处理单元控制送出，通知主叫用户正在对被叫用户振铃，回铃音信号所用频率也同拨号音频率，断续周期为 1s 通，4s 断，与振铃一致。CCITT 对有关断续时间的规定见表 8-6。

表 8-6　回铃音信号断续时间表

	CCITT 可接受/s	CCITT 建议/s
续	0.672.5	0.671.5
断	3.06.0	3.05.0
周期	3.678.5	3.676.5

　　各国所用的断续周期不同，如日本为 1s 断 2s 续，重复为 3s，美国和加拿大的为 2s 续，4s 断，重复为 6s。我国采用 4s 断，1s 续的 5s 周期信号。因此，在本实验系统中也采用大约 4s 断，1s 续的重复周期为 5s 信号，如图 8-29 所示。

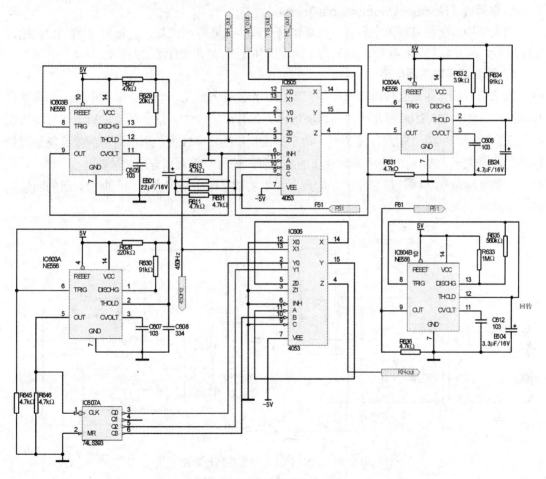

图 8-29　各种信号产生电路

3. 忙音及控制电路

　　忙音表示用户处于忙状态，此时用户应挂机等一会再重新呼叫。CCITT 对于忙音信号的断续周期有关建议见表 8-7。

表 8-7　忙音信号断续时间表

	CCITT 可接受/s	CCITT 建议/s
续	0.10.66	0.120.66
断	0.120.8	0.120.66
周期	0.31.1	0.31.1
比率		0.171.5 (1.0 最佳)

在实验系统中采用大约 0.35s 断，0.35s 续的周期为 0.7s 的频率为 450Hz 的信号，如图 8-29 所示。

4. 拥塞音（Congestion Tone）

表示机线拥塞，频率与忙音相同，为 0.7s 断，0.7s 续，周期为 1.4s 的重复周期信号，如图 8-29 所示。

5. 空号音（Number Unobtainable Tone）

当主叫用户所拨号码为空号音，比送忙音可减少无效呼叫次数，它使用 4 个 0.1s 续，0.1s 以后，再 0.4s 续，0.4s 断，周期为 1.6s 的 450Hz 信号，如图 8-29 所示。

6. 铃流信号发生器电路

铃流信号的作用是交换机向被叫用户发出，作为呼入信号，一般为低频电流，如频率有 16.67Hz、25Hz、33.3Hz 等几种，而目前国内大部分都用 25Hz 这个频率的铃流信号，所以在此我们设计频率为 25Hz 铃流信号，由于铃流信号的功率较大，所以后级的推挽功放管最好选用功率大于 15W 的中功率或大功率的晶体管，同时一定要加合适的散热片。

它的断续周期与回铃信号相同，因此，在本实验系统中采用大约 4s 断 1s 通的断续信号，电路原理图如图 8-30 所示。

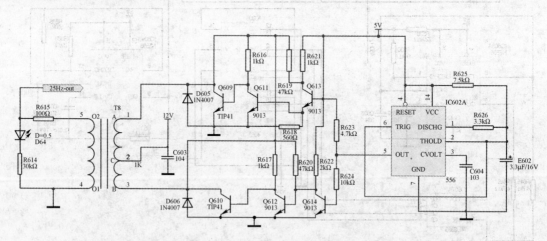

图 8-30　25Hz 铃流信号发生器原理图

注意：由于铃流信号的峰峰值较高为 90Vp-p，所以一定不要去触摸铃流电路的有关元件，以免触电。

8.3.8　可编程开关阵列

可编程开关阵列是整个程控交换系统的核心，在本实验系统中，交换网络的框图如图

8-31 所示。由图 8-31 可知，该实验系统也是由话路单元和控制单元两大部分组成，其中话路单元由用户电路、自动交换网络、音信号产生电路、中继电路、供电系统电路等组成，因为它是实验系统，所以它与实际交换机相比少了收号器电路。在本实验系统中，由于话务量较小，因而把收号器做在CPU 中央处理器单元上，不再单独列出。

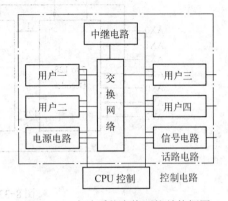

图 8-31 实验系统交换网络结构框图

可编程开关是 CMOS 型的空分接线器。目前，生产电子接线器的厂家很多，型号也各有不同，如Mitel 公司的 MT8804、MT8812、MT8816 等，MOTOROLA 公司的 142100、145100 等，SGS 公司的 M089、M099、M093 等。这些电子接线器在我国生产和引进的空分用户交换机中均能见到。

在本实验系统中，采用 Mitel 公司的 MT8816，图 8-32 和图 8-33 分别是芯片的管脚排列图和内部功能框图，由图可见：该芯片是 8×16 模拟阵列，它内含 7-128 线地址译码器，128 位控制数据锁存器与 8×16 开关阵列，其电路的基本特性为：

1）提供 8×16 模拟开关阵列功能。

2）导通电阻（VDD=12V），45Ω。

3）导通电阻偏差（VDD=12V），5Ω。

4）模拟信号最大幅度，12VPP。

5）开关带宽大，45MHz。

6）非线性失真，0.01%。

7）电源，4.5～13.2V。

8）工艺，CMOS。

9）封装，双列直插式。

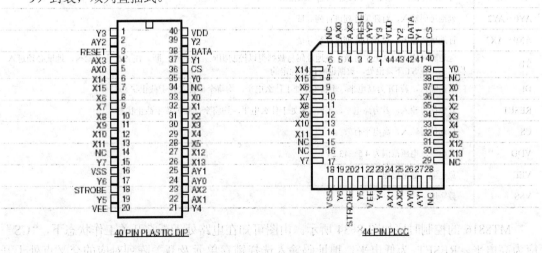

图 8-32 MT8816 管脚排列图

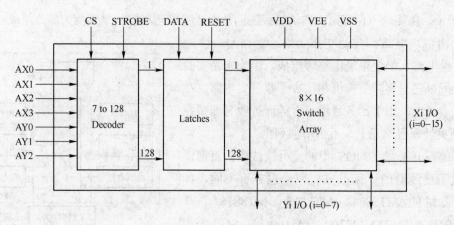

图 8-33　MT8816 内部功能框图

MT8816 有 8 条 Y 线（Y0～Y7）和 16 条 X 线（X0～X15），形成一个模拟交换矩阵，它们可以通过任意一个交叉点连接。芯片有保持电路，因此，可以保持任一交叉接点处于连通状态，直至复原信号为止。CPU 可以通过地址线 AY2～AY0 和数据线 AX3～AX0 进行控制和选择需要接通的交叉点号，AY2～AY0 选通 Y7～Y0 中的一条线，AY2～AY0 以二进制的形式进行编码，经过译码以后就可以接通交叉点相应的 Yi 数据线 AX3～AX0 选通 X15～X0 中的任一条线。AX3～AX0 不编码，一条 AX1 线位 "1"，控制相应的 Xi 以接通有关的交叉点，例如，要接通 Y1 和 X0 之间的交叉点，这时一方面向 AY0～AY2 送 "100"，另一方面向 AX3 送 "1"，当送出地址启动信号 "ST" 时，就可以将相应交叉点接通了。图 8-32 中还有一个端子 "CS"，它是片选端。当 "CS" 为 "1" 时，全部交叉点都打开，表 8-8 是 MT8816 的管脚功能列表。

表 8-8　MT8816 的管脚功能列表

管　脚	功　　能
Y0～Y7	列输入\输出，开关阵列 8 路列输入或输出
X0～X15	行输入\输出，开关阵列 16 路列输入或输出
AY0～AY2	列地址码输入，对开关阵列进行列寻址
AX0～AX3	行地址码输入，对开关阵列进行行寻址
ST	选通脉冲输入，高电平有效，使地址码与数据得以控制相应开关的通、断。在 ST 上升沿前，地址必须进入稳定态，在 ST 下降沿处，数据也应该是稳定的
DI	数据输入，若 DI 为高电平，不管 CS 处于什么电平，将全部开关置于截止状态
RESET	复位信号输入，若为高电平，不管 CS 处于什么电平，均将全部开关置于截止状态
CS	片选信号输入，高电平有效
VDD	正电源，电压范围为 4.5～13.2V
VEE	负电源，通常接地
VSS	数字地

MT8816 的控制时序如图 8-34 所示。由图可知在电路处于正常开关工作状态下，"CS" 应为高电平，RESET 为低电平，地址码输入选择锁存单元及开关阵列对应的交叉点处于开关的通断，若 "DI" 为高电平，则相应开关导通，若 "DI" 为低电平，则开关截止。

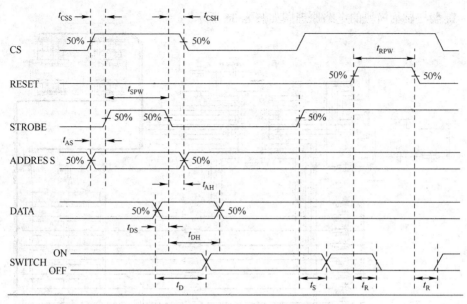

图 8-34 MT8816 控制时序图

8.3.9　键盘及显示电路

由于 CPU 任务量比较大，要不断地查询各个用户模块，还要适时地送出各种控制信号，而键盘与显示功能使 CPU 不断地进行动态扫描和消抖处理，这样会增加 CPU 的负荷，影响整个系统的性能，所以我们采用一个专用的键盘与显示芯片 ZLG7289，用硬件来实现键盘与显示功能，ZLG7289 和 CPU 采用中断方式连接，这样 CPU 就有更多的时间去处理其他的任务，提高了系统整体性能。

zlg7289A 是一个具有 SPI 串行接口功能的键盘输入和显示控制芯片，可同时驱动 8 位共阴式数码管或 64 只独立 LED 的智能显示驱动芯片，该芯片同时还可连接多达 64 键的键盘矩阵单片，可完成 LED 显示和键盘接口的全部功能。

zlg7289A 内部含有译码器，可直接接受 BCD 码或 16 进制码，并同时具有两种译码方式，此外还具有多种控制指令，如消隐、闪烁、左移、右移、段寻址等。

zlg7289A 具有片选信号，可方便地实现多于 8 位的显示或多于 64 键的键盘接口。

交换网络的电路原理图如图 8-35 所示。

特点：

1）串行接口无需外围元件，可直接驱动 LED。

2）各位独立控制译码/不译码及消隐和闪烁属性。

3）循环左移/循环右移指令。

4）具有段寻址指令，方便控制独立 LED。

5）64 键键盘控制器内含消抖电路。

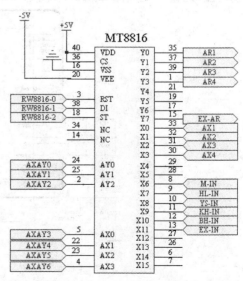

图 8-35　交换网络电原理图

6）键盘与显示模块的电路原理图如图 8-36 所示。

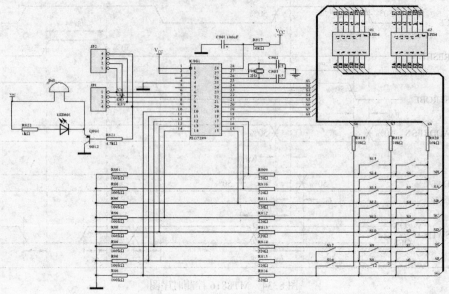

图 8-36　键盘与显示模块电路原理图

8.3.10　控制电路

控制电路由两个模块组成，即控制模块一和控制模块二。控制模块一采用单片机 89C58 为核心控制器件，控制模块二采用 CPLD/FPGA 芯片（EPM7128SLC84）为核心控制器件，充分利用了单片机的灵活性和 CPLD/FPGA 器件的高速、高性能，并且两个模块之间通过总线进行接口，从整体上来看两个模块又合成了一个功能更强大的 CPU，共同负责整个系统的信息读取及适时控制功能。

控制模块一采用 SST 公司的微处理器（89C58），负责整个系统的工作控制。主要完成状态显示输出、键盘输入、DTMF 编译码控制和控制模块二的总线接口以及数据传送等任务，控制模块一的电路如图 8-37 所示。

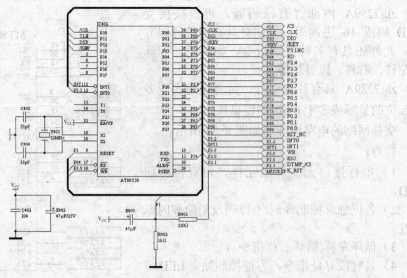

图 8-37　控制模块一电路

控制模块二采用 Altera 公司的 CPLD/FPGA 芯片 EPM7128，EPM7128 具有工作速度快、驱动能力强、可用 I/O 口多和工作稳定可靠等特点，有效地补充了控制模块一中单片机 89C58 的缺点，EPM7128 负责整个系统的状态监测及工作控制。主要完成用户及中继模块状态读取、回铃信号读取、PCM 编译码控制、DTMF 通道选择、交换矩阵开关控制、时钟信号产生和控制模块二的总线接口以及数据传送等任务，控制模块二的电路如图 8-38 所示。

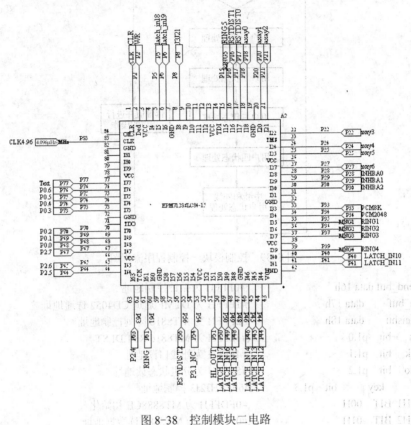

图 8-38　控制模块二电路

8.4　软件设计

8.4.1　控制模块一软件设计

控制模块一的核心主要是微处理器 89C58，负责整个系统的工作控制。主要完成状态显示输出、键盘输入、DTMF 编译码控制和控制模块二的总线接口以及数据传送等任务，它的软件设计主要是对微处理器 89C58 的编程，简单的程序流程如图 8-39 所示。

在软件设计的过程中要注意，所有的硬件在软件中都要为其开辟一个暂存寄存器区，并在程序的开始要对这些寄存器进行初始化，本程控交换实验系统的初始化程序如下：

****

程控交换实验系统初始化程序

****

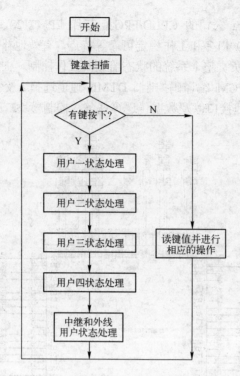

图 8-39 控制模块一控制程序流程图

```
send_buf data 16h          ;#0FFFH 为振铃控制地址
re_buf      data 17h       ;#1FFFH 为 DTMF 通道 CD4052 选通地址
weishu      data 18h       ;#2FFFH 为 MT8816 阵列控制地址
cs    bit   p1.0           ;#3FFFH 为 MT8816 RST,DI,ST
clk   bit   p1.1           ;#4FFFH 为外线口读地址
dio   bit   p1.2           ;#5FFFH 为分机状态读地址
        key      bit  p1.3 ;#6FFFHJ2J3 控制地址
YH1 BIT   00H              ;#0FDFFH 为 MT8888CE 初始化
YH2 BIT   01H              ;#0FCFFH 为 MT8888 读数据地址
YH3 BIT   02H
YH4 BIT   03H
YH5       BIT   04H
enterbz     bit   05h
szbz bit   06h             ;数字键标志位
meetbz      bit   07h
delaybz bit   08h          ;超延时标志位
bhbz bit   09h             ;拨号完标志
delaybz1 bit0ah
gnkeybz     bit   0bh      ;当功能键按下时，数字键是否有效标志位
szmode      bit   0ch      ;向左移位显示标志，为 1 移两位，为 0 移多位显示
        org   0000h
        ajmp MAIN
        org   0003h
        ljmp MT8888
        org   000bh
```

```
          ljmp  timer0
          org   0013h
          ljmp  phoneout
          org   001bh
          ljmp  timer1
          org   0030h
MAIN:     mov   sp,#55h
          mov   tmod,#11h         ;定时器 0/1 模式 1，定时 50ms
          mov   th0,#3ch
          mov   tl0,#0b0h
          mov   th1,#3ch
          mov   tl1,#0b0h
          mov   dptr,#0fffh
          mov   a,#00h
          movx  @dptr,a           ;关振铃
          mov   dptr,#1fffh
          mov   a,#0f4h
          movx  @dptr,a           ;关闭 DTMF 通道
          mov   dptr,#6fffh
          mov   a,#00h
          movx  @dptr,a           ;CLOSE J2，CLOSE J3
          mov   dptr,#0fdffh      ;在此必须对 MT8888 修改两层寄存器 A 和 B
          mov   a,#0dh            ;允许修改 B 层寄存器，使能中断模式，允许 TONE 信号输出
          movx  @dptr,a           ;写 A 层寄存器
          mov   a,#00h            ;使能双音频突发模式，关闭测试模式，允许产生 DTMF 信号
          movx  @dptr,a           ;写 B 层寄存器
          movx  a,@dptr
          jnb   p3.2,$
          clr   szbz
          clr   enterbz
          clr   meetbz
          clr   bhbz
          clr   delaybz
          clr   delaybz1
          clr   gnkeybz
          clr   szmode
          mov   r6,#14h           ;t0 延时超时寄存器
          mov   r5,#14h           ;t1 延时超时寄存器
          mov   25h,#00h          ;主叫被叫标志位，高四位为主叫，低四位为被叫
          mov   26h,#00h          ;用户出错标志位
          mov   27h,#00h          ;从 CPLD 读入的用户摘机挂机标志
          mov   28h,#00h          ;用户忙闲标志位
          mov   29h,#00h          ;振铃控制
          mov   2ah,#18h
          mov   2bh,#28h
          mov   2ch,#38h
          mov   2dh,#48h
```

```
        mov   2eh,#58h
        mov   2fh,#00h          ;从 CPLD 读入的中继用户状态寄存器
        mov   30h,#00h          ;用户 1 工作状态寄存器
        mov   31h,#00h          ;用户 2 工作状态寄存器
        mov   32h,#00h          ;用户 3 工作状态寄存器
        mov   33h,#00h          ;用户 4 工作状态寄存器
        mov   34h,#00h          ;用户 5 工作状态寄存器
        mov   35h,#00h          ;t1 延时常数寄存器
        mov   36h,3ah           ;t0 延时常数寄存器
        mov   37h,#00h          ;逻辑阵列开关
        mov   38h,#00h          ;40h，41h 合成
        mov   39h,#00h          ;40h，41h 合成
        mov   3ah,#0ah          ;延时键标志位
        mov   3bh,#0ah          ;上次拨号号码寄存器
        mov   3ch,#0ah          ;本次拨号号码寄存器
        mov   40h,#0ah
        mov   41h,#0ah
        mov   42h,#0ah
        mov   43h,#0ah
        mov   44h,#0ah
        mov   45h,#0ah
        mov   46h,#0ah
        mov   47h,#0ah          ;1~8 位 LED 缓存
        setb  ea
        clr   et1
        ;setb  ex0
        setb  ex1
        setb  pt0               ;使 t0 为高优先级中断
        setb  pt1               ;使 t1 为高优先级中断
        clr   f0                ;清标志
;**********测试数码管
        setb  cs
        setb  key
        setb  dio
        setb  clk
        Lcall delay50us
        mov   send_buf,#10100100B
        acall send
        setb  cs
        mov   send_buf,#10111111B   ;测试
        acall   send
        setb    cs
        lcall   delay1s
        lcall   delay1s
        lcall   delay1s
        mov     send_buf,#10100100B   ;再次初始化
```

320

```
        acall    send
        setb    cs
    acall  show18
    lcall  yes_ss
```

****

由于系统功能模块较多，功能较复杂，实际操作的每一个用户都有很多步骤，每一步骤又有很多状态，所以实际的程序比较复杂，控制模块一的软件设计非常重要，由于源程序较长，在这里没有足够的空间附上源程序，如果有需要源程序的读者可以到 xuyuandz.nyist.net 网站上下载，也可以发 Email 至 xuyuandz@163.com 索取。

8.4.2 控制模块二软件设计

控制模块二的核心主要是 CPLD/FPGA 芯片 EPM7128， EPM7128 负责整个系统的状态监测及工作控制。主要完成用户及中继模块状态读取、回铃信号读取、PCM 编译码控制、DTMF 通道选择、交换矩阵开关控制、时钟信号产生和控制模块二的总线接口以及数据传送等任务，对 EPM7128 的编程主要采用 VHDL（超高速硬件描述语言），控制模块二的源控制程序如下：

```
library ieee;
use ieee.std_logic_1164.all;
use ieee.std_logic_unsigned.all;
use ieee.std_logic_arith.all;

entity kongzhi4 is
port(
clk:in std_logic;    --4.96k
pcm2048:out std_logic;
pcm8:out std_logic;
p0:inout std_logic_vector(7 downto 0);
p2:in std_logic_vector(3 downto 0);
latch_in1:in std_logic_vector(9 downto 0); --5 分机状态接口
inhba:out std_logic_vector(2 downto 0); --控制 DTMFCD4052 的 INH，B，A 3 引脚
rstdist:out std_logic_vector(2 downto 0);--控制 MT8816 的 RST，DI，ST 引脚
axay:out std_logic_vector(6 downto 0);--控制 MT8816 的 AX，AY 接口
ring1:out std_logic;
ring2:out std_logic;
ring3:out std_logic;
ring4:out std_logic;
ring5:out std_logic;
ring:in std_logic;
rd:in std_logic;--p3.6
wr:in std_logic;--p3.7
HL_out:out std_logic;
j3j2:out std_logic_vector (1 downto 0)
);
```

```vhdl
end kongzhi4;

architecture rong of kongzhi4 is
signal cd4052:std_logic_vector (7 downto 0) ;              --DTMF4052 通道选择
signal con_ring:std_logic_vector (7 downto 0) ;           --振铃控制寄存器
signal RW8816:std_logic_vector (7 downto 0) ;             --MT8816 的 RST，DI，ST 引脚控制信号
signal mt8816:std_logic_vector (7 downto 0) ;             --MT8816 的阵列控制寄存器
signal aa:std_logic;--2048Khzout
signal count:std_logic_vector (8 downto 0) ;              --P8K 脉冲计数器
signal J_J3J2:std_logic_vector (7 downto 0) ;            --J3J2 继电器控制
signal ring_temp:std_logic;
begin
ring_temp<=not ring;
hl_out<=ring_temp;
process(p2,rd,wr)
begin
if (p2="0001") and (wr='0') then
CD4052<=p0;                                               --DTMF 通道选择 4052
elsif (p2="0101") and (rd='0') then
p0<=latch_in1 (7 downto 0) ;                              --1234 号机状态送 P0 口
elsif (p2="0100") and (rd='0') then
p0<=latch_in1 (9 downto 8) ;                              --外线状态送 P0 口
elsif (p2="0000") and (wr='0') then
con_ring<=p0;                                             --振铃控制
elsif (p2="0011") and (wr='0') then
RW8816<=p0;                                               --MT8816 RST，DI，ST 控制
elsif (p2="0010") and (wr='0') then
MT8816<=p0; --MT8816 阵列控制寄存器
elsif (p2="0110") and (wr='0') then
J_J3J2<=p0;
else
p0<="ZZZZZZZZ";
end if;
end process;
process (cd4052)
begin
case cd4052 is --**DTMFcd4052 通道选择 inhba INH\B\A 引脚
when "11110000"=>inhba<="000";--1 通道
when "11110001"=>inhba<="001";--2 通道
when "11110010"=>inhba<="010";--3 通道
when "11110011"=>inhba<="011";--4 通道
when others=>inhba<="111";--关通道
end case;
end process;
process (RW8816)
begin
```

```vhdl
case RW8816 is --控制 MT8816 的 RST，DI，ST 引脚
when "00000000"=>rstdist<="000";
when "00000001"=>rstdist<="001";
when "00000010"=>rstdist<="010";
when "00000011"=>rstdist<="011";
when "00000111"=>rstdist<="100";
--when others=>rstdist<="100";
when others=>null;
end case;
end process;
process (MT8816)
begin
case MT8816 is    --控制 MT8816 开关阵列选通
when "00000001"=>axay<="0000001"; --AXAY(6 DOWNTO 0)
when "00000010"=>axay<="0000010";
when "00000011"=>axay<="0000011";
when "00000111"=>axay<="0000111";
when "00001000"=>axay<="0001000";
when "00001010"=>axay<="0001010";
when "00001011"=>axay<="0001011";
when "00001111"=>axay<="0001111";
when "00010000"=>axay<="0010000";
when "00010001"=>axay<="0010001";
when "00010011"=>axay<="0010011";
when "00010111"=>axay<="0010111";
when "00011000"=>axay<="0011000";
when "00011001"=>axay<="0011001";
when "00011010"=>axay<="0011010";
when "00011111"=>axay<="0011111";
when "01000000"=>axay<="1000000";
when "01000001"=>axay<="1000001";
when "01000010"=>axay<="1000010";
when "01000011"=>axay<="1000011";
when "01001000"=>axay<="1001000";
when "01001001"=>axay<="1001001";
when "01001010"=>axay<="1001010";
when "01001011"=>axay<="1001011";
when "01010000"=>axay<="1010000";
when "01010001"=>axay<="1010001";
when "01010010"=>axay<="1010010";
when "01010011"=>axay<="1010011";
when "01010111"=>axay<="1010111";
when "01011000"=>axay<="1011000";
when "01011001"=>axay<="1011001";
when "01011010"=>axay<="1011010";
when "01011011"=>axay<="1011011";
```

```vhdl
when "01100000"=>axay<="1100000";
when "01100001"=>axay<="1100001";
when "01100010"=>axay<="1100010";
when "01100011"=>axay<="1100011";
when "01101000"=>axay<="1101000";
when "01101001"=>axay<="1101001";
when "01101010"=>axay<="1101010";
when others=>axay<="1101011";
end case;
end process;
process (con_ring)
begin
case con_ring is     --振铃控制
when "00001111"=>ring5<=ring_temp;ring1<='0';ring2<='0';ring3<='0';
ring4<='0';--5 号机振铃
when "11111011"=>ring4<=ring_temp;ring1<='0';ring2<='0';ring3<='0';
ring5<='0';--4 号机振铃
when "11111100"=>ring3<=ring_temp;ring2<='0';ring1<='0';ring4<='0';
ring5<='0';--3 号机振铃
when "11111110"=>ring1<=ring_temp;ring2<='0';ring3<='0';ring4<='0';
ring5<='0';--1 号机振铃
when "11111101"=>ring2<=ring_temp;ring1<='0';ring3<='0';ring4<='0';
ring5<='0';--2 号机振铃
when"11111010"=>ring1<=ring_temp;ring2<=ring_temp;ring3<=ring_temp;
ring4<=ring_temp;ring5<='0';--1234 号机振铃
when "11111001"=>ring1<=ring_temp;ring2<=ring_temp;ring3<='0';ring4<='0';
ring5<='0';--1、2 号机振铃
when "11111000"=>ring1<=ring_temp;ring2<='0';ring3<=ring_temp;ring4<='0';
ring5<='0';--1、3 号机振铃
when"11110111"=>ring1<=ring_temp;ring2<='0';ring3<='0';ring4<=ring_temp;
ring5<='0';--1、4 号机振铃
when"11110110"=>ring1<='0';ring2<=ring_temp;ring3<=ring_temp;ring4<='0';
ring5<='0';--2、3 号机振铃
when "11110101"=>ring1<='0';ring2<=ring_temp;ring3<='0';ring4<=ring_temp;
ring5<='0';--2、4 号机振铃
when "11110100"=>ring1<='0';ring2<='0';ring3<=ring_temp;ring4<=ring_temp;
ring5<='0';--3、4 号机振铃
when "11110011"=>ring1<=ring_temp;ring2<=ring_temp;ring3<=ring_temp;ring4<='0';
ring5<='0';--1、2、3 号机振铃
when "11110010"=>ring1<=ring_temp;ring2<='0';ring3<=ring_temp;ring4<=ring_temp;
ring5<='0';--1、3、4 号机振铃
when "11110001"=>ring1<='0';ring2<=ring_temp;ring3<=ring_temp;ring4<=ring_temp;
ring5<='0';--2、3、4 号机振铃
when "11110000"=>ring1<=ring_temp;ring2<=ring_temp;ring3<='0';ring4<=ring_temp;
ring5<='0';--1、2、4 号机振铃
```

```
when OTHERS=>ring1<='0';ring2<='0';ring3<='0';ring4<='0';ring5<='0';--关振铃
--when others=>null;
end case;
end process;
process (clk)
begin
if clk'event and clk='1' then
aa<=not aa;
count<=count+'1';
end if;
end process;
pcm2048<=aa;
pcm8<='1' when count="111111111"else '0';
process (J_J3J2)
begin
case J_J3J2 is   --终端与电信继电器控制
when "00000001"=>j3j2<="01";
when "00000010"=>j3j2<="10";
when "00000011"=>j3j2<="11";
when others=>j3j2<="00";
--when others=>null;
end case;
end process;
end rong;
```

8.5 系统实现

8.5.1 所需仪器仪表和软件

系统调试所使用的测试仪器仪表和工具如下：

1）IBM-PC/XT 兼容机一台，通用配置即可，要有 25 针并口和 9 针串口。

2）MCS-51 单片机仿真器一个，如：万利的 ME-52P。

3）200M 数字双踪示波器一台，如泰克 TDS220。

4）三位半或四位半数字万用表一个。

5）输出为 ±5V、2A；±12V、0.8A；-24V、0.5A 电源一台。

6）实验设备一套。

7）HA8188P/T 双音多频电话机 4 部。

8）35W 电烙铁一把。

9）软件有 KEIL51 或 MEDWIN，MAXPLUSII 或 QUARTUSII。

8.5.2 元件明细

设备所需元件明细表如表 8-9 所示。

表 8-9　程控交换实验系统元件明细表

名　称	型 号 规 格	数量	安 装 位 置	备 注
电阻	RJ—1/4W—1K	27	R102、R109、R148、R149、R402、R616、R617、R621、R637、R642、R703、R705、R822、1R16、2R16、3R16、4R16、1R35、2R35、3R35、4R35、1R47、2R47、3R47、4R47	
	RJ—1/4W—2K	3	R622、R702、R704	
	RJ—1/4W—7.5K	2	R142、R625	
	RJ—1/4W—3.9K	1	R632	
	RJ—1/4W—3.3K	2	R626、R641	
	RJ—1/4W—9.1K	18	R110、R103、R119、R126、R127、R640、1R15、2R15、3R15、4R15、1R27、2R27、3R27、4R27、1R36、2R36、3R36、4R36	
	RJ—1/4W—100	15	R101、R107、R108、R132、R135、R151、R615、1R14、2R14、3R14、4R14、1R34、2R34、3R34、4R34	
	RJ—1/4W—10	10	R104、R105、1R17、2R17、3R17、4R17、1R18、2R18、3R18、4R18	
	RJ—1/4W—100K	2	R303、R304	
	RJ—1/4W—300	5	R106、1R19、2R19、3R19、4R19	
	RJ—1/4W—4.7K	2	R112、R129、R611、R613、R631、R636、R623、R645、R646、R821、306、R701、1R20、2R20、3R20、4R20	
	RJ—1/4W—4.7	3	R120、R309、R310	
	RJ—1/4W—5.1K	20	R113、R137、R138、R201、R202、R204、R205、R207、R208、R210、R211、R301、1R21、2R21、3R21、4R21、1R41、2R41、3R41、4R41	
	RJ—1/4W—39K	10	R139、R114、1R22、2R22、3R22、4R22、1R42、2R42、3R42、4R42	
	RJ—1/4W—2.7K	10	R115、R116、1R23、2R23、3R23、4R23、1R24、2R24、3R24、4R24	
	RJ—1/4W—2.2K	5	R117、1R25、2R25、3R25、4R25	
	RJ—1/4W—22K	20	R145、R111、R141、R118、1R44、2R44、3R44、4R44、1R45、2R45、3R45、4R45、1R37、2R37、3R37、4R37、1R26、2R26、3R26、4R26	
	RJ—1/4W—220	9	R401、R809、R810、R811、R812、R813、R814、R815、R816	
	RJ—1/4W—20K	1	R627	
	RJ—1/4W—390K	1	R302	
	RJ—1/4W—6.8K	2	R140、R120、R638、1R43、2R43、3R43、4R43、1R28、2R28、3R28、4R28	
	RJ—1/4W—30K	11	R121、R124、R614、1R29、2R29、3R29、4R29、1R31、2R31、3R31、4R31	
	RJ—1/4W—1.5K	10	R123、R125、1R30、2R30、3R30、4R30、1R32、2R32、3R32、4R32	
	RJ—1/4W—510	10	R131、R136、R203、R206、R209、R212、1R33、2R33、3R33、4R33	

名　称	型号规格	数量	安 装 位 置	备　注
电阻	RJ—1/4W—68K	9	R130、1R60、2R60、3R60、4R60、1R38、2R38、3R38、4R38	
	RJ—1/4W—91K	2	R630、R634	
	RJ—1/4W—10K	25	R122、R128、R133、R144、R146、R150、R305、R624、R644、R817、R818、R819、R820、1R79、2R79、3R79、4R79、1R40、2R40、3R40、4R40、1R46、2R46、3R46、4R46	
	RJ—1/4W—330	1	R308	
	RJ—1/4W—15K	3	R639、R643、R311	
	RJ—1/4W—33K	1	R134	
	RJ—1/4W—3.6K	2	R143、R147	
	RJ—1/4W—560	1	R618	
	RJ—1/4W—220K	1	R628	
	RJ—1/4W—560K	1	R635	
	RJ—1/4W—1M	1	R633	
	RJ—1/4W—47K	3	R619、R620、R629	
排阻	100K	1	R801-8	9引脚
独石电容	105	16	C102、C104、C105、C108、1C1、2C1、3C1、4C1、1C9、2C9、3C9、4C9、1C13、2C13、3C13、4C13	
	104	52	C101、C107、C111、C201、C204、C207、C208、C209、C210、C211、C212、C301、C302、C304、305、C306、C308、C309、C310、C401、C402、C501、C502、C503、C504、C505、C506、C507、C508、C603、C609、C612、C613、C614、C615、C616、C618、C627、C630、C701、C702、C703、C704、C705、1C3、2C3、3C3、4C3、1C29、2C29、3C29、4C29	
	103	14	C106、C109、C307、C604、C607、C612、C617、C619、C611、C620、1C6、2C6、3C6、4C6、1C8、2C8、3C8、4C8	
	334	1	C608	
	100	4	C202、C203、C205、C206	
	222	5	C103、1C7、2C7、3C7、4C7	
	332	9	C110、1C14、2C14、3C14、4C14	
	15	2	C801、C802	
	33	2	C403、C404	
电解电容	10μF/16V	17	E101、E201、E202、E203、E204、E205、E206、E207、E208、E209、E210、E211、E212、E304、E305、1E3、2E3、3E3、4E3	
	10μF/50V	2	E301、E302	
	22μF/16V	24	E102、E107、E108、E109、E110、E111、E115、E601、1E5、2E5、3E5、4E5、1E27、2E27、3E27、4E27、1E35、2E35、3E35、4E35、1E37、2E37、3E37、4E37	

名　称	型号规格	数量	安装位置	备　注
电解电容	3.3μF/16V	2	E3、E604	
	4.7μF/16V	12	E103、E105、E106、E112、E113、E602、E624、1E4、2E4、3E4、4E4	
	47μF/25V	4	E401、E402、E501、E403	
	470μF/35V	6	E104、E701、E702、E703、E704、E706	
	100μF	1	C801	
整流桥	RS202	5	D101、1D1、2D1、3D1、4D1	
		1	D102	
二极管	IN4007	14	D2、D103、D105、D106、D605、D606、1D8、2D8、3D8、4D8、1D6、2D6、3D6、4D6	
晶体管	9013	26	Q101、Q106、Q103、Q104、Q105、Q107、Q611、Q612、Q613、Q614、1Q1、2Q3、3Q3、4Q3、1Q6、2Q6、3Q6、4Q6、1Q7、2Q7、3Q7、4Q7、1Q8、2Q8、3Q8、4Q8	
	TIP41	2	Q609、Q610	
	9012	6	Q102、1Q5、2Q5、3Q5、4Q5、Q801	
发光二极管	红色Φ5	12	LED103、D60、LED801、1LED2、2LED2、3LED2、4LED2、D701、D702、D703、D704、D705	
集成块	LM311	5	IC101、1IC1、2IC1、3IC1、4IC1	
	MC33121	5	IC102、1IC2、2IC2、3IC2、4IC2	
	UA741	6	IC103、1IC3、2IC3、3IC3、4IC3、IC102	
	NE556	3	IC602、IC603、IC604	
	4053	2	IC605、IC606	
	74LS393	1	IC607	
	LF347	1	IC105	
	LF356	1	IC601	
	ZLG7289	1	IC801	贴片
	MT8816	1	IC401	
	MT8888	1	IC301	
	CD4052	1	IC302	
	74LS04	2	IC201、IC202	
	TP3057	4	IC202、IC203、IC204、IC206	
	TDA2822	1	IC303	
	AT89C58	1	IC402	
	EMP7128LC84	1	IC501	
光耦	4N25	1	IC104	
继电器		6	JD101、1J1、2J1、3J1、4J1	DC12V
		1	JD102	DC12V
外线接口		1	JIE	
用户接口		4	J1、J2、J3、J4	

名 称	型 号 规 格	数量	安 装 位 置	备 注
变压器		1	T8	
蜂鸣器		1	BELL	有源
按键		18	S0、S1、S2、S3、S4、S5、S6、S7、S8、S9、S10、S11、S12、S13、S14、S15、S16	
晶振	12M	2	Y801、Y401	
	3.59M	1	XTAL	
	4.096M	1	Y501	
数码管		2	D201、D202	
扬声器		1	SP	
保险插座		1	FUSE	
船形开关		1	SWITCH	
波段开关		1	KEY	

8.5.3 软件和硬件调试

本系统的 PCB 采用 Protel 软件进行设计，Protel 软件在高校应用普及面很广泛，它的布线功能强大，界面友好。在设计的过程中，由于硬件电路比较复杂，电路模块很多，我们采用层次化方法进行设计，这样就使系统 PCB 的设计变得相对简单，最终设计出的 PCB 图和 3D 仿真图如图 8-40、图 8-41 所示。

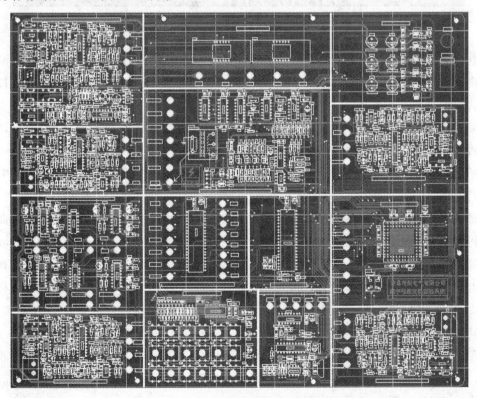

图 8-40　程控交换实验系统的 PCB 图

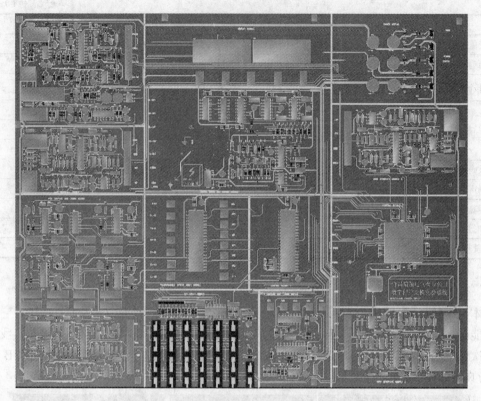

图 8-41 程控交换系统的电路板的 3D 仿真图

电路板的焊接在这里就不再赘述，元件焊接完成之后就可以进行硬件和软件的调试，后期软硬件调试主要分为控制模块一的单片机 89C58 程序调试和控制模块二 EPMT128 程序调试。

单片机 89C58 的程序调试要用 KEIL 软件或者是 MEDWIN 结合 MCS-51 仿真器进行在系统调试，由于程序量较大，所以最好是采用仿真器进行调试，在程序调试中要设定一些断点和标志位，通过这些断点和标志位来排除程序中的 BUG，最后把程序烧录到片子中去在系统上运行。

与单片机的调试方法不同，控制模块二 EPMT128 的程序调试主要依靠软件仿真的方法，利用 MAX+PLUSII 或 QuartusII 进行开发，在 MAX+PLUSII 或 QuartusII 的仿真环境下先编辑好激励信号，再进行仿真，如果仿真有错误，修改源程序再进行仿真，直到仿真波形正确为止，程序设计完成在 MAX+PLUSII 或 QuartusII 中针对芯片进行编译、综合和适配后，最终生成 *.POF 配置文件，把配置文件通过下载器或在线下载的方法配置到 CPLD/FGPA 芯片中，再上电运行。

在进行软件调试的过程中，同时也要使用示波器和万用表等工具对电路的关键点波形、电压、电流和电阻等参数进行观测，通过软件调试和硬件调试相结合来完成整个设计，最终设计的系统实物如图 8-42 所示。

图 8-42　最终完成设计的程控交换实验系统实物

习题

根据所掌握的 EDA 知识和 VHDL 编程经验，请设计微波炉定时器集成电路，最后完成各模块软件的设计。如图 8-43 所示为实际的微波炉面板结构简图，需要完成的控制电路功能和层次电路如下。

1. 基本功能与定义

1）复位开关：reset。

2）启动开关：start_cook。

3）烹调时间设置：set_time。

4）烹调时间显示：min; sec。

5）七段码测试：test。

6）启动输出：cook。如图 8-44 所示为用 VHDL 设计生成的 microwave_timer 顶层文件端口图。

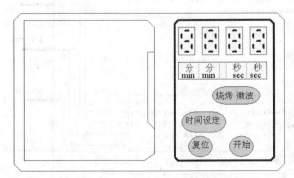

图 8-43　微波炉面板结构简图

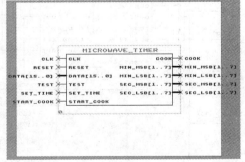

图 8-44　microwave_timer 顶层文件端口图

2. 信号描述设定

1）clk：外部时钟。std_logic;
2）reset：复位信号，"1"有效。std_logic;
3）test：测试信号，"1"有效。std_logic;
4）set—time：时间设置，"1"有效。std_logic;
5）data[15..0]：4*4BCD 数码设置（59min59s）std_logic_vector(15..0);
6）start—cook：烹调开始，"1"有效。std_logic;
① cook：烹调进行信号，接继电器"1"有效。std_logic;
② min_msb: std_logic_vector(1 to 7);
③ min_lsb: std_logic_vector(1 to 7);
④ sec_msb: std_logic_vector(1 to 7);
⑤ sec_lsb: std_logic_vector(1 to 7);

3. 总体分析与顶层设计

1）控制状态机：工作状态转换。

2）数据装入电路：根据控制信号选择定时时间、测试数据或完成信号的装入。

3）定时器电路：负责完成烹调过程中的时间递减计数和数据译码供给七段数码显示，同时还可以提供烹调完成时间的状态信号供控制状态机产生完成信号。如图 8-45 所示为总体分析与顶层设计图，其信号定义在图中有标出。

4. 模块电路设计

根据总体分析与顶层设计图的设计要求，该顶层电路设计下面 3 个底层模块的电路设计，详细设计时包含状态控制电路、数据装入控制电路和定时电路。

（1）状态控制电路设计

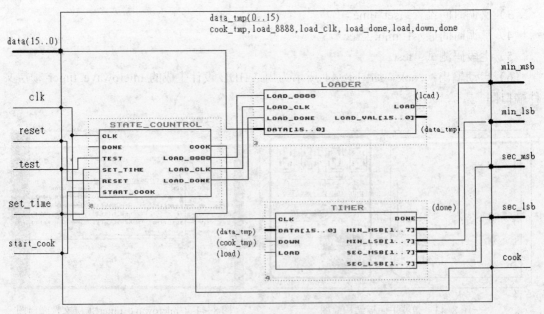

图 8-45　总体分析与顶层设计图

```
entity state_countrol is
    port(
        clk  , done，reset，test，set_time，start_cook  : in  std_logic;
        cook，load_8888, load_clk, load_done: out std_logic);
end ;
```

根据输入信号和自身当时的状态完成状态转换和输出相应的信号。

cook：指示烹调进行中，同时提示计时器减数。

load_8888：指示 LOADER 装入完成测试数据。

load_clk：指示 LOADER 装入设置烹调时间数据。

load_done：指示 LOADER 装入完成信息数据。

状态控制电路的状态转换图如图 8-46 所示，主要包括以下 5 个状态。

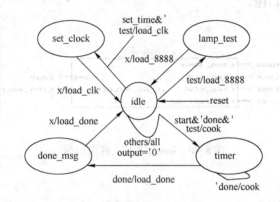

图 8-46 状态控制电路的状态转换图

idle：复位状态。

lamp_test：数码管测试状态。

set_clock：烹调时间设置状态。

Timer：减数定时状态。

done_msg：完成信息显示状态。如图 8-47 所示为用 VHDL 设计生成的 state_countrol 顶层文件端口图。

图 8-47 state_countrol 顶层文件端口图

（2）数据装入控制电路设计

```
port(  load_8888，load_clk，load_done: in  std_logic;
                        data: in  std_logic_vector(15 downto 0);
```

```
                    load  :   out     std_logic;
                    load_val: out std_logic_vector(15 downto 0));
         end ;
```

数据装入控制电路是根据输入信号来描述的组合逻辑电路，类似于多路选择器。数据装入和输出均为 BCD 编码。

load_8888："1"时，输出测试数据。

load_clk：输出设置烹调时间数据。

load_done："1"输出完成信息数据。

load：指示 timer 处于数据装入状态并装入有效数据。如图 8-48 所示为用 VHDL 设计生成的 loader 顶层文件端口图。

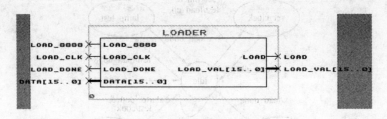

图 8-48   loader 顶层文件端口图

（3）定时电路设计

```
         entity timer is
              port(clk:in  std_logic;
                    data:in      std_logic_vector(15 downto 0);
                    down: in      std_logic;
                    load: in      std_logic;

                    done: out     std_logic;
                    min_msb: out     std_logic_vector(1 to 7);
                    min_lsb: outstd_logic_vector(1 to 7);
                    sec_msb: out     std_logic_vector(1 to 7);
                    sec_lsb: out std_logic_vector(1 to 7));

         END ;
```

定时电路是根据输入信号来描述的时序逻辑电路，主要由计数器构成。设计方法采用例化设计法。电路具有装入功能、逆计数功能及数据译码功能。

load："1"时，完成装入功能。

down ："1"时，执行逆计数功能。

done：表示烹调完成。

min_msb min_lsb sec_msb sec_lsb：用于驱动七段数码管显示。

注意：需要 4 个计数器（counter4），每个计数器宽度为 4。

分、秒在个位"10"进制，在十位上"6"进制。如"59min：59s"。如图 8-49 所示为用 VHDL 设计生成的 timer 顶层文件端口图。

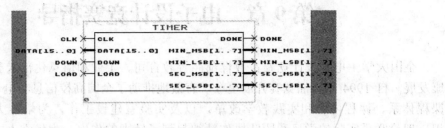

图 8-49 timer 顶层文件端口图

第9章 电子设计竞赛指导

全国大学生电子设计竞赛在教育部高等教育司、工业和信息化部人教司的领导下健康发展。自 1994 年首届竞赛开展至今，有效地推动了全国高校信息与电子类学科专业的课程体系、课程内容和实践教学改革，以及实验室建设工作，为培养大学生的创新意识、理论联系实际的学风和团队协作精神起到了较大的作用，为优秀人才脱颖而出提供了良好的平台。

目前竞赛规模正在不断扩大，已连续两届按本科、高职高专分组参赛的方式组织全国赛事。实践表明，本项活动的开展对于培养大学生创新精神和综合素质，促进教学改革，特别是对电工电子类课程体系及教学内容与教学方法的改革起到了促进作用。

9.1 电子电路设计方案的选择

在接到一个电子设计任务之后，首要的问题就是规划多种设计方案，并从中选择一种实施方案。方案选择是十分重要的，只有有了优秀的设计方案才能产生优秀的设计产品。对没有经过仔细论证的设计方案就盲目下手做设计，往往会在设计过程中走许多弯路，或者根本得不到预期的效果，甚至半途而废，只能推倒重来。

9.1.1 试题分析

从前几届电子设计竞赛的试题来看，可以归纳成两大类，即：功能题和指标题。

1. 指标题的基本类型如下几类

（1）放大器类。

1）功率放大器类（丙类放大器、戊类放大器、输出功率类）。

2）脉冲放大器类（波形与上升沿时间）。

3）宽带放大器类（带宽、放大量）。

（2）电源类（稳定度、负载变化率）。

2. 功能题基本类型如下几类

1）仪表类（信号发生器、示波器、逻辑分析仪、相位计、电压表、频率特性测试仪和频谱仪等）。

2）通信类。

3）趣味类（数字化语音存储与回放系统）。

4）控制类（小汽车、机械手臂、温湿度控制等）。

5）电力电子类（功率因数等、电源不超过 36V）。由于现在的全国大学生电子设计竞赛是由以前的 SONY 公司赞助改为由 NEC 公司赞助，所以 2011 年以后的全国大学电子竞赛可能要增加 ARM 嵌入系统，DSP 数字信号处理器应用、SOPC 编程电路和日本 NEC 集成电路的应用。

试题的特点是：实用性强、综合性强、技术水平发挥余地大。所涉及的电子信息类专业的课程有：低频电路、高频电路、数字电路、单片机原理、电子设计等；可选用的器件有：晶体管、集成电路、大规模集成电路、可编程逻辑器件等；设计手段可以采用传统的，也可以采用现代电子设计工具，如用 Workbench 或 CAD 辅助分析和 Altera 在系统可编程等。不难看出，电子设计竞赛的试题既反映了电子技术的先进水平，又引导高校在教学改革中注重培养学生的工程实践能力和创新设计能力。我们的课程体系和教学内容的改革思路也应反映这些特点，使学生的知识和能力达到电子设计大赛的水平。当接到一个设计课题后，往往需要进行下面几个工作步骤：

1）认真分析设计要求，找出设计对象的主要功能和指标实现的原理和方法。

2）搜集、阅读相关的资料，如各种教材的相关内容，期刊杂志上的相关文章，查询网上资料等。资料看得越多，研究得越细，对前人在本设计上所做的工作掌握得越清楚，就越能为下一步工作做好准备。

3）比较各种现有资料或方案，构思适合自己任务要求的各种方案，争取在实现原理、方法、电路、性能上有所突破，当然最基本的是能实现任务要求。

4）综合各方面的利弊，选择一种最终的实现方案。考虑的因素诸如：各方案的优缺点；实现性能指标的可靠性；抗干扰能力；元器件的来源、价格、体积大小及性能；设计工作量；以往在这方面的经验和熟悉程度等。有时，还必须进行局部电路的实验才能做出方案选定的结论。

9.1.2 方案选择

根据上面的分析，可以构思出的电路方案如下。

1. 用集成芯片实现

用集成芯片实现的方案如图 9-1 所示，图中用模拟乘法器集成芯片实现电流、电压求积 $p = v \cdot i$，积分器求得有功功率的平均值 $P = \dfrac{1}{T} \displaystyle\int_0^T p\,\mathrm{d}t$，V/F 变换器将 p 变换为 f，然后对脉冲信号作计数，即得到有功电能的测试结果。

图 9-1　用集成芯片实现电能测量

2. 用可编程逻辑器件实现

用可编程逻辑器件实现的方案如图 9-2 所示，该方案先用 A/D 芯片对输入被测信号的电压 v、电流 i 进行瞬时取样，然后用 FPGA 或 CPLD 实现从瞬时取样值到有功电能的全部电路，其中的一系列运算只要用硬件描述语言 HDL 编写出程序，输入到开发软件平台上，即可自动生成需要的电路。这里可以淡化其中的具体电路概念，用户可以着重考虑算法的生成。

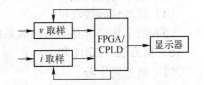

图 9-2　用 FPGA/CPLD 实现电能测量

3. 用单片机实现

单片机具有较强的计算功能，如图 9-3 所示的方案中，用单片机控制 A/D 电路实现对交流信号输入信号的取样，并通过单片机计算出有功电能的显示数值，送到显示器显示。

具体的方案选取中，应认真比较各方案测量的误差、元器件及设备情况以及自己的实力，才能做出正确的选择。

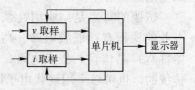

图 9-3　用单片机实现电能测量

应当指出的是，上述 3 种电路实现方案是在设计电子电路系统中最普遍的方案。除此之外，还有下列几种方案也是常用的：

1）采用可编程逻辑器件、A/D 芯片、存储器芯片结合构成系统。

2）采用可编程逻辑器件与单片机结合构成电路系统。

3）采用可编程逻辑器件、单片机、A/D 芯片、存储器等构成电路系统。

4）全部采用可编程逻辑器件构成电路系统，使设计的电路成为一个专用集成电路芯片（ASIC）。

9.2　历届电子设计竞赛题分析

9.2.1　历届电子设计竞赛题目

1. 第一届（1994 年）

（1）简易数控直流电源

（2）多路数控采集系统

2. 第二届（1995 年）

（1）实用低频功率放大器

（2）实用信号源的设计和制作

（3）简易无线电遥控系统

（4）简易电阻、电容和电感测试仪

3. 第三届（1997 年）

（1）直流稳定电源

（2）简易数字频率计

（3）水温控制系统

（4）调幅广播收音机

4. 第四届（1999 年）

（1）测量放大器

（2）数字式工频有效多用表

（3）频率特性测试仪

（4）短波调频接收机

（5）数字化语言存储与回放系统

5. 第五届（2001 年）

（1）波形发生器

（2）简易数字存储示波器

（3）自动往返电动小汽车

（4）高效率音频功率放大器

（5）数据采集与传输系统

（6）调频收音机

6．第六届（2003 年）

（1）电压控制 LC 振荡器

（2）宽频放大器

（3）低频数字式相位测量仪

（4）简易逻辑分析仪

（5）简易智能电动车

（6）液体点滴速度监控装置

7．第七届（2005 年）

（1）正弦信号发生器（A 题）

（2）集成运放参数测试仪（B 题）

（3）简易频谱分析仪（C 题）

（4）单工无线呼叫系统（D 题）

（5）悬挂运动控制系统（E 题）

（6）数控直流电流源（F 题）

（7）三相正弦波变频电源（G 题）

8．第八届（2007 年）

（1）音频信号分析仪（A 题本科）

（2）无线识别装置（B 题本科）

（3）数字示波器（C 题本科）

（4）程控滤波器（D 题本科）

（5）开关稳压电源（E 题本科）

（6）电动车跷跷板（F 题本科）

（7）积分式数字电压表（G 题高职高专）

（8）信号发生器（H 题高职高专）

（9）可控放大器（I 题高职高专）

（10）电动车跷跷板（J 题高职高专）

9．第九届（2009 年）

（1）光伏并网发电模拟装置（A 题本科）

（2）声音导引系统（B 题本科）

（3）宽带直流放大器（C 题本科）

（4）无线环境监测模拟装置（D 题本科）

（5）电能收集充电器（E 题本科）

（6）数字幅频均衡的功率放大器（F 题本科）

（7）低频功率放大器（G 题高职高专）

（8）LED 点阵书写显示屏（H 题高职高专）

（9）模拟路灯控制系统（I 题高职高专）

9.2.2 竞赛题目归类

历届电子设计竞赛题目可归类为如表 9-1 所示。

表 9-1 历届电子设计竞赛题目归类表

题目分类	竞赛题	竞赛时间/年
电源类	1. 实用数控直流电源	1994
	2. 直流稳压电源	1997
	3. 数控直流电流源（F 题）	2005
	4. 开关稳压电源（E 题本科）	2007
	5. 三相正弦波变频电源（G 题）	2005
信号源类	1. 实用信号源的设计和制作	1995
	2. 波形发生器	2001
	3. 正弦信号发生器（A 题）	2005
	4. 信号发生器（H 题高职高专）	2007
无线电类	1. 简易无线电遥控系统	1995
	2. 调幅广播收音机	1997
	3. 短波调频接收机	1999
	4. 调频收音机	2001
	5. 单工无线呼叫系统（D 题）	2005
	6. 无线识别装置（B 题本科）	2007
	7. 声音导引系统（B 题本科）	2009
	8. 无线环境监测模拟装置（D 题本科）	2009
仪器类	1. 简易电阻、电容和电感测试仪	1995
	2. 简易数字频率计	1997
	3. 频率特性测试仪	1999
	4. 数字式工频有效值多用表	1999
	5. 简易数字存储示波器	2001
	6. 低频数字式相位测量仪	2003
	7. 简易逻辑分析仪	2005
	8. 集成运放参数测试仪（B 题）	2005
	9. 简易频谱分析仪（C 题）	2005
	10. 音频信号分析仪（A 题本科）	2007
	11. 积分式数字电压表（G 题高职高专）	2007
数据采集与控制类	1. 多路数据采集系统	1994
	2. 水温控制系统	1997
	3. 数字化语音存储与回放系统	1999
	4. 数据采集与传输系统	2001
	5. 自动往返电动小汽车	2001
	6. 简易智能电动车	2003
	7. 液体点滴速度监控装置	2003
	8. 悬挂运动控制系统（E 题）	2005
	9. 电动车跷跷板（F 题本科）	2007
	10. 声音导引系统（B 题本科）	2009
	11. LED 点阵书写显示屏（H 题高职高专）	2009
	12. 模拟路灯控制系统（I 题高职高专）	2009
放大器类	1. 实用低频功率放大器	1995
	2. 测量放大器	1999
	3. 高效率音频功率放大器	2001
	4. 电压控制 LC 振荡器	2003
	5. 宽频放大器	2003
	6. 可控放大器（I 题高职高专）	2007
	7. 宽带直流放大器（C 题本科）	2009
	8. 数字幅频均衡的功率放大器（F 题本科）	2009
	9. 低频功率放大器（G 题高职高专）	2009

（1）竞赛知识点聚焦

电子设计竞赛设计要求分为两个部分：基本要求和发挥部分。

基本要求可以利用所学的模拟电子技术、数字电子技术、单片机等知识解决。发挥部分要求有更广的理论知识和应用能力。

（2）有可能涉及的知识点

知识点一：基本的理论知识，如数学、大学物理、电路等。

知识点二：电子技术基础。

知识点三：单片机原理及应用。

知识点四：EDA 技术。

知识点五：DSP 技术。

知识点六：电子器件、仪器的选择及应用。

知识点七：其他相关知识。

9.3 典型竞赛题目设计

9.3.1 模拟路灯控制系统（I 题，1999 年竞赛试题）

1. 任务

设计并制作一套模拟路灯控制系统。控制系统的主要结构如图 9-4 所示，路灯布置如图 9-5 所示。

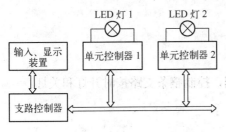

图 9-4　路灯控制系统示意图

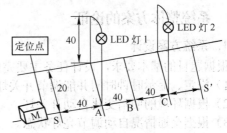

图 9-5　路灯布置示意图（单位：cm）

2. 要求（见表 9-2）

表 9-2　要求及评分标准

		项　目	满　分
设计报告	方案比较与论证	方案描述、比较与论证	5
	理论分析与设计	单元设计、系统设计	5
	电路图和设计文件	完整性、规范性	5
	测试数据与分析	系统测试、结果分析	5
	总分		20
基本要求	实际制作完成情况		50
发挥部分	完成（1）		15
	完成（2）		25
	其他		10
	总分		50

（1）基本要求

1）支路控制器有时钟功能，能设定、显示开关灯时间，并控制整条支路按时开灯和关灯。

2）支路控制器应能根据环境明暗变化，自动开灯和关灯。

3）支路控制器应能根据交通情况自动调节亮灯状态：当可移动物体 M（在物体前端标出定位点，由定位点确定物体位置）由左至右到达 S 点时（见图 9-5），灯 1 亮；当物体 M 到达 B 点时，灯 1 灭，灯 2 亮；若物体 M 由右至左移动时，则亮灯次序与上相反。

4）支路控制器能分别独立控制每只路灯的开灯和关灯时间。

5）当路灯出现故障时（灯不亮），支路控制器应发出声光报警信号，并显示有故障路灯的地址编号。

（2）发挥部分

1）自制单元控制器中的 LED 灯恒流驱动电源。

2）单元控制器具有调光功能，路灯驱动电源输出功率能在规定时间内按设定要求自动减小，该功率应能在 20%～100%范围内设定并调节，调节误差≤2%。

3）其他（性价比等）。

3. 说明

1）光源采用 1 W 的 LED 灯，LED 的类型不作限定。

2）自制的 LED 驱动电源不得使用产品模块。

3）自制的 LED 驱动电源输出端需留有电流、电压测量点。

4）系统中不得采用接触式传感器。

5）基本要求 3）需测定可移动物体 M 上定位点与过"亮灯状态变换点"（S、B、S'等点）垂线间的距离，要求该距离≤2cm。

4. 评分标准

9.3.2 系统整体方案的论证

1. 系统方案设计

根据题目的基本要求，设计任务主要完成：

1）设定、显示时钟时间并能调节开关灯时间，控制整条支路按时开灯和关灯。

2）根据环境的明暗变化自动开关灯。

3）根据交通情况自动调节亮灯状态。

4）分别控制每只灯的开灯和关灯时间，也能整体控制其开灯和关灯。

5）自动检测故障并报警，并能显示出现故障路灯的编号。

6）实现恒定电流控制并具有调光功能。

7）功率可以在 20%～100%范围内设定并调节，可减小也可增大。

8）手动调节每只灯的开关。

为完成相应功能，系统采用低功耗、高性能的 AVR 单片机作为整个系统的 CPU，由人机界面、检测模块、声光报警模块、恒流源模块等部分组成。其整体结构框图如图 9-6 所示。

2. 系统方案比较与论证

（1）核心微处理器模块

方案一：采用 Atmel 公司的 51 系列单片机。51 单片机价格便宜，应用广泛，但是内部资源少，如果系统需要 A/D 或 D/A，还需外接此类芯片，实现较为复杂。

方案二：采用 AVR 单片机作为控制器。该单片机硬件资源丰富，内部集成了 A/D 和 D/A 功能，不需要外接其他芯片就能实现。芯片内置 JTAG 电路，可在线仿真调试，大大简化了系统开发调试的复杂度。

基于上述考虑，为了提高系统的稳定性和软件开发的效率，故采用方案二。

（2）人机界面

方案一：采用独立键盘或行列扫描式键盘，显示采用动态扫描。这种方式应用广泛，但占用 I/O 口太多，占用CPU 资源，大大降低了 CPU 的效率。

方案二：键盘用 ZLG7289 处理，显示采用 LCD。优点是 LCD 可显示字符甚

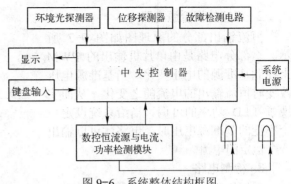

图 9-6　系统整体结构框图

至汉字，操作的人机界面较好，操作比较简单。但价格较贵，亮度也没数码管高，性价比低，而且本项目用数码管就能完成显示功能，没必要用液晶显示。

方案三：采用专用的驱动芯片 ZLG7289，同时驱动键盘和显示，这样就节省了 CPU 处理键盘和显示的时间。并且 CPU 是用中断的方式来处理按键，实时性较好，提高了 CPU 的效率，价格也不高，而且便于操作。

比较以上 3 个方案，方案三占用 CPU 的 I/O 口少，用中断的方式处理键盘，占用 CPU极少的时间，能够同时处理键盘和显示，故采用方案三。

（3）检测模块

方案一：由发光二极管与光敏二极管组成的发射-接收电路。该方案成本较低，易于制作，其缺点在于周围环境光源会对光敏二极管的工作产生很大干扰，一旦外界光亮条件改变，很可能造成误判和漏判。

方案二：自制红外探头电路。此种方法简单，价格便宜，灵敏度可调，但易受周围环境影响，特别是较强光照对检测信号的影响，造成系统工作不稳定。

方案三：霍尔传感器电路。此传感器电路简单，检测精度高，几乎不受外界环境干扰。

基于上述考虑，为了提高系统信号采集、检测的精度及系统的抗干扰能力，故采用方案三。

（4）声光报警模块

方案一：通过单片机来控制语音芯片来实现语音报警。但是由于语音芯片成本比较高，而且扩展起来比较复杂，设计成本较高。

方案二：蜂鸣器加 LED 灯报警。它们共用一个 I/O 口驱动，接线简单而方便。

基于上述考虑，为了既能实现报警又能降低成本，故采用方案二。

（5）恒流源模块

方案一：采用恒流输出的专用芯片。输出电流稳定但不易控制，而且价格较贵。

方案二：采用电流负反馈机理构成恒流源。它由 PWM 产生基准电压源，LM358 作为比较器，通过对输出采样反馈到比较器输入端，实现恒定电流输出，电路简单，价格便宜。

考虑到输出功率要求 20%～100%可控，故采用方案二。

9.3.3　系统分立模块设计及工作原理

1. 基于 ZLG7289 的通用键盘和显示电路

采用周立功公司的可编程键盘和显示电路接口芯片 ZLG7289，该芯片可以实现对键盘和显示器的自动扫描、识别闭合键的键号、完成显示器的动态显示等，可节省单片机处理键盘和显示器的时间，提高 CPU 效率。并且 ZLG7289 与单片机的接口简单，显示稳定，工作可靠。

2. 可控的恒流源电路

恒流输出部分的原理图如图 9-7 所示。这部分电路是由单片机输出的 PWM 来控制基准源的电压变化，当基准源电压改变时恒流输出的电流随之变化，从而实现了 LED 功率的可调。当给系统设定一个不变的基准源电压时，电路就可以输出一个恒定的电流。

3. 检测电路

系统检测包含 3 路检测信号，其中，环境光和交通状况监测电路如图 9-8 所示，系统故障检测电路如图 9-9 所示。第

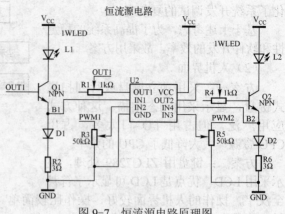

图 9-7 恒流源电路原理图

一路信号由霍尔传感器构成的检测电路进行检测，当可移动物体 M 从左至右移动到 S 点时，单片机检测到 PB0 口为低电平，灯 1 亮；当可移动物体 M 到达 B 点时，单片机检测到 PB1 口为低电平，灯 1 灭，灯 2 亮；当物体 M 移动到 S′时，单片机检测到 PB2 口为低电平时，灯 2 灭；物体 M 相反移动，亦如此。第二路信号由光敏电阻构成的 ADC 采样电路进行检测，并送给 PA0 口。当光线变暗时系统能够自动点亮 LED 灯，光线变亮时 LED 灯同样会自动熄灭，从而达到了自动控制的效果。第三路是故障检测信号，由采样点送来的电压与精密电阻分压得出的电压进行差分放大后输出给 CPU，由 CPU 来处理故障。

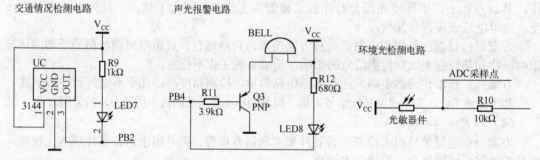

图 9-8 环境光和交通状况监测电路

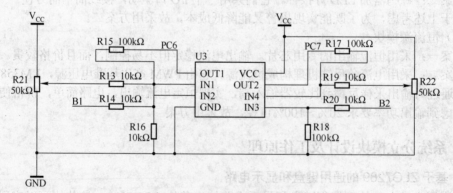

图 9-9 系统故障检测电路

9.3.4 软件设计

系统软件工作总流程图如图 9-10 所示。当开机时，系统复位，并启动时钟和默认模式（A

模式），然后系统判断工作模式和对相应模式的操作进行处理，系统分为 A、B、C、D 4 种模式，分别对应定时开关灯、环境明暗自动检测、物体位置检测、功率调节功能。

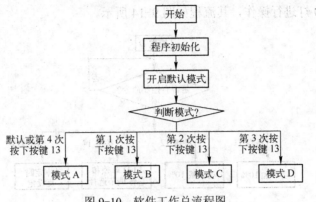

图 9-10　软件工作总流程图

1）模式 A 为时钟定时开关灯模式。

模式 A 流程图如图 9-11 所示。

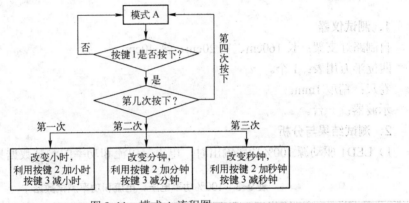

图 9-11　模式 A 流程图

2）模式 B 为环境明暗自动检测模式：用 MEGA16 的 AD 采样功能采集光敏电阻的信号，当检测值大于一定值时灯灭，小于此值时灯亮。其流程图如图 9-12 所示。

3）交通情况自动检测模式：用 CPU 实时监测霍尔传感器的信号，通过 CPU 自动调节亮灯状态。其流程图如图 9-13 所示。

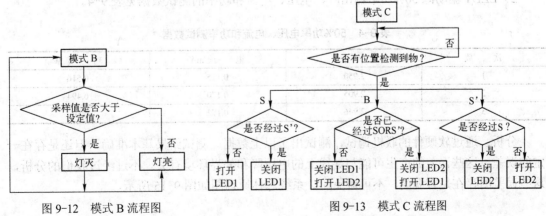

图 9-12　模式 B 流程图　　　　　　　图 9-13　模式 C 流程图

4）功率设定模式。LED 灯功率可在 20%～100%调节，调节方式可手动，也可设置定时时间及设定功率后自动调节，并且可单独对一个 LED 灯的功率进行调节，定时调节功率也可单独对一个 LED 灯进行操作，其流程如图 9-14 所示。

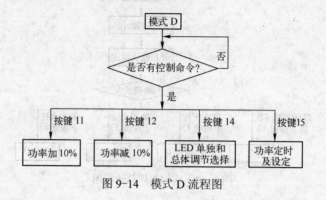

图 9-14　模式 D 流程图

9.3.5　系统测试

1．测试仪器

自制路灯支架：长 160cm、宽 20cm、高 40cm。

四位半万用表：1 个。

卷尺：精度 1mm。

示波器：一台。

2．测试结果与分析

1）LED1 驱动源 100%功率输出时，电压、电流和功率的测试数据见表 9-3。

表 9-3　100%功率电压、电流和功率测试数据

次　数	电　压/V	电　流/mA	功　率/W
1	3.098	0.294	0.973
2	3.130	0.315	0.986
3	3.190	0.320	1.02

2）LED1 驱动源 50%功率输出时，电压、电流和功率的测试数据见表 9-4。

表 9-4　50%功率电压、电流和功率测试数据

次　数	电　压/V	电　流/mA	功　率/W
1	2.950	0.175	0.516
2	2.905	0.170	0.494
3	2.946	0.172	0.507

分析：通过软硬件的联机调试，测试出了以上数据。测试结果基本准确。但还是存在一定的误差，这些误差的产生可能与导线上的电压降和外界环境有关。不过经过我们的分析，这些误差的存在是客观的，不可避免的。系统总体原理图如图 9-15 所示。

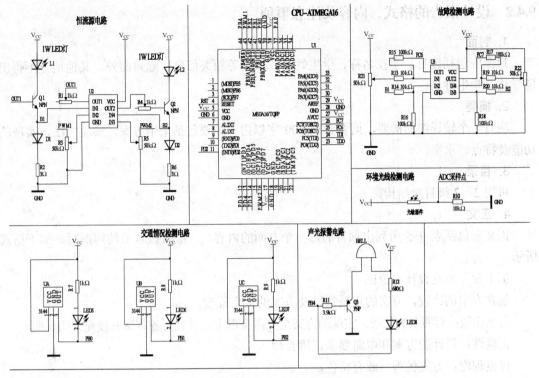

图 9-15　系统总体原理图

9.4　竞赛论文撰写

9.4.1　设计报告的评分标准

设计报告的评分主要是从方案设计与论证、理论计算、电路图及设计文件、测试方法及数据、结果分析及设计报告的工整性等方面评价。2001 年全国大学生电子设计竞赛设计报告评分表见表 9-5。

表 9-5　评分表

项　目	内　容	满　分	评　分	备　注
方案设计与论证（14 分）	比较方案	4		
	正确性	6		
	优良程度	4		
理论计算（14 分）	完成程度	8		
	正确性	6		
电路图及设计文件（6 分）	完整性	4		
	规范程度	2		
测试方法及数据（9 分）	方法正确性	4		
	数据完整性	4		
	测试仪器（型号）	1		
结果分析（4 分）		4		
设计报告的工整性（3 分）		3		
总分		50		

9.4.2 设计报告的格式、内容及注意事项

1. 封面

封面应包括题目、学校名称、学生姓名、日期等相关信息。除封面外，其他地方不得出现学校、学生姓名。

2. 摘要

应有一个较详细的摘要，摘要要求 400 字以内。主要包括采用方案，实现方法，实现的功能及特点、水平。

3. 目录

可用 2～3 级目录结构。

4. 正文

正文应包括表 9-5 所列出项目的每一个方面的内容，一般可按章节结构撰写。如下格式所示。

第 1 章　方案设计与论证

包含方案的比较，方案的正确性以及方案的优良程度。

方案比较：有明确的比较。实现的方案至少两个以上，并且对各方案有较充分的说明。

正确性：设计的方案和电路要求正确合理。

优良程度：方案优秀，或有特色。

在方案比较中，提出的方案只需框图（即功能模块级），并说明每一个方案所具有的特点，即方案应具有的优点和缺点，然后说明本设计所采用的方案，为什么采用此方案。

设计的正确性和优良程度主要是对采用的方案进行评估。

在原理框图的基础上，应进行单元电路设计、说明。单元电路原理图剪贴到相应部分。

第 2 章　理论计算

理论计算要求完整、准确。对方案论证与设计中的单元电路进行必要的分析计算。标明每个元器件的参数，选择依据，能否达到指标的评估。

对于定量测量系统，需要进行误差分配及误差分析，确保电路能达到设计指标要求。

第 3 章　电路图

电路图要保证完整性，即系统中各部分电路完整。电路图要规范、清晰、工整、合乎标准，最好用 CAD 软件绘制电路图。撰写报告时，第 1 章到第 3 章相关部分也可合起来写，至少单元电路图应插入到相关说明部分，最后还需附上一张或多张电路图构成的总原理图。

第 4 章　测试方法与数据

1）测试方法：列出测试什么项目、如何测试。必要时，应画出仪器仪表连接图，指明测试条件，即测试选择原则。

2）列出所用的测试仪器名称、型号规则、厂家名称（若可能的条件下）。正确选择测试仪器是保证能得到可靠的测试结果的条件之一。

3）测试数据：根据测试方法及测试项目进行测试，列表（必要时）记录测试结果。测试数据力求反映整个工作范围。

4）结果分析：根据设计要求及实际测量分析结果，并做出相应的结论。必要时可列表

进行，分析后的结论不可少。

结果分析应包含对作品的评估、存在问题、产生问题的原因及解决办法。

习题

1. 非接触式数字温度计

（1）任务

设计并制作一台非接触式数字温度计，示意图如图9-16所示。

（2）基本要求

要求本控制器具有人体温度非接触测试功能。

● 要求本控制器测试温度范围：0~45℃；测试误差范围：±0.05℃。

● 要求有效测试距离 0~0.3m。

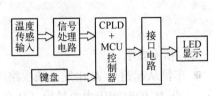

图9-16 非接触式数字温度计

（3）发挥部分

● 可以通过键盘设置华氏温度测试功能。

● 数据储存功能。

● 语音输出功能。

● 进一步提高精度，如测试精度提高到：±0.02℃；有效测试距离 0~0.5m。

（4）评分标准

题目的评分标准如表9-6所示。

表9-6　题目的评分标准

	项　　目	满　分
基本要求	设计与总结报告：方案比较、设计与论证、理论分析与计算、电路图及有关设计文件、测试方法与仪器、测试数据及测试结果分析	50
	实际制作完成情况	50
发挥部分	完成第（1）项	20
	完成第（2）项	10
	完成第（3）项	10
	完成第（4）项	10

2. 自动控制迷宫车

（1）任务

设计并制作一台自动控制迷宫车，通过传感器在 CPU 中央处理单元的控制下在规定的时间内走出规定的迷宫。允许用玩具汽车改装，但不能用人工遥控（包括有线和无线遥控）。

跑道宽度 0.3m，表面贴有白纸，跑道两侧有挡板，挡板与地面垂直，其高度不低于20cm。在跑道的 M、N、O 各点处画有 2cm 宽的黑线，各段的长度如图9-17所示。

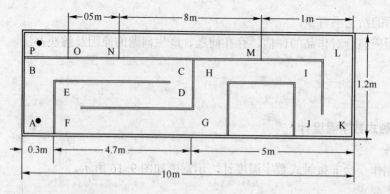

图 9-17 跑道顶视图

（2）基本要求

- 车辆从起跑点 A 出发，依次路线为 B、C、D、H、I、J、K、L、M、N、O，到达终点 P 的时间应力求最短（从合上汽车电源开关开始计时，小车不得接触挡板，否则不计成绩）。
- 到达终点时，停车位置离终点偏差应最小（以车辆中心点与终点线或起跑线中心线之间距离作为偏差的测量值）。
- MN 间为限速区，车辆要求以低速通过，通过时间不得少于 30s，但不允许在限速区内停车。

（3）发挥部分

- 自动记录、显示一次往返时间（记录显示装置要求安装在车上）。
- 自动记录、显示行驶距离（记录显示装置要求安装在车上）。
- 其他特色与创新。

（4）评分标准

题目的评分标准如表 9-7 所示。

表 9-7 题目评分标准

	项　　目	满　分
基本要求	设计与总结报告：方案比较、设计与论证、理论分析与计算、电路图及有关设计文件、测试方法与仪器、测试数据及测试结果分析	50
	完成实际制作	50
发挥部分	完成（1）项	20
	完成（2）项	20
	完成（3）项	10

参 考 文 献

[1]　高有堂，等. EDA 设计与应用实践[M]. 北京：清华大学出版社，2005.

[2]　赵曙光，等. 可编程逻辑器件原理开发与应用[M]. 西安：西安电子科技大学出版社，2000.

[3]　任爱锋，等. 基于 FPGA 的嵌入式系统设计[M]. 西安：西安电子科技大学出版社，2004.

[4]　高有堂，等. 电子设计与实战指导[M]. 北京：电子工业出版社，2007.

[5]　潘松，等. EDA 技术与应用教程[M]. 北京：清华大学出版社，2007.

[6]　褚振勇，等. FPGA 设计与应用[M]. 2 版. 西安：西安电子科技大学出版社，2006.

[7]　罗苑棠，等. CPLD/FPGA 常用模块与综合系统设计实例精讲[M]. 北京：电子工业出版社，2007.

[8]　http://www.altera.com.cn/support/devices/dvs-index.html.

[9]　http://www.altera.com.cn/support/software/sof- index.html.

[10]　http://www.fpga.com.cn/altera.htm#device.